普通高校"十三五"实用规划教材——公共基础系列

创造性思维与创新方法

王亚东　赵　亮　于海勇　主　编

王德林　姜玉新　刘万兆　副主编

清华大学出版社

北　京

内 容 简 介

本书以培育个人和团队的创造力为目的,注重原理与方法的融合,强调理论与实训相结合,充分考虑对学生创新能力培养的实用性,力图形成"案例先导、理论夯实、方法拓展、实训强化"的鲜明特色。

主要包括创造性思维概述、创造性思维及思维障碍、形象型创新思维、逻辑型创新思维、智力激励型创新方法、逻辑推理型创新方法、组合型创新方法、系统分析型创新方法、矛盾分析型创新方法和创新方法运用与实践。

本书不仅可以作为普通高等院校的创新类教材,也可作为各企事业单位或政府部门的创新培训等参考书。

图书在版编目(CIP)数据

创造性思维与创新方法/王亚东,赵亮,于海勇主编. —北京:清华大学出版社,2018(2024.9重印)
普通高校"十三五"实用规划教材——公共基础系列
ISBN 978-7-302-48453-0

Ⅰ. ①创… Ⅱ. ①王… ②赵… ③于… Ⅲ. ①创造性思维—高等学校—教材 ②创造学—高等学校—教材 Ⅳ. ① B804.4 ②G305

中国版本图书馆 CIP 数据核字(2017)第 227129 号

责任编辑:汤涌涛
封面设计:刘孝琼
责任校对:周剑云
责任印制:宋 林
出版发行:清华大学出版社
   网 址:https://www.tup.com.cn,https://www.wqxuetang.com
   地 址:北京清华大学学研大厦 A 座   邮 编:100084
   社 总 机:010-83470000   邮 购:010-62786544
   投稿与读者服务:010-62776969,c-service@tup.tsinghua.edu.cn
   质量反馈:010-62772015,zhiliang@tup.tsinghua.edu.cn
   课件下载:https://www.tup.com.cn,010-62791865
印 装 者:三河市铭诚印务有限公司
经 销:全国新华书店
开 本:185mm×260mm 印 张:20.25 字 数:489 千字
版 次:2018 年 1 月第 1 版 印 次:2024 年 9 月第 10 次印刷
定 价:58.00 元

产品编号:074973-02

前　言

　　目前，我国大学生面临创业难的困扰，这与大学生的惯常性思维定式有直接关系。因为没有创造性思维，就不可能产生创新实践和真正的企业家。要冲破惯常性思维定式的束缚，培育大学生的创造性思维，激发大学生的创造性思维潜能，提升大学生的创造性思维能力，铸就大学生的创新实践勇气和创业精神，就必须深入开展创造性思维和创新方法教育。为满足大学生创业的需要，编者编写了本书，以帮助大学生努力探索创业的新思维和新路径。

　　本书的编写充分参考、吸收了国内外同行先进的创造理念与知识。在构思本书的框架时，以培育个人和团队的创造力为目的，根据教学实践需求来编写章节，在内容设置方面，充分考虑对学生创新能力培养的实用性。主要包括创造性思维概述、创造性思维及思维障碍、形象型创新思维、逻辑型创新思维、智力激励型创新方法、逻辑推理型创新方法、组合型创新方法、系统分析型创新方法、矛盾分析型创新方法和创新方法运用与实践。

　　本书在兼顾创新原理与创新方法的同时，注重原理与方法的融合，强调理论与实训相结合，理论突出基础知识原理，训练突出案例、解题和师生互动环节，形成了"案例先导、理论夯实、方法拓展、实训强化"的鲜明特色。结合创新案例的示范效应，通过创新原理基本训练、方法拓展训练层次实训体系，实现对大学生创新思维能力训练的目标。

　　本书由王亚东、赵亮、于海勇任主编，王亚东负责结构设计与撰写统筹；赵亮负责具体撰写任务布置与过程协调等工作。写作任务具体分工如下：第一章由王亚东负责编写；第二章由李学东负责编写；第三章由王德林负责编写；第四章由于海勇负责编写；第五章由李奇志负责编写；第六章由姜玉新负责编写；第七章由刘万兆负责编写；第八章由宋伟负责编写；第九章由徐大勇负责编写；第十章由赵亮负责编写；邢军进行了大量的资料收集和整理工作。

由于编写时间紧迫且作者水平有限，疏漏之处在所难免，恳请读者批评指正。

编　者

编 委 会

主 编　王亚东　赵　亮　于海勇

副主编　王德林　姜玉新　刘万兆

编　委　李学东　李奇志　宋　伟

　　　　徐大勇　邢　军

目　录

第一章　创造性思维概述

- 了解创造性思维的含义与类型。

- 掌握创造性思维的特征。

- 掌握创造性思维的过程。

【引导案例】

有人向富国银行财富与投资管理高级执行副总裁戴维·M.卡罗尔提出了一个问题:你希望在初入职场时提早知道哪件事?

他如此回答: 坦白地说,对于这个问题,我的答案是希望初入职场的时候,能早知道许多事情。时间和经历是优秀的老师,在职业发展的过程中,我有过许多分享经验教训的机会。

今天,当我有机会与初入职场的年轻人交流时,我发现,我从他们身上学到的,远比他们从我身上学到的东西多。在他们向我征求意见时,我会以我目前的观点告诉他们: 只要他们做好下面几件事,他们便可以在职业当中获得优势。

1. 制定日程: 决定你想要做什么、学习什么和成就什么。

2. 学习如何决策和继续前进。

3. 愿意去其他人可能不愿意去的地方。

4. 不要安于现状。

5. 了解"因为所做的事情而得到认可"与"对自己的成功保持谦逊"这两者之间的细微区别。

6. 与技术行业的人成为朋友(如果你有这样的朋友,你会很高兴)。

7. 爽快地说"我不知道"。

8. 找时间让自己开心、欢笑。

9. 当你遇到或看到问题时，举手提问。

10. 知道自己擅长和不擅长什么，培养那些不会自然而然产生的技能。

11. 记住，你能控制自己的士气。

12. 最后，在疲劳、生气或饥饿的时候，不要作出任何重要的决定，因为你的判断力会受到影响。

在职业生涯当中，我曾与几位优秀的领导者有过共事机会。我也品尝过自己犯错误的滋味。这些经历让我知道了下面这些重要的事情：

13. 寻求反馈，听取反馈，采取行动。

14. 优秀的领导者都有自知之明。他们会寻求直接、私人的反馈，包括正式的和非正式的反馈。询问身边的人对你的感受。你有哪些优点和缺点？你可以在哪些方面作出改进？听取他们的意见，然后根据这些意见采取行动。

15. 磨炼沟通技能。

16. 在商界，我们做的每一件事都离不开沟通。你必须能够以令人信服的方式，清楚地传达自己的观点，兜售自己的理念，激励身边的人，实现自己的目标。沟通很大程度上是在讲话的时候，了解和解读你的听众，以满足他们的需求。

17. 做好自我改造的准备。

18. 当今世界的变化速度之快，令人目不暇接。若想始终保持相关性和竞争力，你必须愿意从头开始，选择不同的道路，尝试新事物。当你擅长自我改造之后，你所遇到的死胡同，可能只是整个探险旅程中的一个拐弯而已。

如果将我的这些建议总结成一条，应该是：教育很重要，但你在学校里所学的科目，在工作中没有太大用处。你能够从教育中得到并真正用于职场的最重要本领，是批判性、创造性思维的能力以及在压力下工作的能力。进入职场之后，真正的教育才刚刚开始。睁开双眼，保持专注，随着时间的推移，你会学到更多。

(资料来源：David M. Carroll. 世界 500 强副总裁给职场新人的 18 条建议[N].
CEO 日报，2016-02-21.)

第一节　创造性思维的概念

创造性思维(Creative Thinking)，也称创新思维，是一种具有开创意义的思维活动，即开拓人类认识新领域、开创人类认识新成果的思维活动。创造性思维是以感知、记忆、思考、联想、理解等能力为基础，以综合性、探索性和求新性为特征的高级心理活动，需要人们付出艰苦的脑力劳动。一项创造性思维成果往往要经过长期的探索、刻苦的钻研甚至多次挫折方能取得，而创造性思维能力也要经过长期的知识积累、素质磨砺才能具备，至于创造性思维的过程，则离不开繁多的推理、想象、联想、直觉等思维活动。

一、什么是创造性思维

创造性思维是指以新异独创的方式解决问题的思维过程。创造性思维不仅能揭示客观事物的本质及其内在联系，而且能在此基础上产生新颖、独特、具有重大社会价值的思维成果。它是人创造力的核心成分，是人类思维的高级形式，是人类思维能力的最高体现，是人类意识发展水平的标志。

二、创新思维与直觉思维、逻辑思维三者之间的关系

创新思维渗透在人的各种具体思维活动中，它是逻辑思维和直觉思维(非逻辑思维)的综合应用。从微观机制上看，创新性思维是人的主观意识和潜意识的协同作用。以意识活动为基础的思维活动对应的是逻辑思维，会受到已有的知识、经验、认识规范、逻辑规则及心理定式等因素的约束；以潜意识为基础的思维活动是直觉思维，对应的是直觉、灵感、想象等，具有随机性、瞬时性、情感性，不受已有知识经验、规范和心理定式等的约束，具有极大的自由创造性和不确定性。

什么是直觉思维？我国著名科学家钱学森认为直觉是一种人没有意识到的对信息的加工活动，是在潜意识中酝酿问题，然后与显意识突然沟通，于是一下子得到了问题的解答方案，而对加工的具体过程我们则没有意识，这就是直觉思维。直觉不同于一般的感觉，感觉是一种最简单的心理过程，直觉却是在潜意识中知识和经验积累的基础上经过潜意识的思考之后的"顿悟"。所以直觉思维是在实践经验的基础上，对客观事物本质和规律的一种比较迅速、直接的综合性认识。

直觉思维并不是凭空想象，它需要一定的知识和经验作为基础。牛顿对"苹果落地"的直觉，正是源于他沉迷于对天体间引力的思考；爱因斯坦对"光子"的直觉，也是由于普朗克量子理论的启发和对光电效应现象的思考。因此，直觉思维发生的前提是从问题出发，依据人类的全部知识和经验，并具备一定的随机条件，当大脑突然受到某种"情景"的激发，而产生的在潜意识下思考问题的瞬间"顿悟"。

直觉的"顿悟"不一定导致科学的发现，因为直觉思维的结论仅是一种假设或猜想，这些假想或猜想还是一个不成熟的结论，它必须经过严密的逻辑理论论证和实验论证之后，才能导致科学的发现。所以直觉思维和逻辑思维是一种互补关系，它们共同构成了创造思维，约瑟夫·沃拉斯提出的创新思维的四阶段理论就是准备——沉思——启迪(直觉思维)——求证(逻辑思维)。

第二节　创造性思维特征

创造性思维既具有一般思维活动的某些特点，又具有不同于一般思维的独特特征。从"创造性思维的含义"中可以看出，其特征表现在如下几个方面。

一、对传统的突破性

创造性思维的结果体现为创新。从创造性思维的本质看，它是打破传统、常规；开辟新颖、独特的科学思路；升华知识、信念和观念；发现对象间的新联系、新规律；具有突破性的思维活动。可以说，突破性是创造性思维的一个最明显特征。

(一)突破性体现为创造者突破原有的思维框架

创造性思维要求人在思考问题时，更要有意识地抛弃头脑中以往思考类似问题所形成的思维程序和模式，排除以往思维程序和模式对寻求新的设想的束缚，对那些默认的假设、陈腐的观点和固化的模式提出挑战和质疑，就可能取得意想不到的成功。

【案例】

苏联发射人造卫星

20 世纪中期，美国和苏联都已具备了把火箭送上太空的物质和技术条件，相比之下，当时美国在这方面的实力比苏联更强。但双方都存在一个卡脖子的关键问题：火箭的推动力不够，摆脱不了地心的引力，不能把人造卫星送入运行轨道。当时大家都认为，办法只能是再增加所串联火箭的数量，以进一步增强推动力。美苏两国的专家都各自想方设法增加火箭的数量。尽管火箭的数量增加了不少，但还是解决不了问题。

后来，苏联的一位青年科学家摆脱了不断增加串联火箭的思维框架，他突破这一思维框架而产生了一个新的设想：只串联上面的两个火箭，下面的火箭改为用 20 个发动机并联，经过严密的计算、论证和实践检验，这个办法终于获得了成功。这样一来，火箭的初始动力和速度一下子就大大地增强了，达到了足以摆脱地心引力的程度。于是，一个长时间使成百上千专家束手无策的技术难题，由于这样一个简单的新设想的提出，很快便得到了解决，从而使苏联的航天技术迅速领先于美国。1957 年，苏联抢在美国之前，首先将人造卫星送入太空。

(资料来源：冯林. 创新教育基础与实践[M]. 大连：大连理工大学，2010.)

原有的思维框架对人思考问题有很多好处，能使我们省去许多无所谓的摸索、探索，提高思考效率，但也会限制人进行创造性思考。因此，无论是思考如何解决新问题，还是思考如何解决老问题，都需要人跳出原有的思维框架，用新的思考程序和思考步骤进行新的试探、新的尝试。

(二)突破性还体现为创造者突破已有的思维定式

思维定式可能都是过去某一阶段的经验总结，是经过成功的经验或失败的教训验证的"正确思维"。但是当事物的内外环境发生变化时，仍然固守"正确的"定式思维却行不通了，它们常常对人形成创造性思维产生消极的作用。可见，不突破思维定式，就只能被原有的框架所束缚，就不可能激发出创造性思维和取得新的成功。

【案例】

来自阿西莫夫的一则小故事

美国科普作家阿西莫夫曾经讲过一个关于自己的故事。

阿西莫夫从小就很聪明，年轻时多次参加"智商测试"，得分总在 160 分左右，属于"天赋极高者"之列，他一直为此而扬扬得意。有一次，他遇到一位汽车修理工，是他的老熟人。修理工对阿西莫夫说："嗨，博士！我来考考你的智力，出一道思考题，看你能不能回答正确。"

阿西莫夫点头同意。修理工便开始说思考题："有一位既聋又哑的人，想买几根钉子，来到五金商店，对售货员做了这样一个手势：左手两个指头立在柜台上，右手握成拳头做出敲击状。售货员见状，先给他拿来一把锤子；聋哑人摇摇头，指了指立着的那两根指头。于是售货员就明白了，聋哑人想买的是钉子。聋哑人买好钉子，刚走出商店，接着进来一位盲人。这位盲人想买一把剪刀，请问：盲人将会怎样做？"

阿西莫夫顺口答道："盲人肯定会这样。"说着，伸出食指和中指，做出剪刀的形状。

汽车修理工一听笑了："哈哈，你答错了吧！盲人想买剪刀，只需要开口说'我买剪刀'就行了，他干嘛要做手势呀？"

智商 160 的阿西莫夫，不得不承认自己确实是个"笨蛋"。

(资料来源：育青. 神奇的力量——改变人生的 86 条成功法则[M]. 北京：地震出版社，2010.)

读完阿西莫夫的小故事，相信大多数人在生活中都曾经犯过类似的错误，思维定式又称习惯性思维，由于思维定式的存在，常常致使我们不敢想、不敢改、不愿改，墨守成规，极大地阻碍了新事物的产生和发展。

(三)突破性也体现在超越人类既存的物质文明和精神文明成果上

从超越即存的物质文明成果看，产品的更新换代，就是科技研发人员思维上敢于去超越原有产品的结果。

从超越既存的精神文明成果看，爱因斯坦突破了牛顿经典力学的静态宇宙观去思考，创立了狭义相对论。

【案例】

狭义相对论的创立

19 世纪末，电磁学的新成就同经典物理学传统理论之间的矛盾日益尖锐，用牛顿经典物理学的基本概念和基本定律无法解释光在真空中每秒传播约 30 万公里，而与光源本身的运动速度无关，也就是光速不变的现象。面对这个矛盾，著名的物理学家麦克斯韦等人借助以太这个概念，试图用无所不在的以太来解释光波的传播，但不久便被实验否定了。当时还是小人物的爱因斯坦突破习惯性思维的束缚独辟捷径，系统地发展并突破了电动力学的原理，创立了狭义相对论的理论体系。狭义相对论的思想显然比以太的假设精深得多。

(资料来源：郭柏枝. 试论爱因斯坦的想象力——狭义相对论创立过程中的形象思维[J].

湖南师范大学自然科学学报，1983，SI.)

无论是狭义相对论的建立，还是哥白尼"日心说"的提出、牛顿"万有引力"定律的发现等，历史上的重大发现或重要理论都无不体现了对既存的物质文明成果或精神文明成果的突破。

二、思路上的新颖性

创造性思维是以求异、新颖、独特为目标的。思路上的新颖性表现在思路的选择和思考的技巧上都具有独特之处，表现出首创性和开拓性。思路上的新颖性表现在不盲从、不满足现有的方式或方法，需要更多地经过自己的独立思考，形成自己的观点和见解，突破前人成果的束缚，超越常规，学会用新的眼光去看待问题，从而产生崭新的思维成果。如果缺少独立自主的思考，一切循规蹈矩、照章办事，就不可能产生新颖的思路，更谈不上创新。

三、程序上的非逻辑性

创造性思维往往在超出逻辑思维、出人意料、违反常规的情形下出现，它不严密或暂时说不出什么道理。因此，创造性思维的产生常常省略了逻辑推理的许多中间环节，具有跳跃性。

创造性思维非逻辑性，由于中间环节的省略而成为飞跃式，显得离谱、神奇。有时，创造者自己对其也感到不理解。例如，当德国科学家普朗克首创量子假说时，连他自己也感到茫然不知所措，甚至怀疑这个假说的真实性。

"眉头一皱，计上心来"，急中生智就是创造性思维非逻辑性的典型表现。唐代大诗人李白被称作诗仙，他借酒助兴诗如泉涌；词作家乔羽在书房写作，抬头忽见一只蝴蝶飞来，瞬间又飞去，这一形象使他几天寝不安席，借助这一形象触发灵感，创作了著名的歌曲《思念》。

【案例】

伦琴发现 X 射线

威廉·康拉德·伦琴(1845—1923)是德国维尔兹堡大学物理系主任。1895 年 11 月 8 日傍晚，伦琴教授又和往常一样，独自一个人在实验室里进行阴极射线的实验。他从仪器架上取了一支形状很像鸭梨的克鲁克斯放电管，用黑色的硬纸板细心裁剪，糊成一个套匣，套在放电管上，然后把房间弄黑，准备检验一下黑纸套是否漏光。接通电源后，高压放电接通了克鲁克斯放电管。黑色的硬纸套非常严密，没有漏光，伦琴很满意。正当他准备开始正式实验的时候，突然发现附近一个小工作台上发出了微弱的荧光。当时屋内一片漆黑，而且硬纸套又没有漏光，那么荧光是从哪里来的呢？伦琴意识到，这可能是一种新的现象。他急忙划着一根火柴来看看究竟。原来这神秘的光线是工作台上一块涂有氰亚铂酸钡晶体的纸屏发出的。伦琴断开电源，荧光消失了，他接通电源，荧光又出现了。他把纸屏放得离放电管远一些，纸屏发出同样的荧光。他又把一本书放到放电管与纸屏之间，纸屏照样发出荧光。看到这种情况，伦琴极为兴奋。他凭直觉清楚地知道，阴极射线是不会有这样强大的穿透能力的，他断定这种射线一定是一种穿透力很强的新射线。

伦琴决心解开这种射线的奥秘。经过 40 多天的艰苦劳动，伦琴做了大量的实验，他发现了这种射线的一些性质。由于当时对这种奇异射线的本质还没有深刻了解，所以伦琴把这种射线叫 X 射线。新闻界向世界各地报道了发现 X 射线的消息。一时间关于新射线的研究风靡世界。后来，人们为了纪念伦琴的功绩，就把 X 射线称作伦琴射线，伦琴也因此而荣获 1901 年的诺贝尔物理学奖。

X 射线的发现，极大地推动了物理学的进展，导致了物理学上一场全新的革命，作为医学诊断的一种手段，X 射线的使用迅速遍及全世界，伦琴发现 X 射线的消息传到美国的第四天，美国人就用 X 射线找到了留在患者脚上的子弹。人们还可用它诊断发现初期的肺结核和胃里的异物，看清骨骼上很小的裂痕。X 射线使医生有了魔术般神奇的眼睛。

（资料来源：陈志明. 偶然中的必然[J]. 科学咨询，2015，48.）

事实上，在伦琴发现 X 射线以前，就有人碰到过 X 射线，但是他们都错过了发现 X 射线的机会。然而伦琴凭借着卓越的直觉思维能力，敏锐地洞察到克鲁克斯放电管附近这一荧光现象所具有的重大意义，通过不断探索，终于有了这一重大发现。他的伟大发现不仅打开了理论物理学发展的大门，而且在技术应用方面开拓了崭新的领域，其深远的意义人们是不会忘记的。

在创造活动中常常要用到直觉思维。事实上，许多伟大发现都是直觉思维的结果，当然这种非逻辑性的思维需以丰富的知识和经验为基础。

需要指出的是，创造性思维的过程，往往既包含逻辑思维，又包含非逻辑思维，是两者相结合的过程。

在创造性思维活动中，新观念的提出、问题的突破，往往表现为从"逻辑的中断"到"思想的飞跃"。这通常都伴随着直觉、顿悟和灵感，从而使创造性思维具有超长的预感力和洞察力。

四、视角上的灵活性

创造性思维表现为视角能随着条件的变化而转变，能摆脱思维定式的消极影响，善于变换视角看待同一问题，善于变通与转化，重新解释信息。它反对一成不变的教条，而是提倡根据不同的对象和条件，具体情况具体对待，灵活应用各种思维方式。

【案例】

是非对错取决于视角

逻辑学上经常讲到这样一则故事。

有两个园丁在菜园里为主人干活。园丁甲看见白菜叶上生了虫，便把虫子捉了踩死。园丁乙看到了，就埋怨他不该踩死虫子。于是，两个园丁便吵了起来。这时，主人带着管家走了过来，责问他俩为什么吵架。

园丁甲说："主人，我看到虫子在吃白菜，就把虫子捉了踩死。我觉得不踩死虫子，怎么能保护白菜呢？"主人点点头说："你说得对，完全对！"

园丁乙说："主人，虫子也是一条生命，它不吃白菜怎么能活下去呢？而园丁甲却把虫子捉了踩死。我要是不阻止他，怎么能保护虫子的生命(乃至整个生态平衡)呢？"主人也点点头说："你说得对，完全对！"

站在一旁的管家有些迷惑不解，他悄声地问："主人，根据逻辑学上的道理，要是两种观点发生矛盾的话，其中必有一错，而不可能都是对的。"主人又点点头说："你说得对，完全对！"

(资料来源：袁劲松. 柔性头脑修炼[M]. 青岛：青岛出版社，2010.)

创新视角多种多样，我们要学会转换视角，不同的视角会得出不同的结论。俗话说的"公说公有理、婆说婆有理"就是这个道理。换一个角度，换一种思维，或许一切都会有所不同，或许整个世界都明亮了。

每一次失败都包含着成功。一件失败的事，只需转换一个视角，就是一件成功的事。有一次，洛克菲勒的合伙人贝德福德在南美洲投资失败，损失了100多万美元。而洛克菲勒不仅没有抱怨他，反而以赞扬的口吻说："干得不错，如果是我，说不定损失得更多！"

历史上有不少新发明，都是在犯了错误之后而"将错就错"的产物。在很久以前，德国某个造纸厂因为配方出错，造出的纸洇墨而没法写字。有位技师却用肯定的视角看待这件事，开发出了吸墨纸。还有一位发明家，他所研制的高强度胶水，生产出来之后黏性很低。他不甘心失败，沿着"黏性低"的思路造出了不干胶。

所以，当众人都在欢呼成功时，你采用"肯定视角"，那没有什么大的意义；而当众人都在叹息失败时，你能够采用"肯定视角"，这本身就是一种创新思考。

【案例】

丑的就是美的

有一次，美国艾士隆公司董事长布希耐为公司陷入困境而束手无策，心烦意乱之时，他驾车到郊外散步，看到几个孩子在玩一只肮脏而且非常丑陋的昆虫，简直到了爱不释手的地步。布希耐意识到，某些丑陋的玩物在部分儿童的心理上占有位置。于是他机敏的头脑产生一种感悟，促使他部署自己的公司研制一套"丑陋玩具"并迅速向市场推出。结果一炮打响，而且引发美国掀起"丑陋玩具"的热潮。

从此艾士隆公司开发的这类新品种极尽丑陋之能事，例如"疯球""粗鲁陋夫"；臭得令人作呕的"臭死人""狗味""呕吐人"，售价也超过正常玩具的水准。但出乎人们预料的是：这些玩具问世以后一直畅销不衰，其中仅"疯球"一种已销售近千万个。"丑陋玩具"给艾士隆公司带来了丰厚的利润。

可以有把握地说，只要我们用心，就能从任何一件事情中找到其中的正面含义和积极因素。关键是头脑中要有这种意识和习惯，只需视角转换一下。

(资料来源：王玉. "丑陋" 招财的故事[J]. 企业管理，2015，12.)

五、内容上的综合性

创造性活动是在前人基础上进行的，必须综合利用他人的思维成果。科学技术发展史一再表明，谁能高度综合利用前人的思维成果，谁就能取胜，就能取得更多的突破，作出更多的贡献。在技术领域，综合结出的硕果更是到处可见。据统计，松下电视机就是在综合了各国 400 多项技术的基础上发展起来的。因此，可以说：综合就是创造。

【案例】

记者发明坦克

第一次世界大战时，有一名叫斯文顿的英国记者随军去前线采访，他亲眼看见英法联军向德国的阵地发动攻击时，牢牢守着阵地的德国士兵用密集的排枪将进攻的英法联军成片地扫倒，斯文顿非常痛心。他清醒地意识到，肉体是挡不住子弹的。冥思苦想之后，他向指挥官建议用铁皮将福斯特公司生产的履带式拖拉机包装起来，留出适当的枪眼让士兵射击，然后让士兵们乘坐它冲向敌军。他的建议很快被当时的海军司令丘吉尔所采纳。履带式拖拉机穿上 "盔甲" 之后径直冲向敌军，英法士兵的伤亡大大减少。德军 "望车披靡"，兵败如山倒，履带式拖拉机，即后来的坦克为英法联军战胜德军立下了汗马功劳，成为第一次世界大战中影响深远的发明。显然，坦克就是履带式拖拉机与装甲的组合。

(资料来源：马金林. 记者的三大发明[J]. 军事记者，2012，1.)

履带式拖拉机与装甲的组合很好地起到了 1+1＞2 的效果。在现实生活中，综合创造的例子比比皆是。伟大的科学家牛顿曾说过：如果说我比别人站得更高些，那是因为我是踩在巨人的肩膀上的。牛顿三定律就是在前人伽利略等人的研究基础上完成的。

六、强烈的目标指向性

在整个创造性思维活动中，所要解决的创造性问题会像磁石一般地吸引着创造者，使其着迷，使其忘掉周围的一切，全身心地投入创造活动中。对于一个着了迷的创造者，创造就是其生活的最终目标，其他的一切都会被放到注意的范围之外。正如普希金在谈其创作体会时说过的 "我忘掉了世界"；俄罗斯作家陀思妥耶夫斯基也说过 "当我写什么东西时，吃饭、睡觉以及与别人谈话时，我都想着它"；牛顿在专心研究问题时，竟把怀表当作鸡蛋放到锅里去煮，等等。这些都是他们对问题的迷恋和强烈的目标定向作用的结果。显而易见，创造的成果对整个社会的意义越重要，对创造者的吸引作用也越大，其迷恋的程度也会越深。

七、对象的潜在性

创造性思维活动虽从现实的活动和客体出发，但它的指向不是现存的客体，而是一个潜在的、尚未被认识和实践的对象。创造性思维的对象或者是刚刚进入人类的实践范围，尚未被人类所认识的客体，人们只能猜测它的存在状况，或者是人们虽然有了一定的认识，但认识尚不完全，还可以从深度和广度上进一步认识的客体，这两类客体无疑带有潜在性。

八、创造活动的风险性

由于创造性思维活动是一种探索未知世界的活动，因此要受到多种因素的限制和影响，如事物发展及其本质暴露的程度、实践的条件与水平、认识的水平与能力等，这就决定了创造性思维并不能每次都取得成功，甚至有可能毫无成效或者得出错误的结论。

创造性思维活动的风险性还表现在它对传统势力、偏见等的冲击上，传统势力、现有权威都会竭力维护自己的存在，对创造性思维活动的成果抱有抵抗的心理，甚至仇视的心理。例如，西欧中世纪，宗教在社会生活中占据着绝对统治地位，一切与宗教相悖的观点都被称为"异端邪说"，一切违背此原则的人都会受到"宗教裁判所"的严厉惩罚。但是，创造性思维活动是扼杀不了的，伽利略、布鲁诺置生命于不顾，提倡并论证了"日心说"，证明人类生活于其上的地球不是宇宙的中心。无法想象，如果没有这两位科学家甘冒此风险，"日心说"不知何时被提出。所以，风险与机会、成功并存。消除了风险，创造性思维活动就会变为习惯性思维活动。

第三节　创造性思维的意义和作用

有这样一句话几乎耳熟能详："天才是 1%的灵感加上 99%的汗水。"这句爱迪生的名言，让我们懂得勤劳和汗水可以造就出天才和成功。其实不然，因为在这句话的原文后面，还有这样一句关键的话："但那 1%的灵感是最重要的，甚至比那 99%的汗水都更重要。"

爱迪生向我们传达出什么信号？成功不单单是汗水那么简单，那灵感究竟是什么？

灵感，其实就是一种卓有成效的思考方法，引领人发现新的途径的一种方式，一种崭新的思维方式，本质上，就是一种创新思维的化身(影子)。

回顾历史长河，从古到今，从古代四大发明，到近代工业制造，小至企业发展，大至社会行业兴衰，都离不开创新思维因子的渗透作用。勤劳并不能带来本质性的改变，汗水不能带来社会的飞跃式进步和发展，而创新性和创造力，却能！

20 世纪电子计算机的出现，令如今的世界网络普及、新行业不断诞生，人类工作方式、人际沟通途径等诸多方面都发生了巨大变化，世界进入了前所未有的新时代，而新的多个行业，如创意产业和信息产业发展的基石就是创新思维，人类日常的经济生活没有像历史上任何一个时代，如此依赖创新思维的作用。

中国电子商务教父马云有这样一段关于"懒"的演讲，认为这个世界实际上是靠"懒人"来支撑的："世界上最富有的人，比尔·盖茨，他是个程序员，懒得读书，他就退学了。他又懒得记那些复杂的 DOS 命令，于是，他就编了个图形的界面程序。于是，全世界的电脑都长着相同的脸，而他也成了世界首富。"

"世界上最厉害的餐饮企业——麦当劳。他的老板懒得出奇，懒得学习法国大餐的精髓，懒得掌握中餐的复杂技巧，弄两片面包夹块牛肉就卖，结果全世界都能看到那个 M 的标志。必胜客的老板，懒得把馅饼的馅装进去，直接撒在发面饼上面就卖，结果大家管那叫 PIZZA，比 10 张馅饼还贵。"

以上这段话，从侧面反映出因为"懒"，引发出的创新精神、创新思维的重要性。正所谓创新有法，思维无法，贵在创新，重在思维。只有创新思维的存在，才能有富有成效的新产品的诞生、一个有意义方法的提出、一个成功契机的诞生。正因为这些"懒人"的创造性发明和创新的出现，新行业得以诞生、企业得以发展、财富得以汇聚、社会得以进步，世界才有了今天这样的精彩。即创新思维是引导社会发展和进步的基石。

一、创新性思维的意义

在不同行业和环境中，创新思维有多种多样的表现形式，但本质上是人的一种思维能力的体现。创新思维在日常生活中有着超乎寻常的作用，让今天各行各业的人都必须予以重视。

首先，创新思维可以促使知识融会贯通、优化组合。

知识是多种多样的，一个人只能掌握一定范围内的知识，而由于知识产生的土壤绝不是贫瘠和单一的，这样就促使知识形成"上至天文，下至地理"多个领域，使知识的门类涉猎更广、体系化更强。因此，只有不断地思考和学习，才能使各种知识融会贯通，优化组合。

其次，创新思维可以促使企业自主创新，培养国际品牌。

中国民族品牌的树立，需要依靠自主创新，企业的产品没有创新就没有市场，企业的发展没有创新就难以维持，管理陈旧没有创新难免死气沉沉，企业肯定缺乏竞争力。因此创新思维对于企业而言尤其重要。综观当前国际市场，民族品牌屈指可数，寥寥无几，2008 年的世界 500 强新鲜出炉，其中前 50 强中，没有一家中国企业。究其原因，没有自主研发和创新的能力，亦步亦趋只能甘为人后。

中国的强大，离不开民族企业的发展，树立民族性国际品牌，是一个国家综合国力、经济实力的体现，因此民族品牌的树立，企业文化创新、研发创新、管理模式创新等，都离不开创新思维的支持。

再次，创新思维能解放想象力，促进教育体制的完善发展。

随着社会的发展，创新作用越来越显示出巨大的作用。当前中国基础教育进行"新课改"，提倡素质教育。而创新思维就是素质教育之一——创新素质的核心。而基础教育"新课改"的实行，能有力地促进学生多方面能力的发展，促使学生的自主能动性得以发挥，想象力得到激发和保护。而想象力的延伸和发展，就是创新思维的源泉，因此创新思维促进了教育体制的完善与发展，这对社会的明天、民族的未来至关重要。

最后，创新思维能促进社会重视创意产业发展，督促立法体制的完善。

当今行业类别宽泛，很多行业都需要创新思维，比如创意产业等这些行业，完全依靠想象力和创造力而获得发展。而是否具有创造力、创意能力，就是评判它们是否能得到发展的标准。

如果社会各界重视创新，就会对这些原创作品更加推崇，进而促进人们尊重原创、反对剽窃的行业正气。这样个人团体以及社会同时加强对原创作品、创意创新的保护意识，也能更加激发创意产业行业的蓬勃发展，同时推进相关部门对此类行业采取立法保护等措施，促进我国法律法规得到进一步的完善。

二、创造性思维的作用

首先，创造性思维可以不断地增加人类知识的总量，不断地推进人类认识世界的水平。创造性思维因其对象的潜在特征，表明它是向着未知或不完全知的领域进军，不断地扩大着人们的认识范围，不断地把未被认识的东西变为可以认识和已经认识的东西，科学上的每一次发现和创造，都增加着人类的知识总量，为人类由必然王国进入自由王国不断地创造条件。

其次，创造性思维可以不断地提高人类的认识能力。创造性思维的特征已表明，创造性思维是一种高超的艺术，创造性思维活动及过程中的内在的东西是无法模仿的。这内在的东西即创造性思维能力。这种能力的获得依赖于人类对历史和现状的深刻了解，依赖于敏锐的观察能力和分析能力，依赖于平时知识的积累和知识面的拓展。而每一次创造性思维过程就是一次锻炼思维能力的过程，因为要想获得对未知世界的认识，人类就要不断地探索前人没有采用过的思维方法、思考角度去进行思维活动，就要独创性地寻求没有先例的办法和途径去正确、有效地观察问题、分析问题和解决问题，从而极大地提高人类认识未知事物的能力，所以，认识能力的提高离不开创造性思维。

最后，创造性思维可以为实践开辟新的局面。创造性思维的独创性与风险性特征赋予了它敢于探索和创新的精神，在这种精神的支配下，人类不满于现状，不满于已有的知识和经验，总是力图探索客观世界中还未被认识的本质和规律，并以此为指导，进行开拓性的实践，开辟出人类实践活动的新领域。在中国，正是邓小平创造性的思维，提出了有中国特色的社会主义理论，才有了中国翻天覆地的变化，才有了今天轰轰烈烈的改革实践。相反，若没有创造性思维，人类躺在已有的知识和经验上，坐享其成，那么，人类的实践活动只能停留在原有的水平上，实践活动的领域将非常狭小。

创造性思维是将来人类的主要活动方式和内容。历史上曾经发生过的工业革命没有完全把人从体力劳动中解放出来，而目前世界范围内的新技术革命，带来了生产的变革，全面的自动化，可以把人从机械劳动和体力劳动之中解放出来，去从事控制信息、编制程序的脑力劳动，而人工智能技术的推广和应用，使人所从事的一些简单的、具有一定逻辑规则的思维活动，可以交给"人工智能"去完成，从而又部分地把人从简单脑力劳动中解放出来。这样，人将有充分的精力把自己的知识、智力用于创造性的思维活动，把人类的文明推向一个新的高度。

第四节　创造性思维过程

创造性解决问题比习惯性解决问题有着更为复杂的心理活动过程，因此在它的运行中又有独特的思维活动程序和规律。英国心理学家华拉斯通过对创造过程的分析，提出了创造性思维的四阶段理论，把与创造活动相联系的创造思维过程分为准备阶段、酝酿阶段、豁朗阶段和验证阶段。创造性思维过程的基本结构如图 1-1 所示。

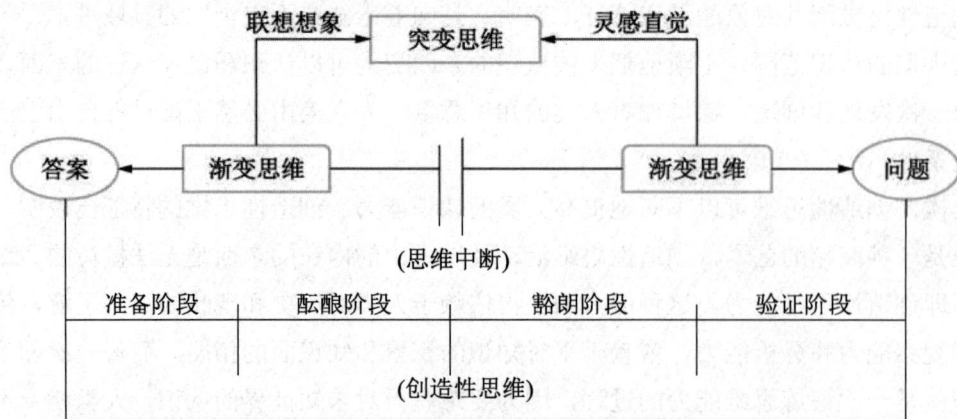

图 1-1　创造性思维过程的基本结构

一、准备阶段

这是在创造活动之前，围绕要解决的问题，收集以往资料，积累知识素材及他人解决类似问题的研究资料的过程。这个阶段的准备工作做得越充分，收集的资料越丰富，越有利于开阔思路，从而受到启发，发现和推测出问题的关键，迅速理清思路、明确方向、解决问题。因此，在这一阶段，应努力创造条件，广泛收集资料，有目的、有计划地为所规划的项目做充分的准备。为了使创造性思维顺利展开，不能将准备工作只局限于狭窄的专门领域，而应当有相当广博的知识和技术准备，然后才能像我国伟大诗人杜甫所说的"读书破万卷，下笔如有神"。

二、酝酿阶段

这是在积累一定知识经验的基础上，在头脑中对问题和资料进行深入的分析、探索和思考，力图找到解决问题的途径和方法的过程。这一阶段从表面上看没有明显的思维活动，创造者的观念仿佛处于"冬眠"状态，但事实上思考仍在断断续续地进行。这个时候在创造者的意识中可能对该问题已不再去思考，转而从事或思考其他一些无关的问题，但在不自觉的潜意识中问题仍然存在，当受到一定刺激，又会转入意识领域。例如，日间苦思不解的问题，夜间睡眠时忽然在梦中出现。可见，创造性思维的酝酿阶段多属潜意识过程，这种潜意识的思维活动极可能孕育着解决问题的新观念、新思想，一旦酝酿成熟就会脱颖而出，使问题得到解决。

三、豁朗阶段

这是经过充分的酝酿之后，在头脑中突然闪现出新思想、新观念和新形象，使问题有可能得到顺利解决的过程。在这一阶段中，百思不得其解的问题，意想不到地闪电般地便迎刃而解，头脑似乎从"踏破铁鞋无觅处"的困境中摆脱出来，有一种"得来全不费工夫"的感觉，并显示出极大的创造性。这是对问题经过全力以赴的刻苦钻研之后所涌现出来的科学敏感性发挥作用的结果。这种现象称为"灵感"或"顿悟"。许多科学家在创造发明过程中，都曾有过这种惊人的类似现象。

四、验证阶段

这是在豁朗阶段获得了解决问题的构想或思路之后，在理论上和实践上进行反复检验，多次补充和修正，使其趋于完善的过程。这个阶段，或从逻辑角度在理论上求其周密、正确；或是付诸行动，经观察实验而求得正确的结果。在验证期，创造者需要经过无数次的存优汰劣，才能使创造结果达到完美的地步。

在对创造性思维因子进行探讨时，侧重点应放在具有跳跃突变功能的那些非逻辑思维形式要素上，一般认为直觉、想象与联想以及灵感是创造性思维中最具活力、最富创造性、最有挖掘潜力的思维因子。

许多学者针对创造性思维过程提出了许多不同的模式，以下是几种最具代表性的模式。

美国创造学奠基人奥斯本提出了"寻找事实—寻找构想—寻找解答"的三阶段模式。

美国实用主义者杜威提出了"感到困难存在—认清是什么问题—搜集资料进行分类并提出假说—接受或抛弃实验性假说—得出结论并加以评论"的五阶段模式。

模式的不同，只说明不同的学者对创造性思维所划分的阶段和强调的重点有所不同。总的来看，各种模式基本上都离不开"发现问题—分析问题—提出假说—检验假说"这几个阶段。正如中国清代学者王国维在《人间词话》中曾借用宋词的三句话生动地描绘从向往到苦思再到惊喜的发现的三个境界。

昨夜西风凋碧树。独上高楼，望尽天涯路。此第一境也。

此句出自晏殊的《蝶恋花》，原意是说："我"上高楼眺望所见的是更为潇飒的秋景，西风黄叶，山阔水长，案书何达？成大事业者，首先要有执着的追求，登高望远。瞭察路径，明确目标与方向，了解事物的概貌。

衣带渐宽终不悔，为伊消得人憔悴。此第二境也。

此处引用的是北宋柳永《蝶恋花》的最后两句词，原词是表现作者对爱的执着和爱的无悔。若把"伊"字理解为词人所追求的理想和毕生从事的事业，亦无不可。王国维则别开生面，以此两句来比喻大事业、大学问不是轻而易举随便可得的，必须坚定不移，经过一番辛勤劳动，废寝忘食，孜孜以求，直至人瘦带宽也不后悔。

众里寻他千百度，蓦然回首，那人却在灯火阑珊处。此第三境也。

此处引用的是南宋辛弃疾《青玉案》词中的最后三句。王国维以此词最后的三句为"境界"之第三即最终最高境界。这虽不是辛弃疾的原意，但也可以引出悠悠的远意，做学问、成大事业者，要达到第三境界，必须有专注的精神，反复追寻、研究，下足功夫，自然会豁然贯通，有所发现，有所发明，就能够从必然王国进入自由王国。人生有时候需要一种顿悟，需要幡然省悟的机缘，我们要懂得抓住机遇。

如果把这三个境界应用到创造发明过程之中，创造要经历从刚开始的向往，再到苦思，最后惊喜地发现三个阶段。我们要想有所创造，首先要耐得住寂寞，要有向往，要有理想；然后要经过大量的实践，经历艰苦探索的过程；最后你会惊喜地发现解决问题的办法，这个时候，你会感到满心的喜悦。

【案例】

麦当劳公司：老"题目"新贡献

麦当劳公司是闻名全球的快餐王国。至今，麦当劳公司已在美国的 50 个州和世界 40 多个国家和地区开设了 1 万多家快餐连锁店。它的法式炸薯条采用计算机控制，制作时间不超过 7 分钟。不满 10 分钟就能烘制好汉堡包，每天售出汉堡包近 2 亿个。所制出的冻肉馅饼规格、大小、重量都相同。食物送至顾客手中只需 60 秒。它的年销售额已超 100 亿美元，资产总额达 10 多亿美元，股票市价一直处于稳定增长之中。然而，麦当劳公司所拥有的另一项无形宝贵财富是：美国一公司调查世界消费者所得出的世界十大名牌中，麦当劳名列第八，成为美国企业的典范。麦当劳公司的创始人雷·克洛克，作为一个新企业的开创者，被人们永远记住。他在食品服务业这一"老题目"上作出的新贡献，足可与洛克菲勒在石油提炼业、卡内基在钢铁业、福特在汽车装配流水线的功绩相媲美。

1954 年，当麦当劳汽车餐厅在加利福尼亚州圣贝纳迪诺市开张营业时，克洛克便一眼看出了麦当劳公司正在填补食品服务业的一个巨大空白。他在这一行业干了 25 年，比任何专家更清楚方便食品巨大的潜在市场。他意识到，正可借此机会大力开拓麦当劳公司已占领的快餐市场。麦当劳公司是由莫里斯·麦当劳和莫查德·麦当劳兄弟俩于 1928 年创立的。他们发展了流水线生产汉堡包搭售法式土豆煎片的经营方式，率先采用标准化牛肉小馅饼、标准化配菜系列，并用红外线灯光照射保持土豆片清脆爽口。餐馆前上方竖有一面大型双拱招牌。食品价格相当便宜，生意好得出奇，年营业额高达 25 万美元。当时除了加利福尼亚州外，另有 6 家分店。但麦当劳兄弟却十分保守，不愿进一步发展。克洛克对它的印象极为深刻，他随即前往与麦当劳兄弟谈判，购买了出售麦当劳店名的特许权，并负责向其他特许经营者出售全套服务标准和项目。6 年后即 1960 年，克洛克出资 270 万美元，全部买下了麦当劳兄弟的资产和经营权，以"麦当劳"为名开创了一番新天地。

克洛克首先大刀阔斧地着手改革麦当劳的联营分销体系，向对公司发展有重大影响的 4 种人发动了宣传、广告攻势：未来的供货者、年轻有为的经理、公司第一批贷款者和联营者。他孜孜不倦地描述和开诚布公的态度终于打动了这些合作者，从而使他的计划得以迅速推广。克洛克的联营思想确实别具一格，与众不同，不但为自己且为别人着想，想方设法使联营者取得成功。克洛克认为，敲诈一下，发一笔财并非长久之计，相反必须为联营者提供服务，与其建立相互信任的关系。一旦联营者失败，他自己也无法得到成功。所以，他总是鼓励联营者发表新设想，以有利于改进麦当劳的餐馆分销体系，并以惊人的坦率与联营者以诚相见。在克洛克的努力之下，麦当劳公司赢得了一大批具有开拓精神的联营者，而这批联营者的创造性工作为推动麦当劳公司的发展和树立良好的公众形象起了巨大的作用。

可以说，麦当劳对美国企业界的最大冲击是在顾客看不到的领域内——食品业的流水作业。20世纪50年代末期，大部分工业都实现了专业分工，提高了生产效率，唯有食品业例外，最明显的阻力是食品业的各项配料涉及面太广，且批量小，无法搞流水作业。克洛克认为，麦当劳的快餐服务与以往的餐馆服务迥然不同，其经营模式为实现专业分工提供了一个大好的机会。麦当劳公司的成功，一个重要原因是得益于它的专业分工。麦当劳的一些早期经营者，大多没有经营餐馆的经历，然而，这却使他们摆脱了传统的框框束缚，反而成为一件好事。为了麦当劳的发展，没有什么想法是不值得一试的。麦当劳的每一步发展都是反复实验的结果。麦当劳公司的专家沿着生产链溯源而上，对食品供应和设备供应进行了大胆的改革。他们改变了农民种植土豆的习惯和农产品公司加工土豆的工序，改变了牧场饲养菜牛的方式和生产乳制品的方法，改革了肉制品厂成品生产程序，还发明了前所未有的高效率的烹调设备，探索了食品包装和分发的新途径。确实，近30年来，麦当劳公司在实现食品加工和分发现代化方面取得了无与伦比的功绩。这一变革是从美国最受欢迎的普通食品——汉堡包、法式炸薯条和冰淇淋牛奶开始的。特别是法式炸薯条，麦当劳花费了10年时间和300万美元资金获得了巨大的成功。销售量从原占土豆制成品总销量的5%，激增到25%。这一变革极大地改善了麦当劳的形象，因为10美分一包的法式炸薯条被认为是最理想的大众食品。今天在麦当劳经营的餐馆就餐的顾客中，每6个就有4个买法式炸薯条。

麦当劳公司认识到，快餐业的"产品"服务不仅限于食品一项，但能否提供上乘的食品却是经营成功的关键所在。为此，麦当劳公司投入了大量的资金、精力改进它的食品系列，尽力向顾客供应简单易得、色香味正、品种繁多、引人回头的各种大众食品。麦当劳的主要产品——汉堡包，最初出现在中世纪的东欧国家，用钝刀剁碎生牛肉塞进面包即成。波罗的海商人将这种吃法带到德国的汉堡港，在那里直到现在还有人按以前的方法进食生牛肉馅饼。德国移民后将其带到美国，起初只在辛辛那提和圣路易斯等地流行。据记载，第一次大规模供应汉堡包是在1904年的圣路易斯世界博览会上。麦当劳公司在强调产品和服务工作标准化的同时，鼓励员工进行新产品开发和现有产品及服务的改进完善。公司不但组织专业技术人员积极研制，而且大胆地吸收特许经营者反映的各种改进意见。公司发展史上的许多重大突破和创新就是这些特许经营者提出的。例如，特许经营者卢·格罗恩在辛辛那提市一个罗马天主教徒比较集中的地区开有一家快餐店，平时生意都不错，可是一到星期五销售量就会下降一半以上，他试着推出一种鱼片三明治，结果销售量大增。后来这一品种成了麦当劳各分店菜单上的固定项目，名字就叫"鱼片"。这是麦当劳公司第一次突破了汉堡包、法式炸薯条和饮料的一贯制品种范围。匹兹堡的特许经营人杰姆·德利加蒂发现附近一家快餐店出售一种大个儿的汉堡包，生意兴隆，吸引走了不少顾客。于是他在芝麻饼中夹进两份牛肉馅，几片莴苣、葱花、奶酪外加少许特别果酱，做成了味足量大、营养全面的巨型汉堡包，突破了克洛克以前定下的标准：肉馅必须是1.6 盎司，小面包直径必须是 3.5 寸。销售量果然增长可观。后来公司全盘采用这种制式，起名为"大麦克"，很快成为各分店的头号畅销品种。另外有一位名叫赫伯特·彼得逊的特许经营人，在 1972 年对营业时间和经营品种进行了令人瞩目的改革。他在加利福尼亚州圣巴巴拉开有数家分店。

彼得逊想到顾客中喜欢鸡蛋的一定大有人在，就像他非常喜欢"本尼迪克特蛋卷"一样。如果他将鸡蛋按麦当劳方式加工，并将原 10 时开门营业提前至 7 时，一定会吸引大批早餐顾客。经过半年的试验，他推出了"快速早餐"，即在英式松饼中夹进一些加拿大火腿、奶酪和一只鸡蛋。到 1976 年，大部分麦当劳快餐店都采用了彼得逊这一做法，结果一年内仅此一项便增加 10%的销售额。随后，早餐食品新添了许多花样，如水果汁、丹麦油酥面饼、英式松糕、香肠热饼、摊鸡蛋土豆泥等。1975 年，公司成功推出了"麦当劳世界"小甜饼系列产品，口感适中，属香草型。小甜饼形状采用公司广告中早已为人熟知的奇人怪物造型。这一产品极受儿童喜爱，畅销不衰。早在 1971 年，麦当劳便开始全面研究鸡肉系列食品。这一领域开拓困难较大，因为以外表酥脆、内部柔软为特点的肯德基炸鸡已领先占领了市场。1980 年，麦当劳推出两种鸡肉产品进行试销：一种是"麦克鸡三明治"；包括一块圆面包、莴苣碎片、一块红白鸡肉相掺的无骨鸡肉馅以及足量的相似于蛋黄酱的调味汁；另一种叫"天然块金鸡"，将鸡肉切成一口一块大小，辅以各种酱和蘸汁料，出售时由顾客选用。经过一段相当长时间的试销，证明具有较高的竞争力，于是公司食品单上又添了一个品种。在一般情况下，麦当劳公司总有 20 余种新产品处于不同试制阶段，一种产品即将试销结束，早有数个建议通过初步审查，进入配方研究、口味调查、制作工艺确定等不同研究阶段。大多数研制的新产品往往到不了最后试销阶段就被放弃了。原因很多，最主要的是食品市场对新产品的考验特别严峻，人们从未对普通食品的优劣定下过什么标准，正是因为没有标准，人们的随意性就很大，所以就显得格外困难。这种情况并非仅是麦当劳独有，整个快餐业都是如此。因此，麦当劳公司对新产品的试销特别谨慎，不仅审查严格，而且试销的时间长、范围大。尽管这样，麦当劳仍然经历了无数次开发失败。例如烤牛肉三明治、菠萝汉堡包、三波冰淇淋蛋卷、碎牛肉三明治、麦克牛排等。但是，从整个行业看，麦当劳的成功率还是很高的。

麦当劳在激烈的市场竞争中能长期保持不败，在很大的程度上有赖于其坚持"Q、S、C"方针，即品质上乘、服务周到、地方清洁(Quality、Sevice、Cleanness)。品质上乘：麦当劳公司对产品的质量有严格的标准，要求端到顾客面前的所有食品均须处于最佳状态。汉堡包出炉 10 分钟尚未出售一律倒进垃圾箱，法式土豆片的保鲜时间为 7 分钟，咖啡冲好后最多可以保留半小时，并对食品的原料、配料和制作过程有相应的规定。服务周到：为了保证服务质量，麦当劳物色经理人员要求能够懂得"人际关系学"，善于接待顾客，必须在"汉堡大学"接受专门训练，获得"汉堡包学"学士学位。新招的职工必须经过 10 天职业训练，合格后才能正式担任服务员。因此，麦当劳快餐店的服务效率很高，顾客一站到柜台前面，放在纸盒和纸杯内的汉堡包和咖啡便热气腾腾地送到顾客面前。即使在最忙时，也只需一两分钟。为了做到能快速服务，服务员一身三任：既负责管理收银机，又开票，还供应食品。顾客只需排一次队，就能取到所需食品。地方清洁：麦当劳快餐店敢于向"廉价餐厅不清洁"的偏见挑战，制定了严格的卫生标准。其中包括工作人员不准留长发，妇女带发网，餐馆内不许出售香烟和报纸，器具全部用不锈钢的，顾客一走便要清理桌面，凡是丢落在地下的纸片，必须马上拾起等。平时，总店还经常派人员到各处搞突击检查，发现问题，及时处理纠正。这使得麦当劳快餐店始终保持着清洁的环境，虽不豪华，但窗明几净，许多人乐意前来就餐。

麦当劳公司在营销上，成功地塑造了"麦当劳叔叔"的生动形象。这个麦当劳叔叔原是德国的一家分店发明的，由于形象可爱，容易给顾客尤其是少年儿童欢乐的感觉，于是，麦当劳在世界各地快餐分店都推广了令孩子们喜爱的麦当劳叔叔，并经常出现在电视广告上，演出逗人的节目。麦当劳每年的广告费多达 3 亿多美元，占全年销售额的 4%。麦当劳叔叔成为世界各地少年儿童的亲密伙伴，不仅仅是因为他形象可爱，麦当劳为这些小"上帝"动了不少脑筋，开创了另一番新世界。为了吸引孩子，各分店都专门设有儿童游乐园，供孩子们边吃边玩，并重金聘请著名小丑表演滑稽逗乐节目，拍成录像播放，常使孩子们笑得前仰后合，非常开心。因此，每当星期六、星期日，孩子们总要吵着让父母带他们到麦当劳快餐店去。在快餐店，孩子们可以在儿童乐园里游玩，父母既可以隔着大型玻璃窗注视孩子们的安全，又可以不受孩子们干扰静心用餐。从此，麦当劳快餐店总是顾客盈门，热闹非凡。

(资料来源：凡禹. 创造性思维 36 记[M]. 北京：企业管理出版社，2008.)

复习思考题

1. 创造性思维的含义、过程是什么？

2. 为什么要重视与培养创造性思维能力？

3. 请介绍一下你曾经有过的创造事例或创新思想以及由此得到的成功喜悦或失败的痛苦，并总结一下经验教训。

训练与活动

创造力测试

1. 训练概述：根据标准权威创造力测试表测试自我创造力水平，为参与者自我创造力提供依据与参考。

2. 训练过程：通过书面或 PPT 播放等形式向学生提供尤金创造力自测量表。

第二章　创造性思维及思维障碍

【学习目标】

● 了解创造性思维的含义。

● 认识创造性思维的生理学基础。

● 掌握创造性思维障碍及其突破方式。

【引导案例】

苹果：创新的商业模式

2003 年年初，苹果公司的市值也不过 60 亿美元。一家大公司，在短短 7 年之内，市值增加了一百倍，如果说这是一个企业史上的奇迹，估计没人会反对这一观点。苹果公司以发明、创新著称，并在计算机与消费电子集成产品的发展上处于领先水平。2003 年苹果推出了 iTunes。这是苹果历史上最具革命性创新的产品，也推动了苹果市值的快速飙升。iTunes 是苹果终端的管理平台，无论是 iPod、iPhone 还是 iPad，都是通过 iTunes 来管理的。iTunes 是苹果的创新枢纽。可以说，没有 iTunes 的出现，就没有 iPhone 和 iPad 这样革命性的产品出现。随着 iTunes 的出现，苹果公司得以进入音乐市场，它不仅仅是靠卖产品赚钱，还可以通过卖音乐赚钱。短短 3 年内，iPod+iTunes 组合为苹果公司创收近 100 亿美元，几乎占公司总收入的一半。

iTunes 受到了来自用户、合作伙伴的广泛支持。因为 iTunes 的存在，能够让更多人更方便地下载和整理音乐，从而大大促进了 iPod 的销售，并让 iPod 和其他音乐播放器区分开来，短时间之内占领了近 90%的市场。那些唱片公司也欢迎 iTunes 的出现，在 iTunes 出现之前，唱片公司对于泛滥成灾的音乐盗版无能为力，iTunes 让他们觉得看到了盈利的可能性。当然最高兴的是苹果公司，它通过卖 iPod 赚硬件的钱，再通过 iTunes 赚音乐的钱。

　　苹果公司的过人之处，不仅仅在于它为新技术提供时尚的设计方案，更重要的是，它把新技术和卓越的商业模式结合起来。苹果真正的创新不是硬件层面的，而是让数字下载变得更加简单易行。利用 iTunes+iPod 的组合，苹果开创了一个全新的商业模式——将硬件、软件和服务融为一体。这种创新改变了两个行业——音乐播放器产业和音乐唱片产业。从苹果公司的高成长奇迹来看，高成长的公司对于赶超或打败竞争对手并不感兴趣，技术创新也不是他们的终极目的，他们真正感兴趣的是创造与众不同的市场！

　　商业模式的不断创新、技术上的不断创新和基于产品的差异化定位等为苹果公司带来了巨大的效益，苹果公司走出曾经的低谷，异军突起成为行业领头羊。在竞争激烈、创新不断的市场上，我们在讲述苹果公司成功故事的同时，也在思考"后乔布斯时代"的苹果如何通过创新延续曾经的辉煌。

（资料来源：百度文库，https://wenku.baidu.com.）

第一节　创造性思维的生理学基础

一、人脑构造

　　人脑(见图 2-1)是中枢神经系统的最高级部分，如能把大脑的活动转换成电能，相当于一只 20 瓦灯泡的功率。根据神经学家的部分测量，人脑的神经细胞回路比今天全世界的电话网络还要复杂 1400 多倍。每一秒钟，人的大脑中会进行 10 万种不同的化学反应。人的大脑细胞数超过全世界人口总数两倍多，每天可处理 8600 万条信息，其记忆贮存的信息超过全世界任何一台电子计算机。如此神奇的人脑具有怎样的结构呢？人脑的构造主要由脑干、小脑和前脑三部分组成。

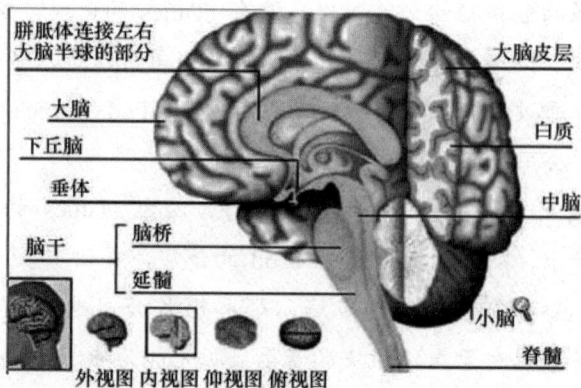

图 2-1　人脑解剖图

(一)脑干

脑干位于大脑下面。脑干的延髓部分下连脊髓，呈不规则的柱状形，脑干的功能主要是维持人体生命、心跳、呼吸、消化、体温、睡眠等重要生理运作。

脑干部位主要包括延髓、脑桥、中脑、网状系统四个构造部位。延髓居于脑的最下部，与脊髓相连，其主要功能为控制呼吸、心跳、消化等，支配呼吸、排泄、吞咽、肠胃等活动。脑桥位于中脑与延脑之间，脑桥的白质神经纤维，遇到小脑皮质，可将神经冲动自小脑一半球传至另一半球，使之发挥协调身体两侧肌肉活动的功能，对人的睡眠有调节和控制作用；中脑位于脑桥之上，恰好是整个脑的中点，是视觉与听觉的反射中枢，凡是瞳孔、眼球、肌肉等活动，均受中脑的控制；网状系统居于脑干的中央，是由许多错杂的神经元集合而成的网状结构，网状系统的主要功能是控制觉醒、注意、睡眠等不同层次的意识状态。

(二)小脑

小脑位于大脑半球后方，覆盖在脑桥及延髓之上，横跨在中脑和延髓之间。它由胚胎早期的菱脑分化而来，小脑通过它与大脑、脑干和脊髓之间丰富的传入和传出联系，参与躯体平衡和肌肉张力(肌紧张)的调节，以及随意运动的协调。

(三)前脑

前脑，也叫大脑。前脑可以说是让人类活得更像人的重要器官。当然，动物也有大脑，但因为人类拥有远比动物大脑更高级的大脑，才能使人类成为整个世界的主宰者。

譬如动物通过眼睛看东西、通过耳朵听声音、通过鼻子嗅气味、通过皮肤与外界接触，而掌握这些器官的就是大脑。除此之外，人类还会思考、判断、感觉喜怒哀乐，有时还会用意志抑制这些感觉，并通过音乐和美术等艺术活动来表现自我。

前脑是人类思维的最高层次，也是人脑中最复杂最重要的神经中枢。人体的整个神经系统是指大脑的各部分和脊髓组成的中枢神经系统，以及遍布全身的外周围神经系统。人的大脑是人类一切创造活动的源泉。人类真正的思维是在组成大脑主要部分被称为皮质层的部分进行的。

当大脑受到细微损伤时，就不能充分发挥其功能，这就形成了人的功能上的欠缺这一严重后果。因此，大脑被头盖骨所覆盖并漂浮在脑脊液中，这样，就能避免外界的冲击。

大脑的内部结构相当复杂，既坚韧又非常精密。大脑不是单纯的一团肉疙瘩，大脑内有"形形色色的脑"，并重叠成多层，分别起着与之相应的作用。大脑内的"形形色色的脑"相互之间有着紧密的联系，有时扮演着主角，有时扮演着在背后支持主角的"绿叶"。各层次上的大脑十分清楚各自的领域，原则上不会侵犯其他领域。

再进一步观察大脑内部结构就会发现，其微观世界密密麻麻地向四周延伸。被称为"突触"和"神经元"的物质是形成大脑最基本的物质，这些物质构筑起大脑内部的网络，基石般支撑着大脑各方面的活动。

假设是"上帝"创造了人的大脑，当认识到其构造和网络以及身体供给能量时，人们只能惊叹不已。这或许是在相当漫长的岁月中为适应生存而持续不断进化的成果。因此，人类大脑的结构是生物世界中最高级的艺术品。

二、左右脑与创造性思维

大脑分为左、右两个半球，它们之间通过脑桥的大量神经纤维相互贯通。左脑与右脑的结构相当，但功能却各不相同。一般来说，大脑左半球语言思维、运算思维以及逻辑思维等能力比较出色，具有连续性、有序性、分析性、理论性、形象辨识、直观思维以及对空间的把握被称为理性脑。大脑右半球想象、创造和形象思维等能力较强，同时具有不连续性、弥散性、操作性和空间依赖性等特点，被称为感性脑。大脑左、右脑之间存在某种功能性联系的实体，即胼胝体，它是连接左、右脑的横行神经纤维束，起着连接左、右脑全部皮质的作用。左、右脑配合默契，正常情况下，左、右脑通过胼胝体以每秒 400 亿次的频率相互传递脉冲信息。

关于脑科学的研究，20 世纪 70 年代，美国科学家斯佩里(Roger Sperry)、波根(Joseph Bogen)、葛萨纳嘉(Michael Gazzanage)三人进行了著名的"裂脑实验"，发现了左、右脑结构与功能的区别，提出了左、右脑分工说，如表 2-1 所示。

表 2-1　左右脑职能分工

左脑(理性脑)	右脑(感性脑)
语言/文字	空间/音乐
逻辑、数学	整体的
线性、细节	艺术、象征
循序渐进	一心多用
自制	敏感的
理智的	直觉的、创新能力强的
强势的	弱势的(安静)
世俗的	灵性的
积极的	感受力强的
好分析的	综合的、完整的
阅读、写作、述说	辨认面目
顺序整理	同时理解
掌握复杂程序	感知抽象图形
掌握复杂动作顺序	辨识复杂数字

左脑与右脑的和谐发展和协同活动，是创造性思维活动得以正常进行的前提。但应该说，右脑功能的非言语、形象化和直觉性特点，更适合创造性思维。右脑越活跃，形象越丰富，形象之间通过联想机制也越容易产生新观念或新构想。左脑功能的逻辑、言语、抽象的特点决定其很难成为创造性思维的源泉。

如今的智力开发过分注重大脑左半球，也就是以逻辑思维、适合思维的智力开发为重点。而对创造性思维具有重要作用的大脑右半球的机能开发相对不足。从左、右脑分工来看，要想开发一个人的创造潜能，决不能忽视大脑右半球想象力、直观思维等方面的重要作用，而应尽可能使大脑左、右半球的作用统一起来，使左半球的理性脑与右半球的感性脑相互联系、彼此协调，统一发展，从而实现左、右脑的分工配合、协同一致。

第二节 创造性思维障碍及其突破方式

一、思维障碍的含义

当代心理学家认为，思维是人脑对客观事物概括的、间接的反应。从字面上理解思维的含义，思就是思考，维就是方向，思维可以理解为沿着一定方向进行思考。人的大脑思维有一个特点，就是一旦沿着一定的方向、按照一定的次序思考，久而久之，就会形成一种惯性。也就是说，这次这样解决了一个问题，下次遇到类似的问题或表面看起来相似的问题，不由自主地还是沿着上次思考的方向或次序去思考，这种现象，就称作"思维惯性"。就像物理学里的惯性一样，思维惯性也很顽固，是不容易克服的。如果对于自己长期从事的工作或日常生活中经常发生的事情产生了思维惯性，多次以这种惯性思维来对待客观事物，就会形成非常固定的思维模式，即"思维定式"。思维惯性和思维定式合起来，就被称为"思维障碍"。一方面，思维障碍有着巨大的好处，它可以使人的学习、生活、工作简洁明快，社会高度有序化。另一方面，思维障碍的固定程序化模式又阻碍科技发展，尤其是在创造活动中，思维障碍可以阻碍人创造性地解决问题，对于创造发明是非常不利的。

卢钦斯(A.S.Luchins)在研究思维障碍对解决问题的影响时做了一个很有名的量水实验，实验非常简单，只是要求用给定的三种容器 A、B、C，量出定量的水 D(见表 2-2)。

表 2-2 卢钦斯量水实验

问 题	给容器容量(夸脱)			求 D(夸脱)	一般解法	更简便解法
	A	B	C			
1	21	127	3	100	D=B-A-2C	
2	14	163	25	99	D=B-A-2C	

续表

问 题	给容器容量(夸脱)			求 D(夸脱)	一般解法	更简便解法
	A	B	C			
3	18	43	10	5	D=B-A-2C	
4	9	42	6	21	D=B-A-2C	
5	20	59	4	31	D=B-A-2C	
6	23	49	3	20	D=B-A-2C	D=A-C
7	15	39	3	18	D=B-A-2C	D=A+C
8	28	76	3	25	D=A-C	
9	18	48	4	22	D=B-A-2C	D=A+C
10	14	36	8	6	D=B-A-2C	D=A-C

注：1 夸脱=1.1365 升，夸脱为英国的计量单位。

他首先给被试者做一示范，用给定的 29 夸脱和 3 夸脱的容器量出 20 夸脱的水，即先将 29 夸脱的容器盛满水，后从中倒出灌满 3 夸脱的容器三次，这边求得了 20 夸脱的水。随后要求一部分人从第一题开始做起直到最后一题，而让另一部分人直接从第六题做起。观察结果，由于前五题的解法一致，均可用 D=B-A-2C 求得，因此第一部分人员约有33%一直沿用老办法求解，甚至在第八题上卡壳，而后一部分人中 99%的都用更简便的方法求解。

由此实验可以看出，由于前五题的影响，导致人在有更简便方法求解时，也放弃探索而套用老办法，明显地表现出用三容器量法的思维定式。

二、常见的思维障碍

(一)习惯性思维障碍

习惯性思维障碍又称思维定式，通俗地说就是"习惯成自然"。它是指人常常沿用一种思路或固定的思维方式去考虑同一类问题。习惯性思维几乎人皆有之，可以说是一种常见现象。但是这种思维一旦变成固定不变的"老套套""老框框"，就会束缚人的思维，使人发现不了新的问题，想不到新的解决方法，从而构成学习、创造的心理障碍。

【案例】

沉默广告

大家都知道，广告、广告，广而告之，平面广告须有内容，广播广告须有声音，电视广告须有画面，这是所有人的习惯性思维，但是纽约一银行新开业，想迅速打开知名度，在电台做广告，一般做法是宣传一下，搞个大促销，或者请个名人推广。但他们没有采用其他银行开张宣传使用的方法。想要快速获得知名度，就得出位，制造明显的差异化才会赢得关注。

于是他们买断纽约各电台的黄金时段 10 秒钟，向人们提供沉默时间，它是这样宣传的："听众朋友，从现在开始播放由本市国际银行向您提供的沉默时间。"然后整个纽约所有电台都沉默了，听众被这莫名其妙的 10 秒钟激起了兴趣，纷纷开始讨论。各大媒体也争相报道，成了热门话题。

这家银行彻底打破了习惯性思维，告诉世人，谁说广播广告非得在那儿大费口舌。这个沉默时间以自己的不说话唤起了所有人说话。

（资料来源：百度文库，https://wenku.baidu.com。）

这就是一个新的改变。如果完全依赖过去的经验，就会判断失误。尤其是在当今社会，世界变化非常快，科学进步也非常快，以前有很多不可能的事情现在变为可能。我们不能完全依照我们过去的经验来判断未来。过去经验的积累导致了我们思维上的一种定式。所以有一句话说：过去的经验既是我们的财富，其实某种程度上也是我们的包袱。

习惯性思维并不都是有害的。对于有些简单的问题，如日常生活中的小事，按照习惯性思考去行事，可以节省时间，或者少费脑筋。例如写字时先找到纸还是先找到笔，早上起来是先洗脸还是先刷牙，各人有各人的习惯，都无不可。即使是某些数字运算，有时按照老经验、老习惯，还可以较快地完成运算。

人的思维不仅有惯性，还有惰性，对于比较复杂的问题，如果仍按照习惯性思维如法炮制，就会使人犯错误，或者面对新问题一筹莫展。要想使自己变得聪明起来、要想进行创新，就必须自觉地打破习惯性思维障碍，主动去寻求新的思维方式。

突破习惯性思维的束缚，从表面看，似乎很简单，很容易操作，但人的头脑往往会因为陷入经验主义而逐渐僵化，意识不到自己被习惯性思维所束缚，因而往往无法使用这种单纯的突破性思考方法。

(二)直线型思维障碍

直线思维是指一种单维的、定向的、视野局限、思路狭窄、缺乏辩证性的思维方式，但同时也被认为是以最简洁的思维历程和最短的思维距离直达事物内蕴的最深层次的一种思维方式。由于在解决简单问题时人只需用一就是一，二就是二，或因为 A=B、B=C，所以得出结论 A=C 这样直线型思维方式就可以奏效，往往在解决复杂问题时仍用简单的非此即彼或者按顺序排列的直线的方式去思考问题。在学习时，虽然也遇到过稍微复杂的数学问题、物理问题，但多数情况下是把类似的例题拿来照搬。对待需要认真分析，全面考虑的社会问题、历史问题或文学艺术方面的课题，经常是死记硬背现成的答案，久而久之，就形成了直线型思维障碍。

【案例】

寻找作案嫌疑人

1985年，某厂有35000元被窃，这在当时是一笔不小的数目，厂方和市公安局出动了大批力量来破案。他们的破案思路：进行排查，找出嫌疑人，再通过审查破案，嫌疑人应当是：有前科的；经济上支出明显超过收入的。结果找到了一个年轻工人，平时吊儿郎当，工资较低，这时恰好又买了一辆新摩托车。于是，这个年轻工人变成了重点怀疑对象，被审查了好几个月，结果却搞错了，而实际上作案的是另一个职工，两年后，他看没事了，到银行去存款，被机警的出纳员发现了破绽报告给公安局，这才破了案。

(资料来源：百度文库，https://wenku.baidu.com。)

错误的产生显然与办案人员的直线型思维方式有关。过去，平时表现不好的，经济上又突然发生变化的人，可能有作案的嫌疑，但不是所有这样的人就一定是盗窃公款的，而平时表现还不错的，也不一定就不会干坏事。

(三)权威型思维障碍

权威型思维障碍也叫权威定式，是指在思维过程中盲目迷信权威，以权威的是非为是非，缺乏独立思考能力，不敢怀疑权威的理论或观点，一切都按照权威的意见办事。权威定式对人类的发展与进步有着一定的积极意义，因为有了权威的存在，节省了人类无数重复探索的时间和精力。尊重权威当然没有什么错，但一切都按照权威的意见办事，盲目崇拜和服从权威，不敢怀疑权威的理论或观点，不敢逾越权威半步，就会严重阻碍人创造性思维的发挥。

事实上，权威的意见只是在某个阶段、某个领域、某个范围是正确的，并非适用于所有问题，而只有实践才是检验真理的唯一标准。人类史上的大量创造性成果都是克服了对权威的无条件崇拜、打破了迷信权威的思维障碍后取得的。

普通的自行车工莱特兄弟要发明飞机时，许多有名的物理学家都提出了否定的意见，甚至说要想让比重比空气大的机械装置在空气中浮起来是不可能的事情。然而莱特兄弟不迷信权威，经过多次实验，终于让世界上第一架飞机飞上了蓝天。

在通常情况下，服从专家的看法会少走很多弯路，时间久了人们就会认为"专家的意见是不会错的"，在现实生活中，当两人发生争执时，人们往往会用某位专家的话来做印证。

当某一领域专家的权威确立之后，除了不断地强化外，还会产生"权威泛化"的现象，即把某个专业领域内的权威不恰当地扩展到社会生活的其他领域内。比如，某位专家是某一领域的专家，可能在某尖端领域做出了很大的贡献，于是，马上有人请他参政议政，担任某个单位的领导等，也就是说他马上就成了一切领域的权威。例如，爱因斯坦成为世界著名科学家之后，曾有人邀请他参与政治，竞选以色列总统，当然爱因斯坦坚决地回绝了。

【案例】

飓风袭击美国东海岸

1938 年 9 月 21 日，一场凶猛异常的飓风袭击了美国的东部海岸。美国著名历史学家威廉·曼彻斯特在他的名作《光荣与梦想》中记载并描述了这场罕见的风暴。书中写道："下午两点三十分左右，海水骤然变成了一堵高大的水墙，以迅猛之势，向马比伦和帕楚格小镇(位于纽约长岛)之间的海岸披头压来。第一次波浪的威力如此之大，以至于阿拉斯加州锡特卡的一台地震仪上都记录下了它的影响。在袭击的同时，飓风携带着巨浪以每小时超过 100 英里的速度向北挺进。这时，水墙已经达到近 40 英尺高，长岛的一些居民手忙脚乱地跳进他们的轿车，疯狂地向内陆驶去。没有人能精确地知道，有多少人在这场生死赛跑中，因为输掉了比赛而失去了生命。幸存者后来回忆道，一路上，人们将车速保持在每小时 50 英里以上。"

其实，当地气象学家早已预测到了这场飓风的规模和到来时间，但因为一些不便公开的原因，气象局并没有向公众发出警告。事实上，绝大多数的居民通过家中的仪器或者通过其他渠道都获知飓风即将来临，但由于作为权威部门的气象局并没有发出任何预报，居民们都出人意料地对即将到来的大灾难漠然视之。

"后来，许多令人吃惊的故事被披露出来。"曼彻斯特写道，"这里有一个长岛居民的经历。早在飓风到来的前几天，他就到纽约的一家大商店订购了一个崭新的气压计。9 月 21 日早晨，新气压计寄了过来。令他恼怒的是，指针指向低于 29 的位置，刻度盘上显示：'飓风和龙卷风'。他用力摇了摇气压计，并在墙上猛撞了几下，驾车赶到了邮局，将气压计又邮寄了回去。当他返回家中的时候，他的房子已经被飓风吹得无影无踪了。"

这就是绝大多数当地居民采取的方式。当他们的气压计指示的结果没有得到权威部门和专家的印证时，他们宁愿诅咒气压计，或者忽略它，甚至干脆扔掉它。

(资料来源：百度文库，https://wenku.baidu.com。)

有人的地方就有权威的存在，迷信权威是任何时代、任何地方都会存在的现象，人们对权威也总是怀有崇敬之情，尊重权威固然重要，然而盲目尊崇权威也会严重影响人们正确的判断。

对于权威，我们应当学习他们的长处，以他们的理论或学说作为基础或起点，但不可一味模仿，不敢超过他们。如果只是跟在他们后面亦步亦趋，那就谈不上改革和创新了。英国皇家协会的会徽上就镶嵌着一句耐人寻味的话：不要迷信权威，人云亦云。

(四)从众型思维障碍

从众心理，就是不带头、不冒尖，一切都随大流的心理状态。当个体的信念与大众的信念发生冲突时，虽然清楚地知道自己的信念是正确的，但由于缺乏信心，或不敢违反大众的信念而主动采取与大众相同的观念。有这种心理的人，有的是为了与大众保持一致，不被指责为"标新立异""哗众取宠"，也有的是思想上的懒汉，认为跟着大众走错不了。在实际生活中，大多数人都可能因从众心理而陷入盲目性，明明稍加独立思考就能正确决策的事却偏偏跟着大家走弯路，这就是从众型思维障碍。

大家知道，人与人之间是不可能保持一致的，一旦群体发生了不一致，有两种方法可以维持群体的不破裂，一是整个群体服从某一权威，与权威保持一致；二是群体中的少数人服从多数人，与多数人保持一致。

【案例】

毛毛虫效应

毛毛虫习惯于固守原有的本能、先例和经验，无法破除尾随习惯而转向去觅食。法国心理学家约翰·法伯曾经做过一个著名的实验，称之为"毛毛虫实验"：把许多毛毛虫放在一个花盆的边缘上，使其首尾相接，围成一圈，在花盆周围不远的地方，撒了一些毛毛虫喜欢的松叶。

毛毛虫开始一个跟着一个，绕着花盆的边缘一圈一圈地走，一个小时过去了，一天过去了，又一天过去了，这些毛毛虫还是夜以继日地绕着花盆的边缘在转圈，一连走了七天七夜，它们最终因为饥饿和精疲力竭而相继死去。

约翰·法伯在做这个实验前曾经设想：毛毛虫会很快厌倦这种毫无意义的绕圈而转向它们比较爱吃的食物，遗憾的是毛毛虫并没有这样做，导致这种悲剧的原因就在于毛毛虫习惯于固守原有的本能、习惯、先例和经验，毛毛虫付出了生命，但没有任何成果。其实，如果有一个毛毛虫能够破除尾随的习惯而转向觅食，就完全可以避免悲剧的发生。

后来，科学家把这种喜欢跟着前面的路线走的习惯称之为"跟随者"的习惯，把因跟随而导致失败的现象称为"毛毛虫效应"。

(资料来源：百度文库，https://wenku.baidu.com。)

我们每个人或多或少都有从众心理，对一些约定俗成的说法或做法，我们应持应有的判断力，既要相信"群众的眼睛是雪亮的"，又要相信"真理往往只掌握在少数人手里"，无论是面对"群众"还是面对"少数人"，我们都应该独立思考，不盲从，不轻信。洛克菲勒有句名言："如果你想成功，你应该开辟出一条新路，而不要沿着过去成功的老路走。"任何时候，放弃独立思考，一味跟随大众会走弯路。所罗门·希尔指出：人类有33%的错误来源于跟着别人走。

张三开了个面馆，生意红火，利润丰厚，李四看了眼红也开了个面馆，王五同样开面馆……大家效仿张三开面馆，结果是谁的生意也做不好。著名经济学家吴敬琏说："一哄而起，一哄而上，一哄而乱，一哄而散。"只会跟在别人后面的人永远成就不了事业，反倒是不盲目从众，坚持独立思考的人能出类拔萃，获得成功。

创新就是用不妥协于常规的思维做出与众不同的行为来创造不同的结果，创新往往带来的是意料之外的惊喜。日本一纺织公司董事长的父亲对他说："一项新的事业，十个人中有一两个人赞成就可以开始了，有五个人赞成的时候，就已经迟了一步，要有七八个人赞成，那就太晚了。"

(五)书本型思维障碍

书本是千百年来人类经验与智慧的结晶，有了书本，前人能够很方便地把自己的知识、观念等传递给下一代人，使后人能够始终站在前人的肩膀上做事。知识的传播与传承是人类社会进化得以加速进行的重要原因，但书本在带给我们大量有益信息的同时，也会给我们带来一些麻烦。

许多人认为，一个人的书本知识多了，比如上了大学，读了硕士、博士，必然有极强的创新能力，其实不然。还有的人认为，书本上写的就都是正确的，遇到难题先查书，如果自己发现的情况与书本上不一样，那就是自己错了。在这种认识的指导下，有的人对书上没有说的不敢做，对读书比自己多的人说的话百分之百地相信，一点儿也不敢怀疑。因此，把这种由于对书本知识的过分相信而不能突破和创新的思维方式，叫作书本型思维障碍。

人们常说知识就是力量，但是如果不能将所学的知识灵活运用，知识并非就是力量。实际上只能认为知识是潜在的力量。要能够正确、有效地应用知识，它才能成为现实力量。不能认为谁读的书多、知识丰富，谁的力量就大，创造性思维就强。

【案例】

高频放大管的研制

20世纪50年代初，美国某军事科研部门在研制一种高频放大管的时候，科技人员都被高频率放大管能不能使用玻璃管难住了，研制工作一直没有进展。后来，发明家贝利负责的研制小组承担了这一任务。上级主管部门基于以往的经验，要求研制小组的人员不得查阅有关书籍，贝利小组的成员经过努力，终于研制成功频率高达 100 个计算单位的高频放大管。

在研制任务完成以后，研制小组的人想弄清楚为什么上级要求不得查阅资料？后来，他们查阅了有关书籍后都十分惊讶，原来书上写着：如果采用玻璃管，高频放大管的极限频率是 25 个计算单位。可见，如果在研制过程中受到书本的限制，研制人员就没有信心研制这样的高频放大管了。

（资料来源：百度文库，https://wenku.baidu.com。）

俗话说，尽信书不如无书。也就是说，书本知识固然重要，但是，书本知识毕竟是前人知识和经验的总结，时代发展了，情况变化了，书本知识也可能过时。更何况，书上写的东西有可能就是错误的或是片面性的，即使书上说的是正确的，也有一定的适用范围，不能无条件地照抄照搬。

1979 年的诺贝尔物理学奖获得者，美国物理学家伯格说过一段很值得人们深思的话：“不要安于书本上给你的答案，要尝试下一步，尝试发现有什么与书本上不一样的东西，这种素质可能比智力更重要，它往往成为最好学生和次好学生的分水岭。”

所以，正确对待书本知识的态度应当是：既要学习书本知识，接受书本知识的理论指导，又要防止书本知识所包含的缺陷、错误和落后于现实的局限性，要善于思维创新，要敢于否定前人，培养提出问题的能力，学习新知识，不能完全依靠老师，也不能盲目迷信书本，应勇于质疑，勇于提出问题，这是一种可贵的探索求知精神，是创造的萌芽。人们常说，真理诞生于一百个问号之后。而马克思的座右铭恰恰就是：怀疑一切。

(六)经验型思维障碍

我们生活在一个需要经验的世界中，所谓经验，就是人们通过大量实践获得的知识、掌握的规律或技能。通常情况下，经验对于我们处理日常问题是有好处的，因为拥有了某些方面的经验，我们才能将各种各样的问题处理得井井有条。如果要加工一个精密零件，具有熟练技术的工人就能够很好地胜任这个工作；一个熟悉车间运作的管理人员能够很好地管理这个车间；老工人听到机器运转的声音就知道机器在什么地方出现了问题……这些都与人们所拥有的丰富经验分不开。

经验和习惯是宝贵的，它是我们日常生活和工作的好帮手，能为我们办事带来很多方便。要是没有个体与群体经验的积累，人类和社会的进步是不能想象的。但经验和习惯又有局限性，它们常常会妨碍创新思考，成为创新的枷锁。因此经验需要鉴别。而我们一旦运用创造性思维，跳出框框限制，突破经验的局限性就会创造财富、创造奇迹。

历史上有不少事例可以证明，由于受到了经验型思维定式的影响而使发明的东西性能大打折扣，有的甚至因为这种定式的影响而失败；相反，如果没有受到经验型思维定式的影响，那么就能获得成功。

在美国早期设计的飞船上按照经验都安装有一个小小的减速器，用来减低太阳能发射板的开启速度。科学家嫌这种减速器太笨重并且容易染上油污，但重新设计的减速器经过试验并不可靠，经多次改进后仍不能令人满意。正当研制小组几乎绝望的时候，有位科学家突破经验型思维定式，提出可以不用这个减速器。最终的实验证明这个建议完全正确，也就是说这个减速器从一开始就是多余的，只是经过多次的成功飞行强化了人们的思维定式。

最初问世的火车，其车轮上有齿轮，铁轨上也有齿轮。火车行进时，车轮上的齿轮和铁轨上的齿轮正好啮合。这样的设计是从安全的角度出发，为了防止火车打滑出轨的事故出现。火车的设计者和制造者为什么会采取加齿轮的做法呢？它既不是直接来自于书本的知识，也不是来自于实践经验的结果，设计者认为车轮上的齿与铁轨上的齿啮合后能够避免打滑，设计者并没有对这种设计进行认真的分析、研究和论证，便认定齿轮对打滑出轨是必不可少的。而后来取消齿轮后的火车不但依然能够安全行驶，还大大地提高了行车速度，降低了制造成本。

(七)其他类型的思维障碍

以上介绍的是常见的、多数人可能出现的思维障碍，还有一些思维障碍，在不同的人那里表现得严重程度也不同。例如，以自我为中心的思维障碍、自卑型思维障碍、麻木型思维障碍、偏执型思维障碍等。

以自我为中心的思维障碍。在日常生活中，我们常常可以看到有些人特别固执，思考问题时以自我为中心，阻碍了创造性思维。这些人有的还是很有能力的，做出过一些成绩，但他们从此就觉得自己了不起，不知道天外还有天，能人之上还有能人。

【案例】

爱迪生拒绝使用交流电

伟大的发明家爱迪生，一生差不多都在与电打交道，在电学方面的发明数不胜数。可是当其他人提出交流电可能有广泛用途时，他以权威自居，说那可不行，交流电太危险，不能在实际生活中应用。为了证明，他还当众把一条狗用交流电电死吓唬大家，让大家千万不要使用交流电。他在这件事情上确实犯了自以为是、自我封闭的错误。

(资料来源：百度文库，https://wenku.baidu.com。)

再伟大的人也有犯错误的时候，爱迪生因故步自封拒绝使用交流电技术，其最终的结果就是短短几年内，他便失去了在电气公司的控股权，而且在另一座磁力矿的经营中也一败涂地。而他与 J. P. 摩根所建立的通用电气公司，在他之后，却欣然接受了交流电技术，利润由此源源不断。

自卑型思维障碍。自卑型思维障碍就是缺乏自信，由于过去的失败或成绩较差，受到过别人的轻视，产生了自卑心理。在这种自卑心理的支配下，不敢去做没有把握的事情，即使是走到了成功的边缘，也会因害怕失败而退却。

麻木型思维障碍。麻木型思维障碍即对生活、工作中的问题习以为常，精力不集中，思维不活跃，行为不敏捷，不能抓住机遇，对关键问题不能够及时捕捉，更不会主动寻找问题，迎接挑战。

偏执型思维障碍。他们大多颇为自信，但有的是钻牛角尖，明知这条道路走不通，非要往前闯，直到碰得头破血流才罢休，不知道及时转弯，喜欢跟别人唱对台戏，人家说东，他偏往西，好赌气，费了好大力气，走了许多弯路还不愿回头。

不同的人在不同的情况下思维障碍的情况也有所不同。其实，不管你遇到的思维障碍是什么，只要你能够冷静客观地发现自己的思维障碍，分析它产生的原因，换一种方式去思考，有意识地去克服它，那么，这就是一个了不起的进步。因为突破思维障碍，就是创造性思维的开始。

三、思维障碍的突破方式

思维障碍抑制着我们的创新意识，使我们的创新能力难以得到进一步的提高。要提高创新能力，就应该突破思维障碍，而突破思维障碍的关键就是转换思维视角。创造学里将思维开始的切入点称为思维视角。对同一事物以不同的切入点进行思考，其结果是大相径庭的。就像切苹果一样，以通常的角度竖着切下去看到的只是几粒籽，而横着切下去将看到一个可爱的五角星。

思维障碍的突破是一个人格独立、自我意识觉醒的过程。很多人走不出思维定式，所以他们走不出宿命般的可悲结局，而一旦走出了思维定式，也许可以看到许多别样的人生风景，甚至可以创造新的奇迹。因此从舞剑可以悟到书法之道，从飞鸟可以造出飞机，从蝙蝠可以联想到电波，从苹果落地可悟出万有引力……常爬山的应该去涉涉水，常跳高的应该去打打球，常划船的应该去驾驾车，常当官的应该去为民。换个位置，换个角度，换个思路，也许面前是一番新的天地。

(一)思维视角的定义

人的思维活动不仅有方向，有次序，还有起点。在起点上，就有切入的角度。实际上，对于创造活动来说，这个起点和切入的角度非常重要。思维开始时的角度，就叫作思维视角。

思维障碍是妨碍创造性思维的拦路虎，而突破思维障碍的好办法就是扩展思维视角。扩展思维视角对认识客观事物会有极大的影响，其原因有以下几点。

(1) 事物本身都有不同的侧面，从不同的角度去考察，就能更加全面地接近事物的本质，避免盲人摸象的片面性。

(2) 世界上的各种事物都不是孤立存在的，它们与周围的其他事物有着千丝万缕的联系，观察研究某一未显露本质的事物，可以从与它有联系的另一事物中找到切入点。

(3) 事物是发展变化的，发展变化的趋势有多种可能性。

(4) 对于某个领域的一些事物，特别是社会生活或专业技术领域里的常见事物许多人都观察思考过了，你自己也经常接触。

马克·吐温幽默风趣，口无遮拦。一次他在公开场合说："国会里有些议员是流氓。"众议员异常愤怒，要求他必须公开道歉。一周后他在报纸的显著位置做出如下道歉："日前我说：'国会里有些议员是流氓'，这和实际情况不符，为此我修改我的原话为'议会里有一些议员不是流氓'。"

(二)扩展思维视角的方法

1. 改变万事顺着想的思路

从古至今，大多数人对问题的思考，都是按照常情、常理、常规去想的，或者按照事物发生的时间、空间顺序去想，这就是所谓的万事顺着想。万事顺着想容易找到切入点，解决问题的效率比较高，大家都是这么想的，彼此之间的交流就比较方便。但是在互相竞争的情况下，很难出奇制胜。更重要的是，客观事物本身并不是那么简单的，而是很复杂的、千变万化的，顺着想不可能完全揭示事物内部的矛盾，发现客观规律。

(1) 变顺着想为倒着想。在顺着想不能很好地解决问题时，倒着想是一种新的选择。

【案例】

怎样给网球充气

关于给网球充气。网球与足球篮球不一样，足球篮球有打气孔，可以用打气针头充气。网球没有打气孔，漏气后球就软了、瘪了，如何给瘪了的网球充气呢？专业人士首先分析了网球为什么会漏气？气从哪里漏到哪里？我们知道，网球内部气体压强高，外部大气压强低，气体就会从压强高的地方往压强低的地方扩散，也就是从网球内部往外部漏气，最后网球内外压强一致了，就没有足够的弹性了。怎么让网球球内压强增强呢？运用逆向思维，专业人士考虑让气体从球外向球内扩散。怎么做呢？那就是把软了的网球放进一个钢筒中，往钢筒内打气，使钢筒内气体的压强远远大于网球内部的压强，这时高压钢筒内的气体就会往网球内"漏气"，经过一定的时间，网球便会硬起来。让气体从外向里漏的逆向思维让没有打气筒的网球同样可以实现充气。很显然，通过逆向思维，把不可能变为了可能。

（资料来源：百度文库，https://wenku.baidu.com。）

(2) 从事物的对立面出发去想。遇到问题时可以直接跳到事物中矛盾一方的立场去想。因为对立的双方既对立又统一，改变这一方不行，改变另一方则可能有助于问题的解决。

【案例】

熊田长吉改进锅炉

日本科学家熊田长吉在从事锅炉研究改造工作中，开始时主要考虑怎样在炉内加热，热效率有所提高但效果并不理想。后来，他想到，冷和热是对立的，不能只考虑热的方面，不考虑冷的方面，只加热水管，热水就上升，但没有考虑冷水的下降，冷热水循环不畅，热效率当然不高。他又进一步实验，把原来的许多热水管加粗，在粗管内再安装一根使冷水下降的细管，这样，粗管里的热水上升，细管里的冷水下降，水流和蒸汽的循环加快，热效率果然提高了。按照他设计而生产的锅炉，在实际使用时，热效率提高了10%。

（资料来源：百度文库，https://wenku.baidu.com。）

过去的工业锅炉和生活用锅炉，都是在炉内安装了许多水管，用给水管加热的方法，使热水上升，产生蒸汽，但这种锅炉的热效率不高。熊田长吉从矛盾的对立面出发进行大胆尝试，果然收到奇效。

(3) 思考者改变自己的位置。改变思考者自己的位置，从另外的角度看问题，这就是换位思考或易位思考。如果你是思考社会问题，你可以把自己换到其他人的位置上，特别是应当换到你考察的对象的位置上；如果你研究的是科学技术的问题，你可以更换观察位置，从前后、左右、上下等各个方面去分析问题。

【案例】

小型超市的设计

关于小型超市的设计理念与方案，对于大多数设计公司来说并不是一件困难的事，然而往往细节决定成败，为何有的小型超市消费者络绎不绝，而有的却门可罗雀？除了超市所在的地理环境以及自身所销售的产品以外，在很大程度上，超市的设计起到了至关重要的作用。对于超市设计师来说，如果能够更多地进行换位思考，为消费者着想，相信未来国内的小型超市市场将会越来越火热。根据相关设计师的建议，超市设计师开始进行换位思考时，需要做到如下两点：①重视消费者的购物感受与体验。布局合理、层次分明的超市结构可以使消费者一进入超市就能够清楚地锁定自己所需购买的物品。试想，当一个消费者已明确自己要购买的物品，一旦走入超市，当然希望直奔目标位置。②超市的整体设计以简单、实用、方便为主。不同于大型购物超市，小型超市的设计材料不宜过于"奢华"，整体设计符合朴素而实用、简单而不简陋的原则即可。

（资料来源：百度文库，https://wenku.baidu.com。）

对于一个企业来讲，要想实现可持续发展，一定要在真正意义上做到换位思考，而这种换位思考不仅包括管理者与被管理者之间的换位思考，更包括企业与客户之间的换位思考。换位思考要求企业必须从客户的角度考虑问题，而不能强求客户转变立场。只有真正做到换位思考才能使企业运营合理、效益提升、事半功倍。

2. 转换解决问题的方法获得新视角

虽然我们遇到的问题是多种多样的，但彼此之间有相通的地方。对于难以解决的问题，与其死盯住不放，不如把解决问题的方法转变一下。如把几何问题转换为代数问题，把物理问题转换为数学问题。

(1) 把复杂问题转化为简单问题。有一句话说：聪明人可以把复杂问题越搞越简单，不聪明的人可以把简单的问题越搞越复杂。也可以说，把复杂的问题简单化是大智慧，把简单的问题复杂化是添麻烦。

事实上，在解决复杂问题时能够化繁为简，就体现了一种新的视角。爱因斯坦说："解决问题很简单时，上帝在回应。"学过高等数学的人都知道，一些看似很烦琐的题，其答案常常非常简单，而答案若是十分复杂，那十有八九是算错了。

一个手艺精湛的锁匠，因得罪了皇帝而被投入牢房，他花了10年时间研究牢房门上的锁，但最终没打开，获释后才知道锁一直是开着的。与其说是锁锁住了锁匠，倒不如说是表面上的复杂吓住了锁匠。

【案例】

于振善测量土地面积

很早以前，各国的数学家们都一直在思考，如何才能计算出不规则的土地面积，许多国家的边界线由于受到自然环境等方面的影响，如同蚯蚓般的曲折蜿蜒。多年来，大家一直寻找不到一个标准的计算方法，一般都是大致估算一下，粗略地取其近似值。

事有凑巧，我国有一位木匠，他就是于振善，面对这样的难题，他刻苦钻研，经过多次实践，终于找到了一种计算不规则图形面积的方法——"尺算法"，也叫"称法"，他巧妙地"称"出了我国各行政区域的面积。

他的"称法"是这样的：先精选一块重量、密度均匀的木板，把各种不规则的地图剪贴在木板上；然后，分别把这些图锯下来，用秤称出每块图板的重量；最后再根据比例尺算出 1 平方厘米的重量，用这样的方法，就不难求出每块图板所表示的实际面积。也就是说，图板的总重量中含有多少个 1 平方厘米的重量，就表示多少平方厘米，再扩大一定的倍数(这个倍数是指比例尺中的后项)，就可以算出实际面积是多大了。

"尺算法"解答的原理是：面积与重量的比等于单位面积的重量比，实际是比例的综合应用。只要测量重量和单位长度的仪器精密，那么经测量算出来的地图面积就非常精确。

(资料来源：百度文库，https://wenku.baidu.com。)

(2) 把自己生疏的问题转换成熟悉的问题。对于从未接触过的生疏问题，可能一时无法下手，找不到切入点，但不要望而却步，试着把它转换成你熟悉的问题，可能就会有新的视角，也许还会有出色的成果诞生。

【案例】

钢筋混凝土的发明

19 世纪末，法国园艺学家莫尼哀想设计一种牢固坚实的花坛。可是，他只熟悉园艺，对建筑结构和建筑材料一窍不通。经过思考，他发挥了自己的特长：他对植物结构再熟悉不过了，他就把花坛的构造转换成植物的根系，并以此作为设计的出发点。植物根系盘根错节，牢牢地和土壤结合在一起，非常结实。他把土壤再转化为水泥，把根系再转换为一根一根钢筋，并用水泥包住钢筋，就制成了新型的花坛。这样，不仅花坛造出来了，而且，建筑史上划时代意义的新型建筑材料——钢筋混凝土，也由这个建筑行业的门外汉发明出来了。

钢筋混凝土的问世，引起了建筑材料的一场革命。然而，令人惊奇的是，发明钢筋混凝土的既不是建筑行业的科学家，也不是著名的工程师，而是一个和建筑不搭界的园艺师。

(资料来源：百度文库，https://wenku.baidu.com。)

(3) 把不能办到的事情转化为可以办到的事情。世间有些事情是能够办到的，有些事情必须经过艰辛努力方能办到，有些根本就是不能办到的。但是，不能办到的事，就不能转换成能够办到的事吗？

【案例】

Linux 系统的发展

Linux 是一种 UNIX 计算机操作系统，最早出于一位名叫 Linus Torvalds 的计算机业余爱好者之手，当时他是芬兰赫尔辛基大学的学生。他的目的是想设计一个代替 Minix 的操作系统，这个操作系统可用于 386、486 或奔腾处理器的个人计算机上，并且具有 UNIX 操作系统的全部功能。

Linux 的诞生显得充满了偶然性。Linus Torvalds 经常要用他的终端仿真器(Terminal Emulator)去访问大学主机上的新闻组和邮件，为了方便读写和下载文件，他自己编写了磁盘驱动程序和文件系统，这些在后来成为 Linux 第一个内核的雏形，在自由软件之父理查德·斯托曼(Richard Stallman)某些精神的感召下，Linus Torvalds 很快以 Linux 的名字把这款类 Unix 的操作系统加入了自由软件基金(FSF)的 GNU 计划中，并通过 GPL 的通用性授权，允许用户销售、拷贝并且改动程序，条件是必须将同样的自由传递下去，而且必须免费公开修改后的代码。Linus Torvalds 通过网上发帖寻找合作者，这项看起来遥遥无期的工作，最终吸引了上千名程序高手参与进来，共同改进了 Linux 系统。正所谓众人拾柴火焰高，程序员们把在 Linux 和其他开放源代码项目上的工作，放在比睡觉、锻炼身体、娱乐和聚会更优先的地位。因为他们乐于成为一个全球协作努力活动的一部分——Linux 是世界上最大的协作项目。

只要有足够多的眼睛，程序中无论有多少漏洞都被找出来，Linux 系统的发展正是巧妙地利用了互联网上成千上万的程序业余爱好者，把一项看似遥遥无期的工作分配给网络大众，从而成就了 Linux 系统。

(资料来源：百度文库，https://wenku.baidu.com。)

3. 把直接变为间接

在解决比较复杂、困难的问题时，直接去解决往往会遇到极大的阻力。这时，就需要扩展你的视角，或退一步来考虑，或采取迂回路线，或先设置一个相对简单的问题作为铺垫，为最终实现原来的目标创造条件。

【案例】

借锯锯杯

清朝石天成编著的《笑得好》中有一个故事。一人赴宴，主人斟酒，每次只斟半杯。

此人忽问主人："尊府若有锯子，请借我用。"主人问何用，此人指着酒杯说："此杯上半截既然盛不得酒，要它何用？锯去岂不更好！"客人通过"借锯锯杯"间接点出了主人小气这个问题。

（资料来源：百度文库，https://wenku.baidu.com。）

（1）先退后进。这在军事上是很重要的一种策略。在解决其他方面的问题时，如果遇到了困难，暂时退一步，等待时机，就可能使情况朝着有利的方向转化。这时再前进，问题的解决可能就要容易得多。退，绝不是逃避，而是积极地转移，是以最小的代价取得最大收获的手段。

【案例】

巧立警示牌

法国女高音歌唱家玛·迪梅普莱有一座相当规模的私人林园，经常有人来这里摘果子、采野花、拾蘑菇、钓鱼及捉蜗牛，有人甚至搭起帐篷，升起篝火，在林园中野营野餐，搞得草地上一片狼藉，肮脏不堪。为此，她花了很多钱，费了很大劲在林园四周围上篱笆，还竖起了一块"私人园林禁止入内"的牌子，但都不管用，她的草地依旧遭到践踏和破坏。后来，她把牌子上的字拼成："请注意！如果在园林中被毒蛇咬伤，最近的医院据此15公里，驾车约半小时可到。"然后树立在园林的各个路口，这样以攻为守、以进为退、就再也没有人闯入园林了。

（资料来源：百度文库，https://wenku.baidu.com。）

（2）迂回前进。迂回前进是指解决问题有难以逾越的障碍时，用直接的方法得不到解决，就必须相应地采取迂回的方法，设法避开障碍，取得成功。

创造活动有时带有一定的模糊性，一下子就能将事物看穿的情况并不多见。这就要求一方面要保持解决问题的毅力和耐心；另一方面在必要时另辟蹊径，甚至采取以退为进的方式，使难题迎刃而解。比如：爬坡时Z形走路法等。

【案例】

泰勒斯测量金字塔的高度

约公元前600年，古希腊数学家、天文学家泰勒斯从遥远的希腊来到埃及。在此之前，他已经到过很多东方国家，学习了各国的数学和天文知识。到埃及后，他学会了土地丈量的方法和规则。他学到的这些知识能够帮助他解决测量金字塔的高度这个千古难题吗？泰勒斯观察金字塔很久了：底部是正方形，四个侧面都是相同的等腰三角形(有两条边相等的三角形)。要测量底部正方形的边长并不困难，但仅仅知道这一点还无法解决问题。他苦苦思索着。当他看到金字塔在阳光下的影子时，他突然想到办法了。这一天阳光的角度很合适，它把地上的所有东西都拖出一条长长的影子。泰勒斯仔细观察影子的变化，找出金字塔地面正方形一边的中点(这个点到两边的距离相等)，并做了标记。然后他笔直地站在沙地上，并请人不断测量他的影子的长度。影子的长度和他的身高相等时，他立即跑过去测量金字塔影子的顶点到做标记的中点的距离，经过仔细计算，就得出了这座金字塔的高度。

(资料来源：百度文库，https://wenku.baidu.com。)

(3) 先做铺垫，创造条件。在面对一个不易解决的问题的时候，有时要先设置一个新的问题作为铺垫，为解决问题创造条件。

【案例】

老汉分牛

一个老汉有 17 头牛，打算分给 3 个儿子，大儿子得 1/2，二儿子得 1/3，小儿子得 1/9，但不得把牛杀死分肉，他问儿子们：你们说，怎样分？

儿子们想了很久，也没有想出怎么个分法。老汉说，直接分当然不行了，我先借来一头牛，共 18 头，大儿子分 9 头牛，二儿子分 6 头牛，小儿子分 2 头牛，剩下一头再还回去，不就行了吗？

(资料来源：百度文库，https://wenku.baidu.com。)

老汉分牛避开了复杂的数学公式的计算，而是采用一种间接的视角，通过借牛，将问题尽可能转化为自己熟悉的简易计算，从而快速、创造性地解决了问题。

扩 展 训 练

一、思考题

如何逃避死刑

古希腊有个国王想处死一批囚犯。当时有两种处死方法：一种是砍头，一种是绞刑。国王决定让囚徒自己去挑选一种：囚徒可以任意说出一句话来，而且这句话是马上可以验证其真假的。如果囚犯说的是真话，那么就处绞刑；如果囚犯说的是假话，那么就砍头。因此，很多囚犯因为以下情况之一而丢了性命：

真话	绞死
假话	砍头
说了一句不能马上验证其真假的话	当作说假话砍了头
讲不出话	当作说真话处以绞刑

但在这批囚犯中，有一位是极其聪明的人，请问这个聪明的人说了句什么话而逃避了死刑？

二、创造性思维训练

求同—求异—求合创造性思维训练法

从字面上我们也大体能够理解这个方法的含义，大体思路就是培养一种善于发现问题的习惯，善于在生活中找到不同事物的相同点和相同事物的不同点，并且发现生活中各事物之间的联系，以创新的视角来发明创造新的事物。下面介绍具体的方法。

第一是求同。每天早上起床的时候在脑海里想出四种完全没有联系的事物，比如一本书、一条金项链、一瓶可乐、一台电视。在我们睡醒的时候头脑里是很空旷的，这时进行思维训练就好像新生儿一样，能极大程度地锻炼你的思维，使你的神经从昏昏欲睡中清醒过来。在你醒来时，无论想到的任何事物都可以用以进行创造性思维训练，抓住你的第一感觉，不用特意去想某个事物，生活中的任何事物都可以。

这时你要做的就是将它们进行分类，每两种事物都要归到一类且与另外一类不同。比如：

① 金项链和电视属于贵重物品，书和可乐比较便宜。

② 书和电视可以承载大量信息，金项链和可乐不能。

③ 电视和可乐属于新兴事物，书和金项链很久以前就有。

开始我们进行训练的时候会感觉很费力，因为我们生活的环境长时间束缚了我们的思想，但只要我们去想，就一定会找到。万物之间都是有联系的，无论是什么联系，只要你能找到的就是，在这个训练中没有绝对的对和错，只要你自己能够解释清楚就可以。

每天早上就像这样对你想到的事物寻找共同点来分类，你的思维在一天之内都会非常开阔。这样久而久之在看待事物的时候就可以很容易找到两个不同事物之间的联系，非常有助于创新。

第二是求异，方法与求同恰好相反，类似于玩的游戏找不同。在一天之中去不断地发现相同事物的不同点，从不同的角度去审视同一个问题。正如那些俗语所说：一千个观众眼里就有一千个哈姆雷特。

在别人亮明观点时不要急于回答，而是要想一想从你的角度来看的话是怎样的观点，人与人是不同的，你的观点不可能和某个人完全相同。但是，如果你自己屈服于别人的观点，只跟着别人的想法走，就不会产生求异心理。求异心理非常重要，是培养我们创造性思维必不可少的。

例如有两家咖啡公司，一家依靠着自己的历史悠久打出了"爷爷在喝，父亲在喝"的广告，而另一家咖啡公司另辟蹊径，找到和对手不同的路径进军市场，打出"年青的一代，激情的一代"，受到了年轻消费者的追捧。

第三是求合。求合就是在求同和求异的基础上将我们发现的不同事物的相同点和不同点结合起来创造新事物的一种思维方式。生活中很多创新的事物都来自于多种事物的结合。

比如铅笔和橡皮，正是人们找到二者的共同点(在写字的时候用)，所以有了铅笔上面的橡皮。二者结为一体使我们用起来非常方便。

求合思维是创新的最高境界，把不同事物的优点结合于一身发明创造出新的事物，这是时代和社会所需要的思维，在日常生活中同样可用这种方法将一些复杂的事物简单化。

无论做什么都是贵在坚持，创新训练也是一样，要想培育出良好的创造性思维，就要每天坚持去做，坚持去想，只有这样我们的大脑才能不断地开发，思维不断地创新，从而在未来的某一天创造出全新的事物。

复习思考题

1. 什么是创造性思维？
2. 创造性思维障碍有哪些？

案 例 讨 论

亚摩尔的成功之路

亿万富翁亚摩尔肉食品加工公司的创始人利普·亚摩尔 17 岁的时候，美国西部传来了振奋人心的好消息，加利福尼亚发现了大金矿。人们拼命地干活，包括亚摩尔在内，似乎掘金是大家生存的唯一信念，谁也没有想到过其他。为了实现黄金梦，燥热的矿场上到处都是挥汗如雨的采矿者。太阳火辣辣地烤着，水在这里成了最宝贵的东西，矿工们渴得难以忍受，于是有人说：如果有谁马上给我痛饮一顿凉水，我送他两块金元！花一块金元买一壶凉水，我也干！人们太需要水了，水就是金子，卖水照样能换回金子，何不去难求易地赚钱呢？

亚摩尔放弃了采金，而挖了一条水渠，把附近清澈的河水引了过来，灌满了挖好的水池，然后装到壶中，拉到矿场上去卖，许多采金人日复一日地挖掘，终于不堪劳苦，要么命归黄泉，要么另谋生路，而亚摩尔一枝独秀，靠卖水发了大财，最终成了亿万富翁。

地面下的黄金诚然不少，但地面上的"黄金"可能更多。据有关资料记载，当年进军加州淘金发财者寥寥无几，相反，却有数千人沦为乞丐，更有甚者白骨抛撒荒丘。可是，贫穷的亚摩尔却"不同凡响"，他凭借地面上别人看不见的"黄金"而富甲一方。

（资料来源：百度文库，https://wenku.baidu.com。）

讨论题： 你周围有没有这样的事例？谈谈你的认识。

训练与活动

铁轨上的决策

有一群小朋友在两条铁轨上玩耍，其中一条铁轨仍在使用，另一条铁轨已经停用。只有一个小朋友选择在停用的铁轨上玩，而其他的小朋友全都在仍在使用的铁轨上玩。很不巧的是，火车来了，假如你正站在铁轨的切换器旁，因此你能让火车转向已停用的铁轨上行驶，这样便可以解救大多数小朋友，但是那名在停用的铁轨上玩耍的小朋友将被牺牲。在这种进退两难的情况下，你会怎么办？

（资料来源：百度文库，https://wenku.baidu.com。）

第三章　形象型创新思维

【学习目标】

● 认识形象型创新思维的基本类型。

● 了解、掌握形象思维、联想思维、直觉思维、灵感思维、立体思维、转换思维的特征。

● 掌握形象型创新思维的训练方法。

第一节　形　象　思　维

一、形象思维的含义与类型

(一)形象思维的含义

形象思维主要是用直观形象和表象解决问题的思维。它的特点是具有形象性、完整性和跳跃性。形象思维的基本单位是表象。它是用表象来进行分析、综合、抽象、概括的过程。当人利用已有的表象解决问题或借助于表象进行联想、想象，通过抽象概括构成一幅新形象时，这个思维过程就是形象思维活动。

所以，利用表象进行思维活动、寻求解决问题的方法，就是形象思维法。例如，一个人要外出，他要考虑环境、气候、交通工具等情况，分析比较走什么路线最佳，带什么衣物合适，这种利用表象进行的思维活动就是形象思维。在学习中，不管哪一学科，不管是多么抽象的内容，如果得不到形象思维的支持，如果没有形象思维的参与，都很难顺利进行。

形象思维不仅以具体表象为材料，也离不开鲜明生动的语言参与。形象思维分为初级形式和高级形式两种。初级形式称为具体形象思维，就是主要凭借事物的具体形象或表象的联想来进行的思维活动。高级形式的形象思维就是语言形象思维，它是借助鲜明生动的语言表征，以形成具体的形象或表象来解决问题的思维过程，往往带有强烈的情绪色彩。其主要的心理成分是联想、表象、想象和情感，但它具有思维抽象性和概括性的特点。言语形象思维的典型表现是艺术思维，它是在大量表象的基础上，进行高度的分析、综合、抽象、概括，形成新形象的创造，所以，形象思维也是人类思维的一种高级和复杂的形式。

(二)形象思维的类型

形象思维有哪些类别，这当然可以从不同的角度来进行分类研究，但重要的是找出它们的不同运动形式及其内部固有的次序。因此，就形象思维发生的实践活动原因及结果，结合其内部构造运动，可以总分为自发性和自觉性形象思维两大类，每一大类中又可依据同样的原则再划分为若干类及附属的子类。

1. 自发性形象思维

这是指一种随意性的形象思维活动。日常生活中各种偶然性的自生自灭的、没有明确目的和成果形式的形象反映和记忆活动，还有做梦时出现的各种景象活动，婴儿幼儿的形象反映活动等，都属此列。这些活动大多是受到外部或内部某些信息的刺激不由自主地引起的，它们都不产生一个明确的结果，少量活动带有某种微弱和朦胧意识，例如选购商品、行路识别、实物标记、遇见似曾相识的面孔回忆起某人等，也往往因为目的不明确、不强烈而随时改变思路，很快消失。所以，自发性形象思维活动虽然最广泛，但由于其随意性、盲目性较大，表现出无计划无系统性，对于认识和改造世界的实践价值不大，虽然作为一般脑神经学和思维学来说仍然需要加以研究，而对于探求认识和创造世界规律的形象思维学来说，就不是重点研究的对象。

2. 自觉性形象思维

这是一种带有明确目的有意识的思维活动，因而会产生一定结果。其明显特征就是具有知识性。具体地说，它也可以分为两类。一类是人类实践经验活动中的形象思维，这主要是指体力劳动和技巧活动中的某些形象思维。例如制造一定生产工具和用具的各种手工劳动和体育活动技巧等，都需要有一定形象思维的出现和配合才能完成。所以，它是人类生产生活中经常和大量运用的一种有意义有结果的形象思维。我国古代《考工记》曾对这类活动有过简要的论述，它提出智者和巧者两个概念，认为智者"善于创物"，而"巧者述之守之"，主要是"审曲面势、以饰五材、以辨民器"，即按照某些物象的特点制作器具。例如梓人为笋虡就是据有关禽兽的外形、体积和发音器官的大小厚薄结构仿制出这两种乐器的。《庄子》一书中对不少实践活动也有这方面的描述和总结，最著名的如《庖丁解牛》，他开始宰牛时是所见皆全牛，三年后未尝见全牛，熟练后不以目视，只凭手足膝等感官的感觉就能"依乎天理，批大郤，导大窾，因其固然"，做到"奏刀騞然，莫不中音"。此外，庄子还讲了梓庆为鐻，北官奢制钟，佝偻者承蜩，吕梁丈人蹈水等故事，认为那都是真积力久、用志不分、长期实践摸索出的经验与技巧，并说，他们的特点是静心虚气，观物之天性，忘四肢形体，然后手随心运，才达到"指与物化"的程度(《达生》《山木》等)。需要指出的是，这种熟能生巧的经验和技术，都是经过一段观察体验想象活动，在长期的形象思维和实践活动中对外界事物的形象信息不断摄入、感受、储存和调整、控制，最后才能逐步逼近目标，达到得意忘形、莫不中音的地步。所以，它们也是形象思维的一种成果。而且，这种思维过程由于人平时都储存有一定的观念意识信息，百工技巧者都有相当的感性知识，这才可以不断加以鉴别、调整，最后形成新的经验。实际上，其形象思维的运动形式是一定的感性知识同输入的形象信息不断矛盾对立，在内外反馈运动的作用下达到两者的结合的。所以常常有能意会难言传的感觉。因为这种结合不是用科学道理去理解形象的运动和结构，而是凭直观经验，故而形成的只是些经验形式的知识而不是科学理论。我们可以把这种自觉形象思维称之为经验性、体会性形象思维，它的形象信息的组合排列基本上是对原物的仿制和模拟，很少以真知灼见去肢解它们进行不同形态的重新创造。所以，其结果虽也形成一定成品，但主要是对客体对象的仿制、模拟，或者是主体与之的适应和协调。其中意识起着促进作用，但不表现在成品中，也没有开拓出一个完全新的形象和领域，因而其认识、审美和创造价值都相对有限。仿制不及创造，模拟不如独创，工艺不如艺术，在思维的内容和方式上就决定了这种特点。因为归根到底它探究到的是对象世界各种事物的外部或表层的东西，而不是内在的本质性的联系和规律，即使这种实践经验是完全正确可靠的，但也没有揭示出其中所蕴含的科学道理。农业、手工业生产经验以及中医的诊断经验等都是这样。脏象学有许多精彩的医学原理，如关于心、肝、脾、肾、肺五脏的相生相克说，就既合乎实际，也符合生理功能的相互生化和制约的特点。但这种论述对它们的物质基因仍没有科学的说明，而只停留在经验性的猜测描述上。所以，这些形象思维又可称为经验性、描写性模仿形象思维，它们还不是真正科学意义上的创造性思维。

再一类就是真正自觉的创造性形象思维。它们的表现和运用领域也很宽广。我们可以从三方面加以概括。

第一是物质生产领域新产品设计过程中的创造性形象思维。新产品设计有两种情形，一是对旧产品的改进或改造，二是一无依傍的全新创造。前一种可称半创造性形象思维，因为它们都有一个原型作模型，较后者难度小。但不论哪种设计，都需对摄入的形象信息进行独创性的加工改造、重新组合才能成功。

第二是科学理论研究活动中的创造性形象思维。这个问题过去一直有争论，不少人否认科学活动中有形象思维。其主要原因是习惯于把科学思维同艺术思维两者对立起来，看成是抽象思维的同义语。实际上，抽象思维概念的内涵和外延不等于科学思维，艺术思维概念的内涵和外延也不等于形象思维。有时为了说明科学与艺术的不同，以科学思维与艺术思维对举是可以和必要的。

第三是艺术实践活动中的创造性形象思维。这是一个老生常谈的问题，不少学者及笔者本人已经对它从不同角度作过分类研究，在此不再重复了。

二、形象思维的特点

(一)形象性

形象性是形象思维最基本的特点。形象思维所反映的对象是事物的形象，思维形式是意象、直感、想象等形象性的观念，其表达的工具和手段是能为感官所感知的图形、图像、图式和形象性的符号。形象思维的形象性使它具有生动性、直观性和整体性的优点。

(二)非逻辑性

形象思维不像抽象(逻辑)思维那样，对信息的加工一步一步、按部就班地进行，而是可以调用许多形象性材料，一下子合在一起形成新的形象，或由一个形象跳跃到另一个形象。它对信息的加工过程不是系列加工，而是平行加工，是面性的或立体性的。它可以使思维主体迅速从整体上把握问题。形象思维是或然性或似真性的思维，思维的结果有待于逻辑的证明或实践的检验。

(三)粗略性

形象思维对问题的反映是粗线条的反映，对问题的把握是大体上的把握，对问题的分析是定性的或半定量的。所以，形象思维通常用于问题的定性分析。抽象思维可以给出精确的数量关系，在实际的思维活动中，往往需要将抽象思维与形象思维巧妙结合，协同使用。

(四)想象性

想象是思维主体运用已有的形象形成新形象的过程。形象思维并不满足于对已有形象的再现，它更致力于追求对已有形象的加工，而获得新形象产品的输出。所以，想象性使形象思维具备了创造性的优点。这也说明了一个道理：富有创造力的人通常都具有极强的想象力。

三、形象思维的训练

(一)结合各门课程的具体教学进行培养

形象思维能力，主要是在一个人学习科学知识的过程中逐渐形成和发展起来的，所以，在各门课程的教学中，教师除传授科学知识之外，还应十分重视某些教学环节和手段，有意识地培养学生的形象思维能力。比如，运用一些形象化的教学手段，既有利于自然科学知识的传授，又有利于开发培养学生的形象思维能力。实际上，各门课程的许多教学环节都不自觉地运用了形象思维方法。

(二)结合指导课程设计和毕业设计进行培养

在工程技术设计中，从技术原理的构思到设计方案的最终完成，始终伴随着形象思维活动，所以，指导教师应该充分利用这点，结合专业设计来培养学生的形象思维能力。例如，在土木建筑、桥梁、机械设计中，其设计关键在于能抽象出形象的各种"结构计算图"，否则就无法进行任何力学分析和计算，而这种在人的思维中存在的"结构计算简图"，就是运用形象思维和逻辑思维对自然过程中力的相互作用进行抽象的产物。另外，将这些"结构计算简图"变为具体的各类设计图也需要形象思维。所以，教师在指导学生设计时，可通过启发引导来合理安排，让学生在参加实际的设计过程中，自然而然地接受形象思维能力的训练和培养。

(三)结合指导课余科学研究进行培养

对在校学习期间的工科大学生，应鼓励他们课余搞科研。搞科研必然就少不了形象思维活动。结合指导学生课余科研活动来培养其形象思维能力，同指导学生专业设计来培养的方法和好处相同。同时，学生在科研活动中，其形象思维的培养训练过程，也就是其基本智力素质的综合训练过程。因为科学研究中的形象思维，就是研究者在大量观察、实验和理论思维的基础上，在创造激情的推动下，主要通过一系列想象以及联想和形象类比，把记忆中能反映自然事物本质特征的映像加以分析、提炼，重新综合成新的映像的过程。而这当中涉及的观察力、理解力、分析力、记忆力、想象力等是科技工作者的基本智力要素。在科研中，形象思维要综合地、典型地把握事物本质的状况和发展，并简明、生动地让人感觉和理解到。这就不仅给研究者提出了发现研究对象内在本质的研究课题，说明需要明了人类对此类问题困惑不解的知识和心理障碍及排除的症结所在。所以，通过简明直观形象解决多重难题，对研究者智力素质的综合要求很高。这一系列问题的解决，既是研究过程，又是形象思维和其他能力的培养训练过程。所以，结合指导学生搞科研来培养和训练其形象思维，可以收到一举多得的效果。

(四)利用专门的美学课程和课外文艺活动进行培养

工程技术的许多造型设计，既是物质层次产品的设计，又是精神层次的艺术创造，各种设计物或制成品往往倾注着人的审美情趣。例如，我国北京的故宫、德国的科隆大教堂、澳大利亚的悉尼歌剧院等建筑物的造型设计，就体现了三种不同的个性和风格，展示了不同民族、不同时代人类的审美情趣：北京故宫就整个建筑群来说，结构方正、逶迤交错、气势宏大，就单个建筑来说，严格对称、威严庄重，形成在严格对称中仍有变化，在多样变化中又保持统一的风貌；而科隆大教堂则采用尖顶、柱廊和拱形结构，这种结构庄严、稳定、雄浑、华丽，具有上升的韵律和严谨的节奏；悉尼歌剧院造型生动别致，线条轻盈流畅，节奏鲜明自由，它坐落在悉尼港口伸向海中的岬角，是由 10 个大小不等的贝壳形建筑巧妙组合而成的白色群体，三面环水，地基抬起，在碧波的映照下，展现出诗一般的和谐与韵律。所以，工科大学生作为未来的设计师，不仅要具备设计能力，而且还要具备很高的审美能力。正因为提高工科大学生的艺术审美意识如此重要，工科院校也就理应开设一些专门的比较系统的技术美学课程，开展一些课外的音乐会、画展、诗词歌赋欣赏等文艺活动，以提高学生的艺术素养和审美能力。

第二节　联　想　思　维

一、联想思维的含义与类型

(一)联想思维的含义

联想思维是指在人脑的记忆表象系统中由于某种诱因使不同表象发生联系的一种思维活动。联想思维和想象思维可以说是一对孪生姐妹，在人的思维活动中都起着基础性的作用。

有的人作文，能够浮想联翩，旁征博引，情深理密，文气贯通；也有不少的人文思枯竭，下笔艰难，即或敷衍成篇，也是内容贫乏，言繁语赘。固然，这里面有生活经历和知识的积累问题，但也有联想的问题。鲁迅说他笔下的模特儿："往往嘴在浙江，脸在北京，衣服在江西，是一个拼凑起来的脚色。"倘若没有丰富的联想，只凭借生活的经历，阿 Q、孔乙己、祥林嫂……这些栩栩如生的艺术典型，能够"拼凑"出来吗？可见，丰富的联想力，善于打开文章的思路，是提高写作能力的一个不可忽视的重要因素。

那么，什么是联想呢？

《世说新语·假诵第二十七》中有则小故事："魏武行役，失汲道，军皆渴，乃令曰：'前有大梅林，饶子甘酸，可以解渴。'士卒闻之，口皆出水，乘此得及前源。"

曹操虚指梅林，却可以让士卒生津，而使军队摆脱干渴的困境，这是因为自然界里的任何事物都不是孤立存在的，它们都有自己的具体内容，也处在各种各样的客观联系之中，因而当它们反映于人的大脑中而产生的与之相应的心理现象之间，也必然会表现出复杂的联系来。我们因一叶落而知天下秋，一燕来而晓阳春至，"察己则可以知人，察今则可以知古"，类似这样的种种联系，就是人大脑中形成的各种反映之间的暂时性的思维联系。因此，当曹操提到"前有大梅林"，就会立即在士卒的脑海里浮现梅子的形态，而联系它的酸甜的滋味，引起第二信号系统的条件反射，从而刺激人的口津泌出，达到暂时止渴的目的。

这种观念间的群系，就是联想。

联想是一种开拓性的思维活动。它的思维特征主要表现在相似性、相反性、因果性和事理性四个方面。

(二)联想思维的类型

1. 接近联想

时间或空间上的接近都可以引起不同事物之间的联想。

科学家发现的例子：门捷列夫发现元素周期表对未知元素位置的判断，卢瑟福研究原子核时提出质量与质子相同的中性粒子的存在……

诗歌中时空接近的联想产生的佳句很多，如："春江潮水连海平，海上明月共潮升。滟滟随波千万里，何处春江无月明。"春江、潮水、大海与明月(既相远又相近)联系在了一起。

2. 相似联想

从外形或性质上、意义上的相似引起的联想，都是相似联想。如："春蚕到死丝方尽，蜡炬成灰泪始干""床前明月光，疑是地上霜"等。

3. 对比联想

由事物间完全对立或存在某种差异而引起的联想，就是对比联想(相反特征的事物或相互对立的事物间所形成的联想)。文学艺术的反衬手法，就是对比联想的具体运用。比如描写岳飞和秦桧的诗句："青山有幸埋忠骨，白铁无辜铸佞臣。"

4. 因果联想

由于两个事物存在因果关系而引起的联想，就是因果联想。这种联想往往是双向的，可以由因想到果，也可以由果想到因。例如，早上看到地面潮湿，会想到可能是夜间下过雨。

在广告中常用这种因果关系揭示某种商品可以满足消费者的某种需要，把商品观念和需要观念联系起来，以突出产品的个性。如：凤凰自行车针对青少年消费群做的广告，即先调查找到当代青年具有一种长大成人，想追求新生活方式的强烈愿望这一特点，制作了这样的广告口号："独立，从掌握一辆凤凰车开始。"帮助消费者把商品与其自身需要联系起来，效果较好。

5. 类比联想

类比法就是通过对一种事物与另一种(类)事物对比，而进行创新的方法。其特点是以大量联想为基础，以不同事物间的相同、类比为纽带。根据不同的类比形式可分为多种类比法，下面大致介绍几种。

直接类比法：鱼骨——针，酒瓶——潜艇。

间接类比法：负氧离子发生器。

幻想类比法：第一台电子计算机的诞生。

因果类比法：气泡混凝土。

仿生类比法：抓斗、电子蛙眼、蜻蜓翅痣与机翼振动。

二、联想思维的特点

(一)连续性

联想思维的主要特征是由此及彼，连绵不断，可以是直接的，也可以是迂回曲折形成闪电般的联想链，而链条的首尾两端往往是风马牛不相及的。

(二)形象性

由于联想思维是形象思维的具体化，其基本的思维操作单元是表象，是一幅幅画面。所以，联想思维和想象思维一样显得十分生动，具有鲜明的形象。

(三)概括性

联想思维可以很快地把联想到的思维结果呈现在联想者的眼前，而不顾及其细节如何，是一种整体把握的思维操作活动，因此可以说有很强的概括性。

三、联想思维的训练

(一)训练的注意事项

联想思维可以在日常生活中培养和自我训练，也可以在教师的指导下进行强化训练。这里说明一下强化训练的注意事项。

在读完题目后，要立即进入题目的情境，设身处地地进行联想。虚拟的情境越逼真，效果就越好。

开始联想后，每联想到一件事物，就填写在题目后的表中，直到不能再想为止，但不要急于求成。

(二)举例：水

(1) 从一滴滴的水汇成大海，积少成多，联系到重视积累的问题。

(2) 一滴水与大海，将一滴水置于阳光之下，一下子便干涸，但如果汇入大海就永远存在的角度，联系到个人与集体的问题。

(3) 从一滴水也能反映太阳的光辉，联系到于细微之处也能见精神的问题。

(4) 从水与鱼儿的关系，即鱼儿离不开水，联系到军民鱼水情、干群鱼水情的问题。

(5) 从水与船的关系，即水能载舟，也能覆舟，联系到得民心与失民心的问题。

(6) 从水虽是液体，却能冲决堤围，冲垮桥梁，毁坏公路，其柔弱身躯却有如此力量，联系到柔能克刚的问题。

(7) 从水装在什么样的容器之中，它就成为什么样的形状，联系到要善于适应环境，随遇而安的问题。

(8) 从水的遇冷结成冰，变为冰山冰川，遇热变为水蒸气，变为云霞甚至变为海市蜃楼，联系到善于应变的问题。

(9) 从喝水想起掘水人，联系到不能忘本的问题。

(10) 从清水与污水，即水资源受污染的角度，联系到环保问题、净化问题。

(11) 从缺水到送水，如台湾金门缺水，大陆送去及时水的故事，联系到海峡两岸人民情长的问题。

(12) 从缺水到人工降水，联系到科学与生活、生产的问题。

(13) 从其他有关水的故事，如治水抗涝等，联想到人的思想品格、精神风貌的问题。

(资料来源：陈玉富.《感受·思考·想象——作文联想训练》教学设计[J].

现代语文：中旬.教学研究.2014(8).)

第三节　直觉思维

一、直觉思维的含义与类型

(一)直觉思维的含义

直觉思维是以感知为主，综合多种心理因素、心理功能的统一多样的创造性思维。它与逻辑思维、形象思维同为人的思维基本类型之一。

直觉思维在文艺创作、科学研究、人才培养以及各项实际工作中，均有不可估量的意义。郭沫若谈到直觉在诗歌创作中的作用时，列了一个简明的公式："诗=(直觉+情调+想象)+(适当的文字)"。美国心理学家、哈佛大学"知识研究中心"创设者布鲁诺在《教育过程》一书中甚至主张从中小学开始，就要重视发展学生的直觉思维能力，将培养学生的直觉思维能力作为培养人才的重要手段。

(二)直觉思维的类型

1. 艺术直觉

艺术家在创作过程中由某一个体形象一下子上升到典型形象的思维过程。

2. 科学直觉

科学家在科学研究过程中对新出现的某一事物非常敏感，一下子就意识到其本质和规律的思维过程。

二、直觉思维的特点

(一)直接性

倘若我们用最简洁的语言来表述直觉思维的最基本特征，那就是思维过程与结果的直接性。直觉思维是一种直接领悟事物的本质或规律而不受固定逻辑规则所束缚的思维方式。它不依赖于严格的证明过程，是以对问题全局的总体把握为前提，以直接的、跨越的方式直接获取问题答案的思维过程。正因为如此，许多哲学家和科学家在谈到直觉时，常把它与"直接的知识"放在一起讨论。

(二)突发性

直觉思维的过程极短，稍纵即逝，其所获得的结果是突如其来和出乎意料的。人对某一问题苦思冥想，却不得其解，反而往往在不经意间突然顿悟问题的答案，或瞬间闪现具有创造性的设想。如著名的"万有引力定律"就是牛顿在苹果园里休息时，观察到苹果掉落的现象而突然顿悟发现的。

(三)非逻辑性

直觉思维不是按照通常的逻辑规则按部就班地进行的，它既不是演绎式的推理，也不是归纳式的概括。直觉思维主要依靠想象、猜测和洞察力等非逻辑因素去直接把握事物的本质或规律。它不受形式逻辑规则的约束，常常是打破既有的逻辑规则，提出一些反逻辑的创造性思想，如爱因斯坦提出的"追光悖论"；它也可能压缩或简化既有的逻辑程序，省略中间烦琐的推理过程，直接对事物的本质或规律作出判断。

(四)或然性

非逻辑的直觉也是非必然的，它具有或然性，既可能正确，也可能错误，这对于任何人来说都是如此。虽然直觉思维能力较强的科学家正确的概率较大，但也可能出错。许多科学家都承认这一点，爱因斯坦在高度评价直觉在科学创造中的作用时，也没有把它看作万能灵药。他在 1931 年回答挚友贝索提出的问题时说："我从直觉来回答，并不囿于实际知识，因此，大可不必相信我。"

(五)整体性

在直觉思维过程中，思维主体并不着眼于细节的逻辑分析，而是对事物或现象形成一个整体的"智力图像"，从整体上识别出事物的本质和规律。

三、直觉思维的训练

思维心理学认为，人的大脑把摄取的形形色色的信息分为两类，分别存储在不同的区域。那些常见的信息，因其摄入次数多，它们之间的相互联系已被逐渐认识。于是，它们被有规律地排列在大脑中的某一区域，呈有序态，一旦需要调用，就可有序地进行查找，这便是在常规解决问题中应用的以概念判断和推理为形式的逻辑思维。那些偶尔遇到，且很少利用的信息，大脑对其内在联系不甚了了，无法有序排列，只好杂乱地"堆放"在大脑中的某一区域。要想从中寻找东西，因无规则可循，只好乱翻，凭借机遇与直觉判断，这便是在非常规解决问题中应用的直觉思维。直觉思维不是去寻求阐明事物间的已知联系，而是要探明事物间的未知联系。运用非推理因素把似乎无关的知识联系起来以解决问题，这需要我们在日常的教学中注意下面几点。

(一)打破常规思维方式

训练学生的直觉思维，首先应当要求学生在面临较复杂的问题情境时，迅速再现知识系统和经验储备中的相关信息，经过总体观察，对问题实质作出大胆的假设和试探，迅速作出判断，以抓住问题的关键，快捷地解决问题。人教版义务教育教材《数学》第九册第69 页有这样一道题：一个学生的家离学校有 3 千米，他每天早晨骑车上学，每小时行 15 千米，这样恰好准时到校。一天早晨，因为逆风，开始的 1 千米，他只能以每小时行 10 千米的速度骑行。剩下的路程他应以每小时行多少千米的速度骑行，才能准时到校？学生用常规思路解答后，我提出两个问题，已行路程与剩下路程有什么关系？准时到校是什么意思？片刻之后，不少同学对结果是 20 千米脱口而出。理由很简单：剩下路是已行路的二倍，时间不变，那么剩下路程骑行速度也应提高到原来的二倍。新颖、奇特的解法，必须以深厚的实践为基础，以丰富的知识经验为前提，以扎实的双基作为直觉思维的智力背景，因此教师平时应加强基础知识的教学，注意让学生积累生活经验和解题经验。这样一遇到难题，学生就会产生广泛的联想，直觉思维就能得到很好的发展。换一个角度说，经常打破思维常式，从总体上审察、研究对象，就能训练学生思维的"感觉"，发展直觉的透视能力。

(二)压缩、简化思维的分析过程

与循序渐进的分析思维(即逻辑思维)相反，直觉思维是一种简约的、压缩的、跳跃式的推理。一般来说，思维能力的发展，突出地表现为对问题的推理过程的逐渐压缩，一些已牢记的"符合于规则"的判断，逐渐被省略，直觉思维恰恰是以此为特点的。因此，压缩、简化思维的分析过程，实现思维直觉，可以通过训练学生分析综合的能力来进行，例如，有一道题是这样的：有一位商人花 600 元钱买进一只金表，以 700 元钱卖出，由于物价上涨，他又以 800 元钱把这只金表买回，后来又以 900 元钱卖出，问此商人是赚了 100 元钱，还是赚了 200 元钱？若按习惯思维一步步地推算：第一次卖出，赚回 100 元(700 元-600 元)；第二次买回，赔了 100 元(800 元-700 元)；第二次卖出，应该赚 100 元(900 元-800 元)。如果运用直觉思维压缩思维过程，迅速决断：两次买表共用去 1400 元(600 元+800 元)，两次卖表共得 1600 元(700 元+900 元)，结果应赚 200 元(1600 元-1400 元)。两个答案似乎都有依据，但是后者不被表面现象所迷惑，而是根据事物的变化规律迅速地进行决断。这就说明我们教学的着眼点应放在对题中数量关系的揣摩和思考上，引导学生在条件↔条件、问题↔问题、条件↔问题间自由往返，尽快发现、挖掘种种联系，瞬间综合成新的信息，迅速形成解题思路，这样就能使学生日渐形成在数量间沟联变通的能力，直觉思维正是赖此澄清问题结构真相，使问题迅速得到解决的。

(三)训练思路的迅速变迁

直觉思维具有较大的试探性，没有固定的方向和线路，当思维受阻时，可迅速改弦易辙，另辟蹊径。如计算 84÷12÷15×30，学生初拿到手时，往往按照常规程序，按照运算法则，从左向右依次运算，会碰到除不尽、费时又不能求出准确值的情况。若迅速变换思路，运用一个数除以整数等于这个数乘以整数的倒数的法则，很快就能求出：$84÷12÷15×30=84×\frac{1}{12}×\frac{1}{15}×30=14$。思路的改变，可以促进学生进行多角度的智力活动，产生灵活多样的解题途径，从而难点迎刃而解。由此不难看出，培养学生思路变换能力，除了要夯实基础知识外，还要教育引导学生多掌握一些有价值的思维方法，如假设、化归、比较、置换、归纳、类比、对应、逆推等。学生掌握的思考方法越多，思维就越活跃，思路变换的能力也就越强，越有利于直觉思维的发展。

此外，任何一个教学问题总是处于两个极端之间，其中既有常规性成分，又含有非常规成分。这样，在解决问题时，有些步骤需要按既定的程式进行，而另一些步骤则要去探索新程式，也就是说，要把逻辑思维与直觉思维紧密结合起来。就直觉思维结果的本身而言，也必须有严格的分析验证，只有这样才能正确、有效地发展学生的直觉思维能力。

第四节 灵 感 思 维

一、灵感思维的含义与类型

(一)灵感思维的含义

灵感思维究竟是什么的问题，国内外学术界对此有着诸多说法。郭沫若指出：灵感"在我看来是有的，而且也很需要。不过这种现象并不是什么灵鬼附了体，或是所谓'神来'，而是一种新鲜观念突然使意识强度集中了，或者是有强度的意识集中，因而在得了一种新观念而又累积地增强意识的集中度的那种现象"。陶伯华、朱亚燕认为：所谓灵感，是一种顿悟，在顿悟的一刹那间，能够将两个或两个以上以前从不相关的观念串联在一起，借以解决一个搜索枯肠仍未解的难题，或缔造一个科学上的新发现。岳海、德新、晨光指出：灵感是一种心理现象，是人类在创造性思维活动中，普遍存在的一种思维形式，是人们在创造过程中思维活动达到高潮阶段的一种最富于创新开拓性的心理状态，是整个大脑处于协调的有序化，劳动效率极高，常常需要某种启示物的触发而突然闪光的思维力量。刘奎林指出：灵感是以突破性、瞬息性、独创性为根本特征的一种非理性、非逻辑、非线性的思维形式，这本是灵感思维的本质。张浩认为：灵感是在有意识的创造活动中，突然无意间产生认识成果的一种特殊的思维方法或认识形式，它是一种非逻辑的思维活动，其成果具有独创性和不可模仿性。

通过对国内外学者关于灵感思维界说思想的学习和梳理，提出对灵感思维的粗浅看法。所谓灵感思维，是指人在思维活动中，综合运用多种思维方式和种种精神因素(包括理性因素和非理性因素)并在某种诱发因素的激活下而进行的一种特殊的、创造性的思维方式。

这里说明两点：

第一，灵感思维是否只是一种非理性思维。许多学者认为，灵感思维只是一种非理性的思维方式而非灵感思维是理性因素和非理性因素作用的产物。其根据何在呢？原来，在考察人类实际的思维过程时，就会发现，灵感固然具有突然性、突发性、突破性，这其中体现了非理性因素往往起着非常重要的作用。但是，也必须看到，这种突然性、突发性、突破性是要有理性因素做准备的，而且，在人类实际的思维过程中，理性因素与非理性因素是在交互作用的动态过程中而施于灵感思维的。所以，在考察灵感思维时，固然应当重视深入研究种种非理性因素的作用，但也不能忽视理性因素在其中的作用。因此，应当运用辩证思维的观点与方法，对灵感思维中理性因素与非理性因素交互作用的复杂情形做实事求是的学理探讨。

第二，灵感思维是否存在某种诱发因素的激活作用。国内外学者对这个问题大都持肯定的见解。在人类的实际思维过程中，思维主体与思维客体、理性因素与非理性因素交互作用，只有当某种诱发因素的激活作用发生时，灵感才会突然闪现，迸发出天才的思想火花，结出智慧之果。

研究灵感思维，必然要涉及灵感、直觉、顿悟三者之间的相互关系。这是因为，一方面，灵感与直觉、顿悟在思维过程中有着更紧密的联系；另一方面，直觉、顿悟与灵感在思维过程中更为接近，关系错综复杂。

研究直觉、灵感、顿悟三者之间的相互关系，应当坚持运用辩证思维和系统科学、复杂性科学的理论和方法，综合汲取现代科学的前沿成果和当今学术界已经达到的认识结晶，从复杂的、动态的思维网络系统中撷取直觉、灵感、顿悟三者之间的交互作用过程加以探讨。

直觉、灵感、顿悟是思维过程中复杂的交互作用的辩证关系。首先，从灵感与直觉的关系看，直觉是不通过逻辑推理而直接把握事物本质的思维方式，它包括经验直觉和理性直觉两类内容。经验直觉是凭长期的经验积累而能一下子把握事物本质的认识能力。如老工人、老农民依据长期的实践经验就能瞬间认识事物并拟定出改造事物的方案。笔者的哥哥是一位具有近五十年经验的铁匠，他的经验直觉认识能力就非常强：根据原材料的形状、质量，适合打制成什么产品，能立刻作出断定；观察炉火的颜色、火势与将要锻造的产品的关系，马上就能进行调整；按照产品的要求，对打制产品工序的频率、力度，瞬间就能作出决断。所以，他的徒弟们说：师傅的经验太宝贵了，虽然他没有学过材料学、数学，但他能一眼看出问题，马上采取措施，造出优质产品。理性直觉则是在理性认识指导下洞察事物本质的认识能力。例如，一名老医学专家诊治疾病时的理性直觉；著名军事家在掌握敌我情况和主客观条件的基础上经过短暂运思，能够给出战略、战役、战术的指导方针等。当然，经验直觉与理性直觉是相互渗透、彼此内蕴的。在经验直觉中，包含有某些理性直觉的因素；在理性直觉中，则包含有经验直觉的成分。而灵感则是思维主体优化匹配主客观条件以及引发条件所突然产生的创造性思维活动。直觉具有可重复性，而灵感不具有可重复性。其次，灵感与顿悟之间存在着内在的、复杂的交互作用。灵感是思维过程飞跃而获得创造性思维活动的本身,而顿悟则是灵感的结果,它表现为这种创造性思维活动所达到的结果。

(二)灵感思维的类型

根据激发灵感的诱因不同,灵感思维可分为外部偶然机遇型灵感和内部积淀意识型灵感两大类。创造者的灵感诱发于"含情而能达,会景而生心,体物而得神,自有灵通之句,参化工之妙"。这就是说,灵感诱发于一定的触媒,外部偶然机遇型灵感的诱发有多种多样的"触媒"。所谓触媒,是引发灵感的偶然因素,如思想触媒,形象触媒、情境触媒、原型触媒等的作用是诱发创造灵感。

思想触媒是指创造主体由于阅读、发散思维、逆向思维、思想交流等思想因素引起思想火花的触媒。思想触媒是知识创新的萌芽。达尔文有一天躺在沙发上阅读马尔萨斯《人口原理》作为消遣,由于他受繁殖过剩而引起生存竞争理论的思想触媒的影响,大脑里诱发出创造灵感:生物通过生存竞争进行自然选择,适者生存,不适者被淘汰,由此开辟了发现科学进化论之道。

形象触媒是指创造主体由于在某种专利客体(发明、实用新型、外观设计)形象或新颖事物形象的触媒作用下,突然诱发出灵感的外部诱因。形象触媒往往通向技术发明之路,爱迪生由于受英国化学家戴维发明人类第一盏弧光灯形象与大自然中"闪电之灯"形象的触媒作用诱发出电灯的创造灵感。

情境触媒是创造主体由于受某种环境气氛渲染触景生情而诱发灵感的外部诱因。郭沫若创作《地球,我的母亲》就是受情境触媒诱发灵感而创造的成果。郭沫若谈到这种灵感创作的体验:有一天他到(日本)福冈图书馆去看书,突然受到诗兴的诱发。在这种诗情画意触媒作用下他离开了图书馆,在馆后的石子路上赤着脚踱来踱去,时而倒在路上睡觉,真切地和"地球母亲"亲昵,去感触它的皮肤,受她的拥抱。在现在看来,觉得有点发狂,而当时确实是感受着真切的情境。郭沫若在图书馆诗兴袭击的情境触媒作用下,创作了他的名作《地球,我的母亲》。

原型触媒是指创造主体由于在某种实物及其现象状态和存在方式的触媒作用下引发灵感的外部诱因。如阿基米德在洗澡活动中由于受水触媒启迪诱发灵感创造出的测定金冠的方法,走上了发现浮力定律之路。

内部积淀意识型灵感是心理积淀意识和理论积淀意识交互作用由触媒诱发的灵感,无意识灵感是创造主体在内心自由和外在自由条件下思想意识自由自在地展开想象翅膀诱发的灵感,把原有的知识信息组合成新知识使百思不解的问题突然出现破解的思想闪光。爱因斯坦创立相对论就有这样的无意识引发灵感的体验。爱因斯坦的挚友贝索曾回忆:爱因斯坦告诉我:"一天晚上,他躺在床上。对那个折磨着他的谜,心里充满了毫无解答希望的感觉，没有一丝光明。但，突然黑暗里透出了光亮，答案出现了。"

二、灵感思维的特点

(一)创造性

思维可分再现性思维和创造性思维两种。再现性思维只是已有知识和技能的重现，并不需要灵感的参与。创造性思维则不然，它是在已有知识和技能的基础上的再创造，灵感思维则是创造性想象力的表现。问题越难，创造性越大，越需要灵感。

(二)直觉性

灵感思维活动是直觉的、非逻辑的，它不是一种逻辑推理的思维过程。在归纳逻辑中，通过众多的实例，建立起命题，比较异同，作出全称或特称判断；在演绎逻辑中，我们逐步地进行严格的推导。灵感思维则不同。它既不是经验命题的简单总结，又不是已有知识的逻辑演绎，而是一种跳跃式跨越式的思维方式，能一下子抓住事物的本质，直接获得结论。

(三)多向性

所谓多向性，就是从不同的角度、方向、途径，用不同的方法去考虑问题，由于灵感思维不是重复已知的甚至熟练的途径和方法，而是选择前所未有的途径和方法，因此必须多方面地进行探索。在一个问题面前必须考虑多种设想、多种答案，触角越多，触发灵感的可能性就越大，所得的答案就越好。

美国心理学家斯丹伯格认为，"多数顿悟问题，似乎都离不开三种思维过程。即：一、选择与编译信息，也就是了解哪些信息与该题有关，如何有关。二、联系各种不同的、貌似无关紧要然而却是极为有用的线索，并把它们接合起来。三、把要求解决的问题与先前接触过的问题进行比较。"这也是多方向探索有关信息与线索并进行选择的过程。

(四)综合性

灵感思维是一种综合性思维，就科学创造来说，必须有大量的事实、概念、材料作为思考的基础，必须熟悉前人的已有成果，必须熟知类似问题的解决方法；就艺术创作来说，必须积累一定量的感性认识和基础理论知识。一个人的有关知识越广阔，拥有的材料越丰富，它的灵感就来得越快。钱学森同志说："如果逻辑思维是线性的，形象思维是二维的，那么灵感思维好象是三维的。""在人的中枢神经系统里是有层次的，而灵感可能是多个自我，是脑子里的不同部分在起作用，忽然接通，问题就解决了。"灵感常常是形象思维和抽象思维结合的产物。人的大脑左半球偏重于语词概念的抽象思维，右半球偏重于音、色、形的形象思维，两者又可互相补充，当两个脑半球的活动达到高潮时，只要出现某种偶然契机，它们便可能统一起来而产生灵感。可以说，灵感是脑细胞协同奏出的思维交响乐。

(五)突发性

灵感是突然来到的，很难事先预料，往往"踏破铁鞋无觅处，得来全不费功夫"。当你花了巨大的心血去思考一个问题而得不到解决时，你把它放下来，这个问题并没有在你的脑子里消失，只不过是由显意识转入了潜意识，大脑仍然在继续活动，只是在不自觉地进行。一旦沟通了有关信息，问题获得了解决，就涌现于显意识，成为灵感。这时你会感到突然，因为你自己也不知道这个解决办法是怎么得到的。美国科学家布朗尼科夫斯基说："问题的答案往往会当你把注意力转移到别处之后才偶然出现。"这是因为长时间的用脑会使脑细胞一直处于兴奋状态，而大脑的过度紧张反而会抑制灵感的出现，以致尽管苦思冥想问题还是得不到解决，这时应将它放下，稍事休息，或转而做其他工作，这有利于原有知识的再消化和重组，可以更好地建立知识之间的联系和填补空隙，因而收到思想接通、灵感闪现的效果。

(六)随机性

灵感的突然到来，常常有一个触发点，这个触发点带有偶然的因素，使灵感具有很大的随机性。例如，鲁班在未发明锯以前是用斧头砍断木头的，他一定考虑了很久，怎样才能找到一种更简便的工具，当他的手被丝茅草割破时，突然受到启发才发明了锯。丝茅草割破手就是灵感的触发点。像这类事例在科学发明和文艺创作中俯拾皆是，许多科学家都具有这种抓住偶然"机遇"的特点。但是"机遇"只是灵感的触发点，而并非灵感的源泉，灵感来自广博的知识、高度发展的能力和对于所要解决的问题持久、深入、执着的追求。巴斯德说："在观察领域中的机遇只偏爱这种有准备的头脑。"华罗庚说："偶然的机遇"只能给那些学有素养的人，给那些善于独立思考的人，给那些具有锲而不舍精神的人。

(七)短暂性

灵感往往像电光石火，一闪而过，转瞬即逝，必须不失时机地捕捉，把它记录下来。苏东坡在谈到写诗的灵感时说："做诗火急追亡道，情景一失后难摹。"经验表明，不但要把灵感的火花及时记录下来，而且要趁热打铁，使思维向纵深发展，扩大思维成果，促使火花继续闪现，将忽明忽暗的几星零散的火花连成一片，形成新的科学思想。

(八)模糊性

灵感的出现往往并不是一个完整的解决方案，而只是指明一个方向，一条道路，一种方法，有时忽明忽灭，若隐若现，需要人们去捕捉、去整理，去进行显意识的形象思维和抽象思维。一个科学发明或发现在有了新奇可行的想法后，还需要进行严格的证明或实践的检验。

(九)情绪性

灵感思维往往与激情联在一起，普希金说："灵感是一种敏捷地感受印象的情绪。"突发的激情是灵感的催化剂。当一个人长时间地迷恋于某个问题，日夜思索其答案时，往往废寝忘食、不能自已，有时甚至由于高度兴奋而陷入迷狂的境地。一旦时机成熟时常觉得一股炽热的感情在胸中激荡，好似在地底运行多年的岩浆终于找到了突破口喷射出来。司汤达说："在热情的激荡中，灵感的火焰才有足够的力量把造成天才的各种材料熔于一炉。"

(十)产生的艰巨性

灵感来自长期的积累，反复的思索和练习，即所谓"长期积累，偶尔得之"。只有那些有耐心、有毅力、锲而不舍、百折不挠地努力追求理想的人，才有可能获得灵感的青睐。正如柴可夫斯基所说："灵感是这样一位客人，他不爱拜访懒惰者。"

三、灵感思维的训练

根据国内外的专家研究与实践证明，灵感思维是完全可以有意识地加以训练和培养的。以下是一些常用的训练方法，每个人通过认真的训练，久而久之，灵感就会日益增多，对创新思维的作用就越来越明显。

(一)每天上下班选择一条不同的路线

如果你每天上下班有不同的路线可供选择，那就要好好利用它们，尽可能让你的生活富有变化。当你走一条完全不同的路线去工作时，注意观赏一下周围的环境和风景。

(二)每天在不同的餐馆吃早餐或午餐

不要每天都去对你来说方便的那一家餐馆解决你的早餐或午饭问题，也不要每天都点一样的菜，要经常变换餐馆和尝试新的菜式。就算只是通过尝试新的菜式，稍微改变你的饮食品种，也能给你的创造性思维提供一些新的激励。

(三)听听音乐做做白日梦

去音像店，找几张你喜欢的或是你从来没有听说过的音乐家的唱片，然后找一个你可以放松，不被打扰的地方，听听音乐啥都不做只是做白日梦，放松 10 分钟、30 分钟、45 分钟或者 60 分钟都可以。坚持每天都这样放松一下。如果不可能做到每天一次，那每周这样做一次也可以。

(四)给你的创造力找一个突破口

在你的工作以外，找一些能表达你的创造力而你又真正喜欢的事情。这些事情可能是：运动、绘画、陶艺、园艺、室内装饰、演奏乐器、缝纫、编织、摄影、旅游或者一些游戏等。如果你找到了你真正喜欢而且能表现你的创造力的事情，那么你的创造性思维就会日趋活跃。

(五)改变风景

有些时候我们仅仅通过改变风景就可以得到灵感。如果你住在城市里，找一天去乡下看看，享受一下大自然——树木、清新的空气、湖泊、山间小路以及各种各样的野生动物。如果你住在乡下，则可以计划一个城市的一日之旅，到处走走看看、购物、感受一下人潮、看场电影等。每个月找一天改变一下风景，可以给你一个全新的视角，改变一下你的情绪和精神状态。

(六)创建私人日记

随便到哪家文具店买一本封面或是里面的纸张让你充满灵感的空白日记本。记得每天都要写日记，并把那天发生的事情都记录下来。写写你的日常活动、想法、渴望、梦想或者是任何你想要记下来的东西。把这个当作是一个创新写作练习，同时这个练习还能帮助你更好地了解自己。

(七)玩需要创造的电脑游戏

有些电脑游戏完全不需动脑子，仅仅是一项娱乐，你只要无休止地射击或按鼠标即可。另外一些游戏则需要策略和创造。它们需要你运用你的创造性思维能力建立或管理一个王国、一座城市、一家动物园或主题公园。

创造性的游戏并不一定需要电脑。象棋、跳棋、围棋、拼字游戏等都可以提高你的创造性思维能力。

(八)涂鸦

随手拿起一张纸和一支笔开始涂鸦吧。你可以画任何东西，涂鸦并不需要任何艺术细胞。你可以画一些简单形状、图形、人物或是物体。在你随笔涂鸦的时候，在脑子里给你画的东西编一个故事。可以从简单的形状开始，思想随着所画的图形，逐渐扩展、复杂，故事的内容可以稀奇古怪、荒诞不经，不要对思想作任何限制。

通过以上的思维训练，用不了多久，你就会发现，你的灵感思维确实得到了极大的提高。

第五节　立　体　思　维

一、立体思维的含义与类型

(一)立体思维的含义

立体思维也叫整体思维或空间思维。它是在时空四维中，对认识对象进行多角度、多方位、多层次、多学科、多手段的考察、研究，力图真实地反映认识对象的整体以及和其周围事物构成的立体画面的思维形式。换句话说，立体思维是反映认识对象在一定时空内的外在或内在结构、位置、网络以及这种结构、位置、网络运动变化的立体形态或全息轨迹的思维形式。这种思维不只是反映对象的个别属性，也不只是反映对象的某个一般属性，而是这些个别属性、一般属性的有机整体。诚然，它要了解对象的个别属性或对象的一般属性，但不以此为满足，而是着力把握由这些个别、一般建构的有机统一。这种思维也不是反映对象的某个层次，而是由诸多层次互相承续而构成的不断在时空中运动着的活生生的实体。同样，它不忽视对象各个单一的层次，但它着力于这些单一层次在运动中的相互联系或先后相继。这样思维获得的成果，必然是综合的或整体性的，可以通过立体的模型复制出来。近年来，一些科学家借助立体图标来表达自己的立体思维，已不少见，像于光远同志的科学分类立体图；赵红州同志的"科学结构"立体图标，就是这方面的例证。

由于立体思维要反映思维客体的各个方面，因而它的认识成果是具体、鲜明和生动的，由于立体思维要反映思维客体的各个层次，各级本质并与个别综合起来，所以，它的认识成果更加富于客观性、全面性、系统性与整体性。个别性，显示事物的多样性、丰富性、具体性；一般性，显示事物的普遍性、共性。立体思维将这两者综合在自己的认识成果中，因而使人类的认识既有鲜明性、具体性与生动性，又有客观性、全面性与深刻性，从而使人类的认识能力提高到了一个新的水平。

(二)立体思维的类型

立体思维有狭义和广义之分。

　　狭义的立体思维，就是指含长宽高的空间三维思维和加上时间的时空四维思维。它是指最简单、最富经典意义的立体思维。

　　广义的立体思维，则是指含有时空四维在内的多维思维或 n 维思维。这种广义的立体思维，注重从思维客体的实际出发，思维客体有多维存在，它就从多维去考察并把握思维客体，其思维的本质，就是要真正把握思维对象的外在整体和内在整体。因此，广义的立体思维，乃是包括多侧面、多视角、多方位、多层次和系统性、完全性、整体性的 n 维思维。

　　总之，立体思维就其本质而言是从事物的空间存在及其在时间中流动、变化的本来面目来如实反映事物的思维模式。这种思维模式本来就存在于我们的大脑之中，只是由于人类认识的局限，未能及时地了解并揭示它的存在而已。

二、立体思维的特点

(一)层次性

　　层次性就是教育管理者在运用立体思维来观察教育系统时，不仅要注意到客观教育系统本身横的层次，而且还要认识到它的运动变化和发展所经历的各个阶段，即纵的层次。不仅要注意到客观教育系统本身的层次性，而且还要注意到教育管理者思维本身的层次性，即认识到思维在其感性认识的基础上形成以后，要经历悟性思维、形象思维、抽象思维、具体思维和立体思维等层次，这样就能做到准确无误地反映或描述客观教育系统运动发展的轨迹，做到正确的预测和决策。

(二)多维性

　　多维性即要求教育管理者在运用立体思维来观察教育系统时，要从多方面、多角度、多侧面、多方位去观察；不仅要对客观教育系统的全部历史、发展的不同层次或历史阶段、内在规定性做全方位考察，而且还要去分析考察上述诸方面的合成；不仅要从确定的角度去观察，而且还要从变动的角度去巡视它的各个场面及其与周围诸种事物的联系。这就可以保证教育管理者对客观教育系统认识的客观性和全面性，为科学的决策提供了前提。

(三)联系性

　　联系性是指教育管理者立体思维层次之间的关系，即悟性思维、形象思维、抽象思维、具体思维、立体思维等各种思维层次之间相互联系、相互制约、相互渗透、相互交织的关系。正是由于立体思维层次之间具有这种联系性，它才能把教育系统的认识在思维中形成一个立体网络结构，达到对教育系统的立体性的正确认识，做到正确决策。

(四)系统性

系统性是指教育管理者的主观思维对客观教育系统的反映和运动轨迹的描述。在这种反映中分为若干层次，不同的层次具有不同的规定、特点和规律，构成大小不同的系统体系，其中大系统包含着小系统，小系统包含着更小的系统。无论大系统还是小系统，都是相对而言，具有相对性，它们都是对客观教育系统中大小不同系统的立体性的主观反映，并在思维中综合为立体的系统整体，因而具有系统性。

(五)立体性

立体性是指主体思维对客观教育系统立体性的描述或反映。它要求人们在对客观教育系统进行观察时，首先必须对它各个层次、规定性的认识在思维中组成各种各样的立体系统；然后按其发展的固有秩序，由低到高、由简到繁的历史发展顺序组成为一个整体，这个整体，其外在形式必须是客观教育系统本身外在的真实性的反映，具有全息性、全方位的立体特征，其内在形式就是各种规定性、不同层次相应交织而成的立体网络，因而具有立体性。

(六)鲜明性

鲜明性要求人们在对客观教育系统的全部外在特征进行认识和分析之后，要加以集中化、典型化、凝聚化与整体化，并把它与对客观教育系统的本质认识有机地结合起来，使对本质的认识渗透其中，这就能使教育管理者对客观教育系统外部特征的认识更加形象、生动、深刻、真实而活灵活现，有十分鲜明的个性。

(七)具体性

具体性由立体思维的认识目的决定。立体思维的认识目的要求教育管理者在认识和把握客观教育系统本身的各个层次和各种本质的基础上去再现它们的内在和外在的整体。因此在教育管理者立体思维中所形成的认识成果，是多种规定性的统一，它既包含着对客观教育系统外在各种典型特征的认识，又包含着对客观教育系统内在的各级本质的认识，它是各种规定性的总和和有机统一，因而具有具体性。

(八)开放性

开放性与线性的、平面性的思维相比，从本质上讲是开放的。因为它要求人们在观察客观教育系统时，要进行多向性考察，即在确定一个思考中心之后，必须从上下、前后、左右等各个方面来认识和把握这个中心，并允许在这个大的范围内同时考虑相互联系、相互区别的若干问题，使思维活动围绕这个中心呈辐射状向各个方向、各个角度展开，并从一个平面向多个平面延伸，从非空间的思维到空间思维，因而教育管理者的立体思维从本质上讲是开放的。

(九)多极性

多极性是指由于教育管理者的立体思维具有多层次、多角度和多联系性的内在本质特点，这就决定了它的联想有极宽广的领域。从时间上说，它可以把某个客观教育系统发展的某一层次联系起来，也可以使它和有关其他系统发展的层次发生各种各样的联系。从空间来说，它可以就某一个客观教育系统的不同点作比较，也可以就各个不同客观教育系统的不同方位、角度或平面进行类比。总之，客观教育系统有多少规定性、关系与联系，教育管理者的联想就有多少爆发点和归宿。当一种联想行不通时，可以迅速转向另一种联想。因此它在教育管理决策中，所获得的创新方案与线性思维、平面思维相比呈几何级数增长。

(十)可感触性

可感触性是指由于立体思维的多向性、多值性、多维性和多层次性，要求它获得的思维成果其外部形貌和内在本质，必须以"完美无缺"的立体结构更鲜明、更集中地再现在人们面前。教育管理者可以根据这种思维的立体结构，用立体的图画或画面把决策管理的方案表示出来，甚至还可以运用实物做成立体决策管理模型，使其物化或外在化，因而它既具体、生动，又科学、准确，这就能极大地提高教育管理成效。

三、立体思维的训练

(一)纵横思维法

纵横思维法，是指我们在思考问题之前预先设计出一个纵横两根主轴构成的框架，确立两组注意区域，用它们去考察特定的情景；反过来又用各种情况去填充每一个注意区域。其总体效应是防止思维的混乱，并保证使思维的每一个侧面都受到注意。即在纵横两个轴线上，设计出相应的思维盒。

每一个盒子都应把注意力汇聚到一个具体的任务上，把注意力引向一个又一个区域，每注意一个区域时，只需考察该区域的特定情景或内容，比如横轴上的盒子 1，只需要我们考虑"目的"这一内容，而不必注意其他盒子的内容。横轴上的盒子 2 则要求我们注意"解答"(完成目的的手段、方式的选择)。纵轴上的几个盒子也是工具性的。它可以帮助我们对横轴上的内容作纵深的思考。通过纵轴盒子的几个阶段性思考，可以分别再对横轴上的盒子进行思考。

这种思维技巧可以帮助我们在思考问题时，注意力在特定的区域(盒子)上停留，可以保证某一特定思维的顺利进行；还可以通过纵横两轴的缜密思维，获得对问题的全方位的、多层次的思考，从而得到较满意的结果。

达尔文在研究生物与环境的关系时，首先确立需要注意的两组区域——生物和环境，然后再看特定的情境，生物的特征与环境的特征相互比较，最后得出生物的形态结构与其生活条件的因果关系。他观察到以下情况。

第一，不同类的生物生活在相同的环境里，常常具有相似的形态和构造。

鲨鱼属于鱼类，鱼龙属于爬行类，海豚属于哺乳类，它们是不同种类的动物，但是由于长期生活在水中，环境相同，所以它们的相貌也相似，身体都是梭形，都有胸鳍、背鳍和尾鳍。

第二，同类生物生活在不同的生活环境里常常呈现不同的形态和构造。

鼠、狼、鲸和蝙蝠同属于哺乳动物，但由于生活环境不同，鼹鼠的形态适于地下生活，狼适于奔跑，鲸适于游水，蝙蝠适于飞翔。因此他得出结论，生活环境的相同和不同，是动物形态相同和不同的主要原因。

(二)列举法

列举法也是一种帮助人类拓宽思路、把问题展开的思维方法，它从事物的各个方面加以罗列分析，以寻求更好的解决途径，包括特性列举、缺点列举、希望点列举和综合列举等。列举法主要是针对事物的特性、存在的问题、差距、优点、人的需求和愿望等进行一一列举，不断地克服不足，加以创新和完善。

1. 特性列举

特性列表就是采取单纯列举事物特性的办法，把注意力转向事物的每一个特性上。比如通过观察螺丝刀的普通特征，便可以列举出以下要素。

(1) 圆轴。

(2) 钢质。

(3) 木质手柄，手柄和圆轴之间用铆合连接。

(4) 斜面末端配接在缝隙中。

(5) 手工旋转。

(6) 手腕提供旋转力。

为了设计一把较好的螺丝刀，可以分别确定它的每一种特征，考虑改进措施。如圆轴可以改变成六边形的轴，以增加旋转力；还可以将木质手柄换成塑料等绝缘材料，可以设法利用电力操作，如果使尖端能够更换，还可以变成多用的。我们可以就所涉及的每一个特征，构思出种种变体。

有句良好的祝愿，就是"心想事成"，也确实有许多人在努力把人们的愿望变成现实。为了实现使人类飞上蓝天的愿望，人们发明了飞行器，现在又发明了航天飞机。

为了改造自来水笔的性能，我们首先可从各个方面列举对自来水笔的种种希望。

经常能出水

墨水滴不下来

绝对不刮纸

能够使用两种以上的颜色

往哪面写都流畅圆滑

能随意写粗体字或细体字

装进口袋时比较小

笔尖永久不会磨坏

可以不戴笔帽

可以不上墨水

掉地下笔尖也不会折断或弯曲

笔类粗细能调整

能看时间并在黑暗中书写

希望能有几种颜色

像这样列举出许多希望点之后，从中选出有用的，然后再来寻求实现改进的途径。比如，把钢笔做成带日历的透明杆双色钢笔、带电子表和手电的钢笔、带收音功能的钢笔、笔尖可粗细调整的钢笔等。

2. 缺点列举

缺点列举法是一个极为重要而又普遍应用的方案设计技法。对某个事物存在的某观点产生不满，往往是创造发明的先导，只要把列举出来的缺点加以克服，那么就会有所发明有所创新。通过缺点列举训练，可以逐步树立创新意识，甚至可以直接导致发明创造。

比如，尽可能多地列举出玻璃杯的缺点。

容易碎；比较滑；盛开水后手摸上去很烫手；容易沾上脏物；有了小缺口会划破手；容易翻倒；活动时带在身边不方便；倒上热水后很容易凉；成套的玻璃杯花色相同，喝水人稍一不注意就分不清自己所用的杯子；有些鼻子较高的人用普通玻璃杯喝水，杯沿压着鼻子会感到不舒服……

雨伞虽给人带来生活上的方便，但也存在缺点，比如：

遇到大风雨就挡不住了

有时遮挡视线，雨中行走容易出事故

携带不是很方便

伞的支架容易出毛病

晴天和雨天两用时，式样不能兼顾

……

针对其不足，人们可以考虑新的改进措施：

便于携带的折叠伞

增加伞面的图案

改变伞的形状，使之不挡视线

可做成两人用的、小孩用的或老人用的伞

可加装其他便于夜间或盲人使用的设备

……

3. 希望点列举

希望点列举法是又一个重要的方案设计方法。人们对美好愿望的追求，往往会成为创造发明的强大动力。希望点列举就是把对某个事物——"如果是这样就好了"之类的想法都列举出来。

比如对电视机的希望：看起来像立体；具有每个人都可以分开看的镜框式装置；想看的频道节目会自动出现；拍摄的东西想看时就会在眼前出现；能够看到全世界的节目；观看时可以调节画面的宽度；可以通过遥控选择节目；有香味的画面；像磁带一样；想看可以随时重放……

比如：

(1) 怎样的钢笔才理想？请尽量多地写出你的愿望。

(2) 怎样的照相机才理想？请尽量多地写出你的愿望。

(3) 怎样的电话才理想？请尽量多地写出你的愿望。

(4) 怎样的城市才理想？请尽量多地写出你的愿望。

(5) 怎样的汽车才理想？请尽量多地写出你的愿望。

(6) 怎样的食品才理想？请尽量多地写出你的愿望。

(7) 怎样的书包才理想？请尽量多地写出你的愿望。

(8) 怎样的衣服才理想？请尽量多地写出你的愿望。

(9) 怎样的教师才理想？请尽量多地写出你的愿望。

(10) 怎样的工厂才理想？请尽量多地写出你的愿望。

应用：跳出平面思维，走进立体世界。

第六节 转 换 思 维

一、转换思维的含义与类型

(一)转换思维的含义

转换思维是思维主体在思维活动中对有关思维要素进行某种转化或变换，以便达到对思维对象客观全面的认识和评价的一种思维方式。由于思维要素的多样性，转换思维的具体样式也是多样的。但就思维活动的结构性要素来说，主要有思维的客体要素、思维的主体要素及思维的主客体关系要素。

(二)转换思维的类型

根据对这些要素所进行的转化或变换，可以把转换思维划分为三大基本类型：客体转换思维、主体转换思维及主客体转换思维。

1. 客体转换思维

思维活动中最常见的情形之一，就是思维主体对其所研究的对象和问题进行直接研究存在很大困难，有时甚至有不可克服的困难。在这种情况下，思维主体往往对所研究的对象和问题进行某种转化，即转化为另一对象和问题进行研究，以便较容易地获得关于原对象和问题的认识。这种对思维客体进行某种转化或变换，以便达到对思维客体认识的思维，就是客体转换思维。这种思维，就其操作的发生性背景来说，是在对思维对象难以获得直接认识、问题难以获得直接解答的背景下发生的；就其操作的策略性要领来说，是根据对象的不同、问题所处的环境不同而对对象、问题本身实施某种转化或变换性处理；就其操作的限定性条件来说，转化或变换后的对象和问题变得易于认识，且这种认识(或再经过某种逆变换性处理后的认识)也就是原对象和问题的"解"。由此可见，客体转换思维是在一定背景下发生的、具有特定操作要领和受一定限定性条件制约的一种思维。

客体转换思维是大量存在的。其原因在于客体转换思维的发生性背景条件具有普遍性。例如，人对于微观客体的研究，由于其研究对象的特殊性，人不可能直接对其进行研究，而是将其转化为与他物相互作用的结果进行研究，通过对"作用结果"的研究来达到对微观客体的认识。在数学研究中，人们对许多数学问题的处理，也是通过客体转换思维来实现的，恒等变换、映射变换、拉普拉斯变换等就是常用的几种具体变换形式。

客体转换思维的具体方式是多种多样的，不同类型或性质的问题可以形成不同的转换模式。客体转换思维的转换模式，主要有三种。

(1) 替代变换模式。这是一种对所研究的问题进行直接替换或者对构成研究对象整体的部分进行直接替换的转换模式。通过替换、求解，达到对原对象和问题的认识和解决。在科学研究活动中，这一转换模式较典型地运用在有关人体生理、病理的研究中。例如，荷兰病理学家艾克曼对人的脚气病的研究就是用鸡作替代性研究而取得成功的。

(2) 作用变换模式。这是一种将对象的研究转化为对对象与他物作用结果进行研究的转换模式。通过对"作用结果"的研究达到对原对象的认识。这一模式在科学实验中有典型的应用。例如，英国物理学家卢瑟福为了研究原子的结构，他用α粒子作为"炮弹"去轰击"靶"原子，通过研究α粒子与"靶"原子相互作用的结果大角散射现象，得出了对原子结构"行星模型"的认识。

(3) 表征变换模式。这是一种把研究对象变换为能被另一事物或事物属性所确定地表示的转换模式。通过对另一事物或事物属性的认识来达到对原对象的认识。在科学研究活动中，这一转换模式也有广泛的应用。例如，光的波长可以表征物质的颜色，人们就可以通过对物质颜色的了解来达到对光的波长的把握。

客体转换具有自身的特点。从转换的角度上看，客体转换不仅仅是一种停留在思维中的"操作"，更是一种能在外显空间里进行的"实"转换，而不是一种"虚"转换，一种实际上不能进行的而仅仅是以想象方式进行的转换。实转换性是客体转换的重要特点。从认识结果上看，对客体转换后对象的认识所达到的认识结果(或再经过逆变换性处理)就是关于原研究对象和问题的认识结果，即转换前后在认识结果上是等价的。等价性是客体转换最显著的特点，也是它的重要价值所在。

2. 主体转换思维

主体转换思维是思维主体对主体自身的思维要素进行某种变换的思维。这里的主体思维要素主要包括主体的思维视角、认识立场、价值观念等，通过变换，以便达到对思维对象客观全面的认识和评价。

主体转换思维是一种运用广泛、作用重大的转换思维类型。我们常说，换个角度想想，站到别人的立场考虑考虑，就是主体转换思维的实际运用。事实表明，由于事物本身的复杂性和思维主体自身的局限性，特别是当思考对象与思考者有直接利害关系时，它更需要思维主体从不同角度去思考，这样才可能达到对事物的全面认识和公正评价。就拿如何认识和评价已取得的成绩这一简单问题来说吧，把今天的成绩与以往的状况相比较，即从历时性视角上看，可以说我们所取得的成绩是巨大的。但是，仅限于纵向的比较是不够的，因为这样容易产生某种自满的情绪。转换主体思维视角，如从共时性视角去与他人、他国作横向比较，由于跳出了狭隘的圈子，打开了眼界，就会发现自己的不足以至于落后，从而产生某种紧迫感。同样，仅仅限于横向比较，不作任何纵向分析也是不够的，因为这样容易使人失去信心。要对我们所取得的成绩进行全面认识和客观评价，就必须把纵向的视角与横向的眼光结合起来，否则，我们的认识就会陷入某种片面性。从对这一简单问题的认识上，就可以看出主体转换思维在客观全面地认识和评价客体方面所具有的重要作用，至于它在其他活动中所具有的价值和意义就不言而喻了。

主体转换思维有三种转换模式。

(1) 自我转换模式。这是一种思维主体对自身的认识视角、知识结构等思维要素的变换，如从静态视角转为动态视角、从一理论的知识背景转向另一理论的知识背景。这里发生变换的主体思维要素，从与思维主体的关系性质上看，是属于"自我性"的，被变换的主体思维无论是变换前的某一视角，还是变换后的某一视角，都是"我"的视角。经过变换，视角本身发生了改变，但视角的自我性质未变，即这种主体转换模式是一种"自我转换模式"。前面所举如何认识和评价我们所取得的成绩的例子，就是"自我转换模式"的实际运用。

(2) 他我转换模式。这是一种思维主体从自我的认识立场变换到他人的认识立场上去思考的转换模式。与自我转换模式不同，他我转换是一种"非自我"转换，经过转换，由"我"的认识立场转到他人的认识立场上。此外，自我转换是一种发生在同一认识系统中的转换，他我转换则是思维主体转换到该认识系统之外的某个旁观者或价值中立者的角度上去思考，这种转换是一种旁位性转换。他我转换模式大量运用在道德活动中，如思维主体在一定境遇中，按照自己的认识立场试图去进行某种活动时，但又考虑到外界的评价因素即转换到他人的认识立场上去思考，从而规范自己的某些行为就是如此。

(3) 类我转换思维。这是一种思维主体从自我的认识立场变换到社会、人类的认识立场上去思考的转换模式。这种转换突破了自我的狭小境界，置身于社会、人类的大视界上去思考。当今世界所面临的大量问题如环境问题、人口问题等都需要人类借助类我转换模式去思考。类我转换从转换性质上看，既有"自我性"的一面——因为我就是人类中的一员，又有"非自我性"的一面——人类并不就是我，它是"自我性"与"非自我性"的统一。

主体转换思维具有完全不同于客体转换思维的特点。从转换前后的认识结果上看，主体转换具有明显的非等价性。无论是主体思维视角的变换，还是价值立场的调整，这种变换与调整都将给思维主体带来新的信息和评价视界，主体在新的视界上可获得仅从原视界上不能获得关于思维对象的更为客观全面的认识。非等价性是主体转换思维的重要特点，也是它最根本的价值所在。这一点与客体转换思维是极不相同的。从转换的虚实性角度上看，在主体转换思维中，思维主体是以假定、设想的方式进行的，从纵向的分析设想转为横向上去思考，从主体自身的价值立场到假定站在他人、社会或人类的立场上去思考都是如此。这一点也与客体转换不同，客体转换是一种实转换，主体转换仅仅是以想象方式进行的一种虚转换。虚转换性是主体转换思维的另一特点。

3. 主客体转换思维

主客体转换思维是思维主体在思维活动中把自身设想为思维客体进行思考的一种思维活动。这种思维活动不是对思维客体实施某种转化或变换，而是主体把自身假定为客体所进行的一种思考，所以，它不同于客体转换思维。这种思维所进行的转换是在同一认识系统中进行的，而不是转换到该认识系统之外的某个旁观者或价值中立者的立场上去思考，即它不是一种旁位性转换思维；这种思维在同一认识系统的转换过程中，主体的地位发生了变化，主体转换到客体的地位上去思考，也就是说，它不是一种主位性转换思考，而是一种客位性转换思考。可见，主客体转换思维又是有别于主体转换思维的。在转换特点上，主客体转换由于思维主体把自身变换为思维客体是以想象方式进行的，其思维结果在变换前后也是颇有差异的，所以，主客体转换是一种虚转换、非等价性转换。其特点与主体转换思维相似，而与客体转换思维有别。

主客体转换思维有两种转换模式。

(1) 物我转换模式。如果思维对象是物，物我转换就是思维主体把自身设想为物的一种转换。德国科学家爱因斯坦就曾设想："假如我是光，或骑在光柱上在太空中旅行会看到什么呢？"这种物我转换思考，对他后来狭义相对论理论的创立起了重要作用。

(2) 人我转换模式。如果思维对象是人，人我转换就是思维主体把自身设想为思维对象的人的一种转换方式。这种人我转换模式在设想思维对象的思维活动中是普遍存在的，其作用也是明显的。它通过思维主体把自身设想为思维对象的人的思考，更有利于思维主体对作为思维对象的人在其所处的具体环境和地位中可能具有的状态、特点、需求、行为趋向等方面的了解和把握。比如，在教育活动中，教育者把自身设想为被教育的对象，教育者往往会更多地了解被教育者的特点，在此基础上，教育者通过改进教育方法、更新教育内容，在提高教育质量上会产生明显的作用。又如，在商业活动中，销售者把自身设想为消费者，销售者也会更多地理解消费者的需求和特点，这对于提高服务质量和经济效益都会有很大帮助。

二、转换思维的特点

(一)转换性

如果对某一问题的思考方式对自己不利，我们就应该转换一个思路，从另一个角度考虑问题，说不定可以让问题迎刃而解。转换思维可以帮我们精确地理解某一事物的内涵和外延，并对事物的概念做出界定。

(二)创造性

转换是一种创造。把积累的东西表达出来,不是复写,不是照搬,必须经过创造性的提炼、改造、加工、发挥等思维程序。

(三)参与性

转换必须有主体意识的参与。转换过程,实际上也就是为自己的思想认识寻求表达依据并加以清理、整合、提炼与升华的过程。自己的思想认识始终是转换、表达的主体内容。

三、转换思维的训练

(一)视角转换

在思维实践活动中,单一的视角是没有出路的,为此我们必须学会适宜地转换视角、多视角地观察事物,以找到新的突破口。

北方的某个小城市里,一家海洋馆开张了,50 元一张的门票,令那些想去参观的人望而却步。海洋馆开馆一年,简直门可罗雀。最后,急于用钱的投资商以"跳楼价"把海洋馆脱手,黯然回了南方。新主人入主海洋馆后,在电视和报纸上打广告,征求能使海洋馆起死回生的金点子。一天,一个女教师来到海洋馆,她对经理说,她可以让海洋馆的生意好起来。按照她的做法,一个月后,来海洋馆参观的人天天爆满,这些人当中有 1/3 是儿童,2/3 则是带着孩子的父母。三个月后,亏本的海洋馆开始盈利了。

海洋馆打出的新广告内容很简单,只有 12 个字:"儿童到海洋馆参观一律免费"。

(二)价值转换

改变惯常看法,对事物所拥有的价值重新进行全方位审定,可以从中发现和开发出对人类更为有利的新价值。

一次,德国某造纸厂的一位技师一时疏忽,忘记往纸浆中加胶,结果生产出了大批不能书写的废纸。他焦急万分,这纸只能浪费扔掉吗?能不能变废为宝呢?这位技师经过反复琢磨,发现这种废纸的吸水性极强,溅在这种纸上的墨水很容易被吸掉。他灵机一动,提议老板将这种纸作为一种专供书写后吸干墨水用的"吸墨水纸"出售,结果居然大受欢迎。

(三)问题转换

在思考问题时,将复杂困难的问题转换为简单容易的问题,将生疏的问题转换为自己熟悉的问题,善于变通,可以从中找到新的更好的方法。

美国著名的高露洁公司是以经营牙膏为主的企业,创业的头几年,尽管其产品质量不错,但销量总是上不去,因此业绩平平。老板决定公开征求良策:公司在报纸上登出广告:"谁能想出使高露洁牙膏销量激增的创意,即赠送 10 万元美金。"来自世界各地的应征创意方案数以万计。高露洁公司只选了其中一个。被选中的方案只有两行字:很简单,只要把高露洁牙膏的管口放大加 50%,那么每天消费者在匆忙中所挤出的牙膏会多出一倍,牙膏的销量就会激增。高露洁公司采纳后,果然牙膏的销量急剧上升。直到今天,高露洁公司仍保持使用这种方法。

(四)材料转换

对现实中某些事物的材料进行有针对性的进步意义上的替代转换。长期以来,木材是家具的主要原材料。但近年来,为了适应现代生活家具更新换代快、搬迁时容易拆卸的特点,有人便从材质的替代上想办法,发明出一种以橡胶气囊充气的组合构建家具。这种充气式家具可方便地组装成所需的各种家具,不需要时可放气收藏。现如今,市场上出现的充气沙发、充气席梦思等新产品,就是采用这种方法。

(五)目标转换

在遇到某些难以解决的问题时,可以有针对性地将目标进行转换,可获得意外的成功。19 世纪 40 年代非洲英属殖民地疟疾流行,奎宁成了急需药品,而天然奎宁十分短缺。时任英国皇家化学院院长的霍夫曼提出用化学方法合成奎宁。霍夫曼的学生帕琴,积极地按照老师的想法进行实验,但屡遭挫败。有一次,他像往常一样又一次地进行实验,仍然没有成功,但偶然发现试验反应后的液体呈现出鲜艳的紫红色。小伙子灵机一动:虽然奎宁没有搞成功,可现在纺织工业也缺染料,眼前这东西用作染料不是很好嘛。于是,他将目标转换,由研究奎宁改为研制染料,经过进一步实验,制成了"苯胺紫",并申请了专利,创办了有史以来第一个合成染料厂。

(六)原理转化

在遇到某些特定问题或发现一个新的现象时,可从转化原理的思考角度出发,找到解决问题的方法或借以实现新的创造。列车提速可以大大提高铁路运输的能力,然而要想使列车达到理想的速度,首先要排除各种危险因素的制约。在实际运行时列车的速度越快,左右横向晃动就越厉害,乘客会感到很不舒服。机车的剧烈晃动对车内的设备的损害也很大,安全系数降低,行车安全受到严重威胁。怎样才能既提速又安全呢?科技人员从建立和分析机车的动力模型入手,对机车的承载结构进行充分研究,发现主要原因是支撑车体的圆柱形二系弹簧抗弯刚度太小，横向刚度偏低，不足以抵挡机车因高速行驶而产生的横向力的威胁。原因找到了，按照常规是改变弹簧的材料，或者把弹簧做大做粗些，但这些都不能解决问题。科技工作者通过转换原理，想出了一个绝妙方法：把圆柱形弹簧改换成圆锥形弹簧，再配合其他措施，成功地解决了高速列车晃动的难题。圆锥形弹簧在机车上的投入应用，被权威人士赞誉为"中外铁路史上的一个壮举"。

复习思考题

1. 在生活和学习过程中，哪些活动可以训练形象思维？

2. 从偶然性和必然性关系角度理解灵感思维的产生。

3. 一个房间中，有 10 支已经点燃的蜡烛。风吹来，有两支被吹灭了。过了不久，又有一支被风吹灭了。为了挡住风，女主人把窗子关了起来，从此后，再没有一支蜡烛被吹灭。请问，最后还剩下几支蜡烛？

4. 举例说明原理转化。

5. 某处要招聘一名侦查员，需要机敏过人。考察的方法是将所有的参选人员都关进一间条件不错的房间里，门口有人把守。命题是：谁能首先说服守门人，走出这个房间，谁就被录取了。于是所有的参选人员纷纷开动脑筋，搜肠刮肚地想办法。有说内急的，有说身体不适的，有说母亲得病的……出门的理由五花八门，但都被守门人一一拒绝了。然而有一个人，只对守门人说了一句话，就大摇大摆地走出了房间，这句话是："我不考了"。结果，他被录用了。

为什么说"我不考了"的人通过了考试？

案 例 讨 论

转换思考

1. 猎狗和兔子在草原上赛跑，距离是 100 尺往返(共 200 尺)。猎狗跨一步是 3 尺，兔子跨一步是 2 尺，但兔子每跑三步猎狗才跑两步。它们谁先到达终点？

2. 第二次世界大战时，法军怀疑一个自称是比利时人的农民流浪汉是德国间谍，然而没有确凿证据。反间谍军官吉姆审问这个流浪汉时让他数数，他流利地用法语数下去。吉姆只好对流浪汉说："好了好了，你自由了，可以走了。"流浪汉长长地松了口气，脸上露出了笑容。然而最后流浪汉还是被判刑了。你知道这是为什么吗？

3. 在一原告向车祸肇事者索取巨额赔款以补偿其右臂无法上举、丧失劳动能力的诉讼中，被告的辩护律师看到原告的谎言已取得医院的充分证明、难以揭穿时，就在发言中表示同情受害者，并认为索赔是合理的，然后他询问了原告两句话。当原告回答完后，这位辩护律师却取得了胜利。

讨论题：请问，律师问了什么话？原告又是怎样回答的呢？

形象思维

不只是眼睛看到的图画才叫形象，我们把眼睛看到的图画称作视觉形象，耳朵听到的声音称作听觉形象，鼻子嗅到的气味称作嗅觉形象，舌头品尝到的口味称作味觉形象，皮肤所接触到的感觉称作触觉形象。

讨论题：当我们在路途中看见一匹狼时，你的形象思维如何？

联想思维

当说到桥的时候，你的脑海里是怎样的一幅图景呢？你想到了什么？

直觉思维

梅里美是一名出色的特工，一次他接受了一项潜入某使馆窃取一份间谍名单的任务。这是一个艰巨而棘手的任务，因为此名单放在一个密码保险箱内，保险箱的密码只有老奸巨猾的格力高里知道。梅里美多次试探打听也毫无结果。在最后时刻，梅里美用尽自己掌握的解密码技术试图打开保险箱，可是都是徒劳。突然，他的目光盯在了墙上高挂着的一部旧式挂钟，挂钟的指针都分别指向一个数字，而且从来没有走过。梅里美猛然想起自己曾经问过格力高里是否需要修钟，格力高里摇头说自己年龄大了，记性不好，这样设置挂钟是为了纪念一个特殊的时刻。想到这里，梅里美热血沸腾，他立即按照钟面上的指针指定的数字在关键的几分钟内打开保险箱，拿到了名单。

(资料来源：刘奇. 直觉思维及其在信息化教育中的培养[J]. 重庆教育学院学报，2005(6).)

讨论题：请问梅里美特工成功的原因是什么？

灵感思维

湖南郴州市在一段时期内连续发生了四起抢劫、轮奸案件。根据报案者提供的线索，作案工具是一辆白色的面包车。侦查人员根据这一线索查看有关录像资料，未发现作案车辆。到底白色面包车辆的牌照号码是什么呢？侦查人员调查了有关目击证人，也未找到线索。一天一位侦查员路过一个停车场，突然发现一辆白色面包车的牌照用报纸遮盖着。侦查员立刻想到这是反常现象，没有问题为何要用报纸遮盖牌照号码，这莫非就是抢劫、轮奸案件的作案工具。于是侦查员立刻记住了车辆的牌照，然后到交通管理部门找到了该车的车主，很快就破获了这起重大的抢劫、轮奸案件，使犯罪分子得到了应有的惩罚。

讨论题：请分析侦查员为什么能成功破案？

(资料来源：刘汉民. 论灵感思维与刑事侦查[J]. 政法学刊，2009(4).)

第四章　逻辑型创新思维

【学习目标】

- 了解逻辑思维的含义和内涵。
- 掌握发散思维与收敛思维的形式和方法。
- 掌握逆向思维的应用。
- 了解系统思维的特征。
- 认识非线性思维的表现形式。

第一节　发散思维与收敛思维

一、逻辑思维的含义和内涵

(一)逻辑的含义

给"逻辑"下一个书面定义很容易，只要查查字典就可以了。但如果想真正搞清楚什么是逻辑却很难，由于长久以来受传统观念的误导，人们对逻辑的认知还停留在两千多年以前的原始水平，把逻辑视为一种形而上、不可知的东西。结果导致今天绝大多数人一谈起逻辑就敬而远之，尽管知道它无比重要，但却不知道它是什么，与人们的日常生活和工作究竟有什么关系，至于由它衍生出来的"逻辑思维"更是让人感到玄奥神秘，无从把握。

其实，逻辑并不像人们想象得那么深奥难懂。从广义来讲，逻辑就是"道理"。人们常说的"有道理"其实就是"有逻辑"的一种变形说法。天地之间万事万物无论其存在还是运动都自有其道理，这里所说"道理"我们可以理解为规律、法则、公理等，它们都是逻辑的具体表现形式。这就像老虎、鲸鱼、雄鹰等都是动物这个抽象概念的具体表现形式一样，从某种程度来讲，逻辑就是对规律、法则、公理等的概括总称，是道理的另一种表达称谓。

不过，一般情况下，我们所讲的逻辑是指狭义的逻辑，即一种特殊的道理，这种道理关乎对错，而不是泛指所有的道理。众所周知，不遵循正确的逻辑，思维就会犯错，行动就会失败，无论是人、动物，还是企业、国家概莫能外。人们研究逻辑的目的是希望总结出正确的思维规律和正确的客观规律来指导头脑思考，当这一规则系统建立后非理性的思维活动即变得理性化，就会大大提高思维的正确率，进而提高人们行动的成功率。这就像建立起交通规则后，城市的交通才会变得井然有序，高效运转，否则整个城市就会陷于人车争道、交通堵塞的状态。

(二)逻辑思维的含义

逻辑思维(Logical Thinking)，是指人在认识事物的过程中借助概念、判断、推理等思维形式能动地反映客观现实的理性认识过程，又称抽象思维。它是作为对认识者的思维及其结构以及起作用的规律的分析而产生和发展起来的。只有经过逻辑思维，人们对事物的认识才能达到对具体对象本质规定的把握，进而认识客观世界。它是人的认识的高级阶段，即理性认识阶段。

社会实践是逻辑思维形成和发展的基础，社会实践的需要决定人们从哪个方面来把握事物的本质，确定逻辑思维的任务和方向。实践的发展对于感性经验的增加也使逻辑思维得到逐步深化和发展。逻辑思维是人脑对客观事物间接概括的反映，它凭借科学的抽象揭示事物的本质，具有自觉性、过程性、间接性和必然性的特点。逻辑思维的基本形式是概念、判断、推理。

(三)逻辑思维的内涵

逻辑思维是人在认识过程中借助概念、判断、推理反映现实的过程。它与形象思维不同，是用科学的抽象概念、范畴揭示事物的本质，表达认识现实的结果。

逻辑思维要遵循逻辑规律，这主要是形式逻辑的同一律、矛盾律、排中律、辩证逻辑的对立统一、质量互变、否定之否定等规律，违背这些规律，思维就会发生偷换概念、偷换论题、自相矛盾、形而上学等逻辑错误，认识就是混乱和错误的。

逻辑思维是分析性的，必须按部就班。做逻辑思维时，每一步都必须准确无误，否则无法得出正确的结论。我们所说的逻辑思维主要是指遵循传统形式逻辑规则的思维方式，常称它为"抽象思维"或"闭上眼睛的思维"。

逻辑思维是人脑的一种理性活动，思维主体把感性认识阶段获得的对于事物认识的信息材料抽象成概念，运用概念进行判断，并按一定逻辑关系进行推理，从而产生新的认识。逻辑思维具有规范、严密、确定和可重复的特点。

二、发散思维

(一)发散思维的含义

发散思维(Divergent Thinking)，又称辐射思维、放射思维、扩散思维或求异思维，是指从一个目标出发，沿着各种不同的途径去思考，探求多种答案的思维。发散思维是大脑在思维时呈现的一种扩散状态的思维模式，它表现为思维视野广阔，思维呈现出多维发散状，如"一题多解""一事多写""一物多用"等方式。培养发散思维能力，应从问题的要求出发，沿不同的方向去探求多种答案。当问题存在着多种答案时，才能发生发散思维。它不墨守成规，不拘泥于传统的做法，有更多的创造性。

不少心理学家认为，发散思维是创造性思维最主要的特点，是测定创造力的主要标志之一。

(二)发散思维的特点

1. 流畅性

流畅性就是观念的自由发挥，是指在尽可能短的时间内生成并表达出尽可能多的思维观念以及较快地适应、消化新的思想概念。机智与流畅性密切相关。流畅性反映的是发散思维的速度和数量特征。

2. 变通性

变通性就是克服人们头脑中某种自己设置的僵化的思维框架，按照某一新的方向来思索问题的过程。

变通性需要借助横向类比、跨域转化、触类旁通，使发散思维沿着不同的方面和方向扩散，表现出极其丰富的多样性和多面性。

3. 独特性

独特性是指人们在发散思维中做出不同寻常的异于他人的新奇反应的能力。独特性是发散思维的最高目标。

4. 多感官性

发散性思维不仅运用视觉思维和听觉思维，而且还可充分利用其他感官接收信息并进行加工。发散思维还与情感有密切关系。如果思维者能够想办法激发兴趣，产生激情，把信息感性化，赋予信息以感情色彩，会提高发散思维的速度与效果。

(三)发散思维的作用

1. 核心性作用

想象是人脑创新活动的源泉,联想使源泉汇合,而发散思维为这个源泉的流淌提供了广阔的通道。

2. 基础性作用

创新思维的技巧性方法中,有许多都是与发散思维有密切关系的。

3. 保障性作用

发散思维的主要功能就是为随后的收敛思维提供尽可能多的解题方案。这些方案不可能每一个都正确、都有价值,但是一定要在数量上有足够的保证。

(四)发散思维形式举例

1. 立体思维

思考问题时跳出点、线、面的限制,进行立体式思维。

立体绿化:屋顶花园增加绿化面积、减少占地,改善环境、净化空气。

立体农业、间作:如玉米地种绿豆、高粱地里种花生等。

立体森林:高大乔木下种灌木、灌木下种草,草下种食用菌。

立体渔业:网箱养鱼充分利用水面、水体。

立体开发资源:煤、石头、开发产品。

你还能想出什么样的立体思维形式?

2. 平面思维

以构思二维平面图形为特点的发散思维形式。如用一支笔一张纸一笔画出圆心和圆周(见图 4-1),这种不连续的图形是难以一笔画出的。

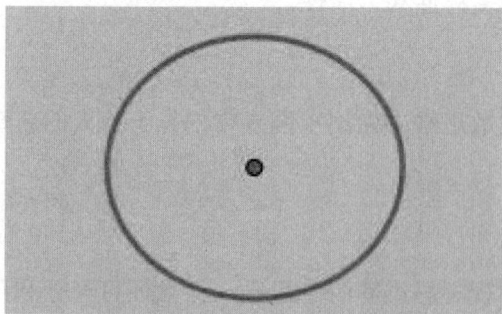

图 4-1　一笔画出一个圆和点

3. 侧向思维

从与问题相距很远的事物中受到启示，从而解决问题的思维方式。当一个人为某一问题苦苦思索时，大脑里形成了一种优势灶，一旦受到其他事物的启发，就很容易与这个优势灶产生联系，从而解决问题。如 19 世纪末，法国园艺学家莫尼哀从植物的盘根错节想到水泥加固的例子。

【案例】

狄更斯钓鱼

狄更斯是英国著名小说家，他喜欢钓鱼，钓鱼对他来说是最好的休息。有一次，狄更斯正在聚精会神地垂钓。忽然一位陌生人走到他的身边问道："怎么，你在钓鱼呀？"狄更斯直了直腰点头回答："是的，今天钓了半天没钓到一条鱼，可昨天也是在这个地方，却钓了 15 条鱼啊!""真的？"陌生人说："你可知道我是谁吗？我是这里管鱼的，这里禁止钓鱼!"说完陌生人掏出纸要写罚款单。狄更斯连忙反问："那么你知道我是谁吗？我是作家狄更斯，我说我钓了 15 条鱼你不能罚我的款，因为虚构是我的职业。"陌生人耸了耸肩很无奈。

(资料来源：郝金红. 狄更斯钓鱼[J]. 思维与智慧，2015(9).)

4. 横向思维

横向思维是相对于纵向思维而言的一种思维形式。纵向思维是按逻辑推理方法直上直下的收敛性思维。而横向思维是当纵向思维受挫时，从横向寻找问题答案。正像时间是一维的，空间是多维的一样，横向思维与纵向思维则代表了一维与多维的互补关系。最早提出横向思维概念的是英国学者德博诺。他创立横向思维概念的目的是针对纵向思维的缺陷提出与之互补的对立的思维方法。

【案例】

竹禅和尚画观音《艺苑趣谈录》

晚清一位和尚画家竹禅被召进宫作画。那时宫里画家众多，各有所长。慈禧命在五尺宣纸上画一幅九尺高的观世音菩萨站像，画家中无一人敢出来接旨。只见竹禅磨墨展纸，一挥而就。众人一看，无不惊奇叹绝，心悦诚服。原来，竹禅画的观音和大家常画的并无多大差异，只是把观音画成了弯腰在拾净水瓶中的柳枝，如果观音直起腰来则正好九尺。此画传到了慈禧手中，她看后连连称善，自愿受戒出家。据说后来李莲英等称呼慈禧为"老佛爷"，就是由此开始的。

(资料来源：陈雪梅. 用故事激发孩子的创新能力[M]. 北京：中国纺织出版社，2010 年.)

【案例】

竹锁桥边卖酒家

宋代画院有一次以"竹锁桥边卖酒家"为题，叫画家们作画。许多人都考虑如何表现酒家，在画面上画出楼阁、人物，唯独一名叫李唐的画家不然。他根本没有花很多功夫去画那个酒家，只是画出桥头竹丛中挑出书一"酒"字的幌子，结果其画胜人一筹。他把酒家"藏"在竹丛之中，不仅在表现手法上以简胜繁、以拙藏巧，而且十分扣题，深得诗句中"竹锁"的意趣，也使欣赏者受到"见丹井而如逢羽客，望浮屠而知隐高僧"的艺术熏陶。

(资料来源：于海洲. 竹锁桥边卖酒家[J]. 语文教学与研究，1983(5).)

横向思维的几种方式如下。

(1) 横向移入。如电报信号衰减问题，把其他领域的好方法(驿站)移到本领域来。又如越南人阿汉开饭馆的例子。

(2) 横向移出。把本领域的成功方法移到其他领域去。如法国细菌学家巴斯德消灭或隔离细菌，就可以防止酒、肉汤变质。李斯特把巴斯德的理论用于医学界，发明了外科手术消毒法，拯救了千百万人的性命。再如仿生技术等。

(3) 横向转换。不直接解决问题，转换成其他问题。如曹冲称象，把测重转换成测船入水的深度。

5. 多路思维

解决问题时不是一条路走到黑，而是从多角度、多方面思考，这是发散思维最常见的形式(逆向、侧向、横向思维是其中的特殊形式)。

(1) 就事物整体多向思维。如帽子的用途；第 23 届奥林匹克运动会扭亏为盈的实例。又如阿托搬家公司的故事。

(2) 有顺序多路思维。如在做字、词流畅性训练时有顺序发散——在日字上、下、左、右加笔画构成其他的字。也可以按照材料、功能、结构等顺序发散，如生产杯子——陶瓷的、搪瓷的、铝的、不锈钢的、塑料的、印花的、印上各种表的等。

(3) 换角度多向思维。许多科学家在谈到关于发明创造时，都曾讲过要用熟悉的眼光看陌生的事物，要用陌生的眼光看熟悉的事物，包含了观察事物要不断变换角度、不断寻找新视角的道理。

所谓换角度，也就是换个时间、换个地点、换个高度、换个身份、换个心情等。转换操作中，可以采用一种"问题搁置"法，即对问题进行一定思考后，不妨暂时将问题放在一边，过段时间再思考。这可以摆脱习惯性思维的束缚，敏锐地发现新视角，产生新思路。中断思考搁置问题，要选择适当的时机、合适的火候。就像煤气灶煮饭，既不能过早关火造成夹生，又不能关火太晚造成焦糊。

6. 组合思维

组合思维是指从某一事物出发，以此为发散点，尽可能多地与另一(或一些)事物联结成具有新价值(或附加价值)的新事物的思维方式。

许多科学家认为知识体系的不断重新组合是人类知识丰富发展的主要途径之一，从这一角度看，近现代科学的三次大创造是由三次大组合所带来的。

第一次大组合是牛顿组合了开普勒天体运行三定律和伽利略的物体垂直运动与水平运动规律，从而创造了经典力学，引起了以蒸汽机为标志的技术革命；第二次大组合是麦克斯韦组合了法拉第的电磁感应理论和拉格朗日、哈密尔顿的数学方法，组合思维创造了更加完备的电磁理论，因此引发了以发电机、电动机为标志的技术革命；第三次大组合是狄拉克组合了爱因斯坦的相对论和薛定鄂方程，创造了相对量子力学，引起了以原子能技术和电子计算机技术为标志的新技术革命。

组合思维是一种创造性很强的思维，从一处得到一个设想把它与另一处的设想结合起来就成为一个新的设想。如果把原来的设想隔离开来，就没有新设想产生。解决问题的设想就在墙壁外面。

(五)发散思维的方法

1. 一般方法

(1) 材料发散法。以某个物品尽可能多的"材料"为发散点，设想它的多种用途。例如尽可能多地列举出粉笔的各种用途。

(2) 功能发散法。从某事物的功能出发，构想出获得该功能的各种可能性。例如在寒冷的冬天如何御寒？

(3) 结构发散法。以某事物的结构为发散点，设想出利用该结构的各种可能性。例如尽可能多地列举出"立方体"结构的物体。

(4) 形态发散法。以事物的形态(如形状、颜色、音响、味道、气味、明暗等)为发散点，设想出利用某种形态的各种可能性。例如尽可能多地设想利用铃声可以用来做什么？

(5) 组合发散法。以某事物之间的组合为发散点，尽可能多地将它与别的事物组合成新事物。例如尽可能多地列举出音乐可以同哪些东西组合在一起？

(6) 方法发散法。以人类解决问题或制造物品的某种方法为发散点，设想出利用方法的各种可能性。例如尽可能多地列举出用"摩擦"的方法可以做哪些事情或解决哪些问题？

(7) 因果发散法。以某个事物发展的结果为发散点，推测出造成该结果的各种原因，或者由原因推测出可能产生的各种结果。例如尽可能多地列举出语文学习成绩好的各种可能的原因。

2. 假设推测法

假设的问题不论是任意选取的，还是有所限定的，所涉及的都应当是与事实相反的情况，是暂时不可能的或是现实不存在的事物对象和状态。由假设推测法得出的观念可能大多是不切实际的、荒谬的、不可行的，这并不重要，重要的是有些观念在经过转换后，可以成为合理的有用的思想。

3. 集体发散思维

发散思维不仅需要用上我们的全部大脑，有时候还需要用上我们身边的无限资源，集思广益。集体发散思维可以采取不同的形式，比如我们常常戏称的"诸葛亮会"。在设计方面，我们通常采用的"头脑风暴"，每个不论可能性的说出自己的想法，只要自己能说通，都可以被大家认同，而且被采纳，最后总结出结论。

三、收敛思维

(一)收敛思维的含义

收敛思维(Convergent Thinking)又称"聚合思维""求同思维""辐集思维"或"集中思维"。收敛思维是指某一问题仅有一种答案。为了获得正确答案要求每一思考步骤都指向这一答案。从不同的方面集中指向同一个目标去思考。其着眼点是由现有信息产生直接的、独有的、为已有信息和习俗所接受的最好结果。其思维过程始终受所给信息和线索决定，是深化思想和挑选设计方案常用的思维方法和形式。收敛思维以某种研究对象为中心，将众多的思路和信息汇集于这个中心点，通过比较、筛选、组合、论证，从而得出在现有条件下解决问题的最佳方案。

(二)收敛思维的特征

1. 集中性

收敛思维就是针对一个集中的目标，将已发散的思维集中指向这个目标，通过比较筛选、组合、论证得到解决问题的答案。

2. 程序性

因为收敛思维有明确的目标，因此利用现有的信息和线索解决问题，就必须有一定的程序，先做什么，后做什么，都有一定的步骤。

3. 比较性

尽管收敛思维有一定的目标，但毕竟还有多种路径和方法，因此要在其中进行比较、选择，最后以达到目的为其归宿。

4. 最佳性

收敛思维解决问题，要求寻求最佳方案和最佳结果。

(三)收敛思维的形式

1. 目标确定法

平时我们碰到的大多数问题比较明确，很容易找到问题的关键，只要采用适当的方法，问题便能迎刃而解。但有时一个问题并不是非常明确，很容易产生似是而非的感觉，把人们引入歧途。这个方法要求我们首先要正确地确定搜寻的目标，进行认真的观察并作出判断，找出其中关键的现象，围绕目标进行收敛思维。其要点是，确定搜寻目标(注意目标)，进行观察并作出判断。通过不断的训练，促进思维识别能力的提高。

目标的确定越具体越有效，不要确定那些各方面条件尚不具备的目标，这就要求人们对主客观条件有一个全面、正确、清醒的估计和认识。目标也可以分为近期的、远期的、大的、小的。开始运用时，可以先选小的、近期的，熟练后再逐渐扩大。

【案例】

阵地出现的猫使法军指挥部覆没

第一次世界大战期间，法国和德国交战时，法军的一个旅司令部在前线构筑了一座极其隐蔽的地下指挥部。指挥部的人员深居简出，十分诡秘。不幸的是，他们只注意了人员的隐蔽，而忽略了长官养的一只小猫。德军的侦察人员在观察战场时发现：每天早上八九点钟左右，都有一只小猫在法军阵地后方的一座土包上晒太阳。德军依此判断：①这只猫不是野猫，野猫白天不出来，更不会在炮火隆隆的阵地上出没；②猫的栖身处就在土包附近，很可能是一个地下指挥部，因为周围没有人家；③通过仔细观察，这只猫是相当名贵的波斯品种，在打仗时还有兴趣玩这种猫的绝不会是普通的下级军官。据此，他们判定那个土包一定是法军的高级指挥所。随后，德军集中六个炮兵营的火力，对那里实施猛烈袭击。事后查明，他们的判断完全正确，这个法军地下指挥所的人员全部阵亡。

(资料来源：张薇. 大科技百科新说[M]. 海口：大科技杂志社，2006.)

2. 求同思维法

如果有一种现象在不同的场合反复发生，而在各场合中只有一个条件是相同的，那么这个条件就是这种现象的原因，寻找这个条件的思维方法就叫求同思维法。

【案例】

怪　洞

某山区一位牧羊人发现一个奇怪的山洞。一天，当他带着一条猎狗走进这个洞里时，没有走多远，狗就瘫倒在地，四肢抽搐，挣扎了几下就死了，而他自己却安然无恙。消息一传开，很多好奇的人蜂拥而来，试图亲自证实这一消息。每次实验都发生同样的情况，从此，人们就把这个洞称为"怪洞"。

为什么狗一进这个洞就会死亡呢？许多人想揭开这个谜。一位地质学家也赶来实地考察，他发现这里属于石灰岩结构。在考察过程中，他用各种动物做实验，得到如下情况。

狗、猫、老鼠等头部离地面较近的小动物在石灰岩洞里都会死亡；人在石灰岩洞里不会死亡；马、牛、骡这些头部距离地面较远的大牲畜在石灰岩洞里不会死亡；猫、狗等小动物如果被人抱着带进石灰岩洞里也不会死亡。

经过一系列实验，这位科学家发现一条规律，凡是走进洞里很快死亡的都是头部离地面很近的小动物；凡是能平安通过岩洞的都是头部离地面较远的动物。这样，就初步推断出小动物进入洞内死亡是由于它们的头部接近地面。小动物的头部靠近地面为什么会死亡呢？这位科学家又进一步考察，结果发现：这个岩洞的地下冒出许多二氧化碳。因为二氧化碳比重比空气大，洞内又不通风，所以二氧化碳都沉积到地面附近，靠近地面的地方就没有氧气了。而动物需要吸进氧气才能生存，狗、猫、老鼠等小动物走进洞内没有氧气的地方，当然会闷死。人和牛、马等大动物之所以能安全走过这个岩洞，是由于头部离地面较远，仍然可以吸进氧气。"怪洞"之谜终于揭开了。

(资料来源：陈文宽. 创新思维学[M]. 成都：四川科学技术出版社，2002.)

3. 求异思维法

如果一种现象在第一场合出现，第二场合不出现，而这两个场合中只有一个条件不同，这一条件就是现象的原因。寻找这一条件，就是求异思维法。

4. 聚焦法

聚焦法就是围绕问题进行反复思考，有时甚至停顿下来，使原有的思维浓缩、聚拢，形成思维的纵向深度和强大的穿透力，在解决问题的特定指向上思考，积累一定量的努力，最终达到质的飞跃，顺利解决问题。

例如，隐形飞机的制造是难度比较大的问题，它是一个多目标聚焦的结果。要制造一种使敌方雷达测不到、红外及热辐射仪追踪不到的飞机，就需要分别做到雷达隐身、红外隐身、可见光隐身、声波隐身等多个目标，每个目标中还有许多小目标，分别聚焦最终制成隐身飞机。

第二节　逆向思维

一、逆向思维的定义

逆向思维也称反向思维或求异思维，它是对司空见惯的似乎已成定论的事物或观点反过来思考的一种思维方式。敢于"反其道而思之"，让思维向对立面的方向发展，从问题的相反面深入地进行探索，树立新思想，创立新形象。当大家都朝着一个固定的思维方向思考问题时，而你却独自朝相反的方向思索，这样的思维方式就叫逆向思维。人一般习惯于沿着事物发展的正方向去思考问题并寻求解决办法。其实，对于某些问题，尤其是一些特殊问题，从结论往回推，倒过来思考，从求解回到已知条件，反过去想或许会使问题简单化。

例如：化学能能产生电能，据此意大利科学家伏特 1800 年发明了伏打电池。反过来电能也能产生化学能，通过电解，英国化学家戴维 1807 年发现了钾、钠、钙、镁、锶、钡、硼等七种元素。

又如，说话声音高低能引起金属片相应的振动，相反金属片的振动也可以引起声音高低的变化。爱迪生在对电话的改进中，发明制造了世界上第一台留声机。

实践证明，逆向思维是一种重要的思考能力。个人的逆向思维能力，对于人才全面的创造能力及解决问题能力具有非常重大的意义。逆向思维法，不是一种培训或自我培训的技法，而仅仅是一种思维方法或发明方法，而要挖掘人才能力，就有必要了解这一方法。因为在实践中使用这一方法，可以取得惊人的效果。

人类的思维活动具有方向性，存在着正向与反向之差异，由此产生了正向思维与反向思维两种形式。正向思维与反向思维只是相对而言的，一般认为，正向思维是指沿着人的习惯性思考路线去思考，而反向思维则是指背逆人的习惯性思考路线去思考。正反向思维起源于事物的方向性，客观世界存在着互为逆向的事物，由于事物的正反向，才产生思维的正反向，两者是密切相关的。人在解决问题时，习惯于按照熟悉的常规的思维路径去思考，即采用正向思维，有时能找到解决问题的方法，收到令人满意的效果。然而，实践中也有很多事例，对某些问题利用正向思维却不易找到正确的答案，一旦运用反向思维，常常会取得意想不到的功效。这说明反向思维是摆脱常规思维羁绊的一种具有创造性的思维方式。

二、逆向思维的特点

(一)普遍性

逆向性思维在各种领域、各种活动中都有适用性，由于对立统一规律是普遍适用的，而对立统一的形式又是多种多样的，有一种对立统一的形式，相应地就有一种逆向思维的角度，所以，逆向思维也有多种形式。如性质上对立两极的转换——软与硬、高与低等；结构、位置上的互换、颠倒——上与下、左与右等；过程上的逆转——气态变液态或液态变气态、电转为磁或磁转为电等。不论哪种方式，只要从一个方面想到与之对立的另一方面，都是逆向思维。

(二)批判性

逆向是与正向比较而言的，正向是指常规的、常识的、公认的或习惯的想法与做法。逆向思维则恰恰相反，是对传统、惯例、常识的反叛，是对常规的挑战。它能够克服思维定式，破除由经验和习惯造成的僵化的认识模式。

(三)新颖性

循规蹈矩的思维和按传统方式解决问题虽然简单，但容易使思路僵化、刻板，摆脱不掉习惯的束缚，得到的往往是一些司空见惯的答案。其实，任何事物都具有多方面属性。由于受过去经验的影响，人们容易看到熟悉的一面，而对另一面却视而不见。逆向思维能克服这一障碍，往往出人意料，给人以耳目一新的感觉。

三、逆向思维法的类型

(一)反转型逆向思维法

这种方法是指从已知事物的相反方向进行思考，产生发明构思的途径。"事物的相反方向"常常从事物的功能、结构、因果关系等三个方面做反向思维。比如，市场上出售的无烟煎鱼锅就是把原有煎鱼锅的热源由锅的下面安装到锅的上面，这是利用逆向思维，对结构进行反转型思考的产物。

(二)转换型逆向思维法

这是指在研究一问题时，由于解决该问题的手段受阻，而转换成另一种手段，或转换思考角度思考，以使问题顺利解决的思维方法。

如历史上被传为佳话的司马光砸缸救落水儿童的故事，实质上就是一个转换型逆向思维法的例子。由于司马光不能通过爬进缸中救人的手段解决问题，因而他就转换为另一手段——破缸救人，进而顺利地解决了问题。

(三)缺点逆向思维法

这是一种利用事物的缺点，将缺点变为可利用的东西，化被动为主动，化不利为有利的思维发明方法。这种方法并不以克服事物的缺点为目的，相反，它是将缺点化弊为利，找到解决问题的方法。例如金属腐蚀是一种坏事，但人们利用金属腐蚀原理进行金属粉末的生产，或进行电镀等其他用途，无疑是缺点逆用思维法的一种应用。

四、逆向思维的优势

第一，在日常生活中，常规思维难以解决的问题，通过逆向思维却有可能轻松破解。

第二，逆向思维会使你独辟蹊径，在别人没有注意到的地方有所发现，有所建树，从而制胜。如做钟表生意的都喜欢说自己的表准，而一个表厂却说他们的表不够准，每天会有 1 秒的误差，表厂不但没有失去顾客，反而大家非常认可，踊跃购买。

第三，逆向思维会使你在多种解决问题的方法中获得最佳方法和途径。

第四，生活中自觉运用逆向思维，会将复杂问题简单化，从而使办事效率和效果成倍提高。如用 8 根火柴作 2 个正方形和 4 个三角形(火柴不能弯曲和折断)，如图 4-2 所示。

图 4-2　2 个正方形和 4 个三角形

一般在正方形中作三角形都容易从对角线入手，但对角线的长度大于正方形的边长，所以反过来想，又组成三角形，又有相同的边长，那就要错开对角线。

第五，逆向思维擅长运用在各个投资领域，包括房地产、股票等。

逆向思维最宝贵的价值，是它对人类认识方法的挑战，是对事物认识的不断深化，并且由此而产生"原子弹爆炸"般的威力。我们应当自觉地运用逆向思维方法，创造更多的奇迹。

五、逆向思维的形式

(一)原理逆向

原理逆向就是从事物原理的相反方向进行的思考。

例如：制冷与制热、电动机与发电机、压缩机与鼓风机。

发现利用重力压冰的"冰上破冰"船比利用海水浮力破冰的"冰下破冰"船效率更高。伽利略设计温度计，水的温度的变化引起水的体积变化，反过来水的体积变化也能看出温度的变化。

(二)功能逆向

功能逆向就是按事物或产品现有的功能进行相反的思考。

例如：保温瓶(保热)装冰(保冷)，风力灭火器。一般情况下，风是助火势的，特别是当火势比较大的时候。但在一定情况下风可以使小的火熄灭，而且相当有效。

(三)结构逆向

结构逆向是指从已有事物的逆向结构形式中设想，以寻求解决问题新途径的思维方法。在第四届中国青少年发明创造比赛中获一等奖的"双尖绣花针"。其发明者是武汉市义烈小学的学生王帆，他把针孔的位置设计到中间，两端加工成针尖，从而使绣花的速度提高近一倍。这是一个结构逆向思维的典型实例。

(四)属性逆向

属性逆向就是从事物属性的相反方向所进行的思考。

例如："空心"代替"实心"反向电视机。

(五)程序逆向或方向逆向

程序逆向或方向逆向就是颠倒已有事物的构成顺序、排列位置而进行的思考。1877年，爱迪生在实验改进电话机时发现，传话器里的间膜随着说话的声音引起相应的颤动。那么，反过来，同样的颤动能不能转换为原来的声音呢？爱迪生想。根据这一想法，爱迪生又获得了一项重大发明：留声机。

例如：有一场奇特的骑马比赛，不是比快，而是比慢，谁的马慢，谁就是胜利者，于是，参赛的两匹马慢得几乎停止不前，眼看天要黑了，比赛仍没有结果，大家都很着急。这时，有人想出了一个什么样的办法呢？他让两个骑手换骑对方的马，只有让对方的马快些，自己的马才能相对慢一些，这样，比慢变成了比快，比赛就能很快结束。

(六)观念逆向

观念逆向就是从观念的相反方向所进行的思考。例如：对失败的赞赏(洛克菲勒对贝德福德)、福特的流水生产线、大而全到专门化。

六、逆向思维应注意的问题

正反向思维起源于事物的方向性，客观世界存在着互为逆向的事物，由于事物的正反向，才产生思维的正反向，两者是密切相关的。人解决问题时，习惯于按照熟悉的常规的思维路径去思考，即采用正向思维，有时能找到解决问题的方法，收到令人满意的效果。然而，实践中也有很多事例，对某些问题利用正向思维却不易找到正确答案。一旦运用反向思维，常常会取得意想不到的功效。但我们还应注意以下问题。

第一，必须深刻认识事物的本质，所谓逆向不是简单的表面的逆向，不是别人说东，我偏说西，而是真正从逆向中做出独到的、科学的、令人耳目一新的超出正向效果的成果。

第二，坚持思维方法的辩证统一，正向和逆向本身就是对立统一，不可能截然分开，所以以正向思维为参照、为坐标，进行分辨，才能显示其突破性。

七、逆向思维法的案例分析

【案例】

逆向思维法的分析

1820 年，丹麦哥本哈根大学物理教授奥斯特，通过多次实验证明存在电流的磁效应。这一发现传到欧洲大陆后，吸引了许多人参加电磁学的研究。

英国物理学家法拉第怀着极大的兴趣重复了奥斯特的实验。果然，只要导线通上电流，导线附近的磁针会立即发生偏转，他深深地被这种奇异现象所吸引。当时，德国古典哲学中的辩证思想已传入英国，法拉第受其影响，认为电和磁之间必然存在联系并且能相互转化。他想既然电能产生磁场，那么磁场也能产生电。为了使这种设想能够实现，他从1821 年开始做磁产生电的实验。N 次实验都失败了，但他坚信，反向思考问题的方法是正确的，并继续坚持这一思维方式。十年后，法拉第设计了一种新的实验方式，他把一块条形磁铁插入一只缠着导线的空心圆筒里，结果导线两端连接的电流表上的指针发生了微弱的转动，电流产生了。随后，他又进行了各种各样的实验，如两个线圈相对运动，磁作用力的变化同样也能产生电流。法拉第十年不懈的努力并没有白费，1831 年他提出了著名的电磁感应定律，并根据这一定律发明了世界上第一台发电装置。如今，他的定律正深刻地改变着我们的生活。

法拉第成功地发现电磁感应定律，是运用逆向思维方法的一次重大胜利。

(资料来源: 刘志富. 逆向思维法琐议[J]. 科学学与科学技术管理, 1982(1).)

有一个故事说，一位裁缝在吸烟时不小心将一条高档裙子烧了一个窟窿，致使其成为废品。这位裁缝为了挽回经济损失，凭借其高超的技艺，在裙子四周剪了许多窟窿，并精心饰以金边，然后，将其取名为"凤尾裙"，不但卖了个好价钱，还一传十、十传百，使不少女士上门求购，其生意十分红火。该裁缝的这种思维方式确实值得称道。

缺陷与市场，从寻常眼光看，确实存在着难以逾越的鸿沟，但是尺有所短，寸有所长，商品本身存在着某些方面的不足，对于一定的市场而言，也许的确是缺陷，是不容许的，但从另一角度看，又何尝不是潜在的市场呢？只要善于寻找两者的最佳结合点，就可以创造出市场，开辟出新天地。市场经济的实践告诉人们，唯思路常新才有出路。墨守成规、邯郸学步，亦步亦趋的经营思维方式在今天已难以取得商战的胜利了。成功的喜悦总是属于那些不落俗套、富于创意、勇于实践的人。

美国有一种番茄酱，跟同类产品比起来，浓度太高，特别稠，很多家庭主妇在使用时总觉得不方便，市场前景不被看好。起初，经销公司想重新研制配方，降低浓度，重新生产，但又觉得十分困难，风险又大。于是，他们认为，产品的缺点，其实正是它的优点，因为浓度高，说明番茄酱的成分多，水分少，营养更加丰富，味道更加纯正。于是，他们加大宣传力度，使这种观点家喻户晓。很快，其市场占有率跃居同类产品榜首。

有时，按照常理，"循规蹈矩"地搞营销，往往收效甚微，甚至蚀了老本。倘若打破常规，逆向思维，独辟蹊径，想人之所未想，为人之所未为，很可能会出奇制胜。

在创业的路上，很多人冥思苦想，常常苦于生意难做、企业难办。如果能突破常规思维的樊篱，有意识地运用与传统思维和习惯不同的逆向思维方法，"反弹琵琶"，往往"曲径通幽"，能取得意想不到的效果。

创造财富，虽然是一件很不容易的事情，但只要创新思维，经营得法，就是处于"绝境"，也是可以求得"生机"，关键要看经营者有否洞察市场的"眼力"，能在瞬息万变的市场中，捕捉到商机；要看出手是否灵敏，能先人一步，抢占市场的先机；要看有否胆识，敢于充当第一个"吃螃蟹"的人，有一种勇于承担风险的勇气。如此，才能在风云变幻的市场中，把握机遇，赢得一席之地，进而创造和积累财富。

第三节 系统思维

一、系统思维的定义

首先应该明白什么是系统？生物学中有生态系统，是指一个能够自我完善，达到动态平衡的生物链，如一个池塘。系统一般是可以封闭运作的，可以自我完善，并且能够动态平衡的物品集合。系统是一个概念，反映了人类对事物的一种认识论，即系统是由两个或两个以上元素相结合的有机整体，系统的整体不等于其局部的简单相加。这一概念揭示了客观世界的某种本质属性，有无限丰富的内涵和外延，其内容就是系统论或系统学。系统论作为一种普遍的方法论是迄今为止人类所掌握的最高级思维模式。

系统思维方法是建立在一般系统论基础之上的。一般系统论和控制论、信息论等学科都是在第二次世界大战以后出现的新兴学科。这些学科有个共同的特点，就是撇开具体的物质形式，从不同的侧面、不同的横断面来研究这些不同的物质形式的共同本质和运动规律，突破了自然科学、技术科学、社会科学和人文科学之间的界限，为现代科学技术的发展和社会管理科学化；为正确认识现实中的事务和处理问题提供了一套新的思想和新的方法。一般系统论的创始人贝塔朗菲认为，一般系统论的产生是继相对论和量子力学之后又一次"彻底改变了世界的科学图景和当代科学家的思维方式"。如果说 19 世纪自然科学的三大发现是马克思主义产生的自然科学基础的话，那么在 20 世纪辩证唯物主义自然科学的基础是相对论、量子力学和一般系统论、控制论和信息论。

一般系统论等三论的创立具有以下特殊意义。

第一，涌现出系统、结构、反馈、控制和信息等一类崭新的概念，这些概念分别从不同侧面揭示了客观世界联系的特定形式，具有极普遍的意义，几乎适用于一切科学领域，有利于各门学科的理论和方法相互渗透和移植，推动着各门边缘学科和综合学科的发展，进一步加强了科学技术整体化趋势。

第二，冲破了传统的思维方式和研究方式的束缚，强调从系统、信息等观点出发，定量地分析和处理问题，从而为现代科学技术研究提供了一套崭新的方法论原则和程序。

而一般系统论、控制论和信息论中最基本的还是一般系统思维论，因为讲控制总要讲控制什么，怎样进行控制。控制什么，对象自然是一个系统；怎样进行控制，自然是要用信息来控制。可见，系统是基础，三者联接为一个整体，即"靠信息控制系统"，这是一个问题的三个方面，分别从不同的角度、从不同的侧面揭示了客观事物的本质、联系和规律。

要搞清系统思维，首先要弄清楚什么是系统。我们先来看一个例子。

1969 年 7 月 21 日，美国阿波罗 11 号载人宇宙飞船按照预定时间在月球表面着陆，这是人类有史以来第一次踏上月球，阿波罗计划获得了极大的成功。阿波罗计划的发射成功，这个功劳在很大程度上要归功于系统思维方法的运用。因为阿波罗计划是一项极其庞大而又复杂的系统工程。

首先，这次登月飞行的准备工作就构成了一个规模极其庞大的系统，它需组织 120 所大小科研机构和两万多家工厂企业参加研制，怎样安排所需人力、物力和财力(动员 42 万人，研制生产 700 多万个零部件，耗资达 300 亿美元)，本身就构成了一个系统，只有运用系统思维方法才能达到最佳的技术、经济效果。其次，这次登月飞行的实施装备，也构成了一个规模极为庞大的系统，包括：火箭推进系统、飞船运载系统、制导控制系统、通信遥测系统、生命维持系统等一系列"子系统"，把这些"子系统"有机地联系在一起，构成了一个规模更大的技术系统，并使它的任何一个环节都能按指令不发生任何差错地运行，除了运用系统思维方法外，以往任何一种传统的方法都无法胜任。

从这个例子可知，所谓系统是指"由相互作用和相互依赖的若干组成部分结合成的具有特定功能的整体"，而且这个系统本身又是它从事的更大系统的一部分。系统是普遍存在的。在自然界中，从基本粒子到总星系的每一个物质层次都是一个系统。在社会中，系统处处可见，如教育系统、交通系统、生态系统等，此外，人体本身也是最复杂的系统，它包括了消化、呼吸、循环、神经、生殖等系统，在技术领域中，有导弹系统、能源系统、水利系统等，总之，系统概念是一个基本的普遍的概念。

系统思维是一种逻辑抽象能力，也可以称为整体观、全局观。

系统思维，简单来说就是对事情全面思考，不是就事论事，是把想要达到的结果、实现该结果的过程、过程优化以及对未来的影响等一系列问题作为一个整体系统进行研究。

按照历史时期来划分，可以把系统思维方式的演变区分为四个不同的发展阶段：古代整体系统思维方式—近代机械系统思维方式—辩证系统思维方式—现代复杂系统思维方式。

总之，系统思维就是把认识对象作为系统，从系统和要素、要素和要素、系统和环境的相互联系、相互作用中综合地考察认识对象的一种思维方法。系统思维是以系统论为基本思维模式的思维形态，它不同于创造思维或形象思维等本能思维形态。系统思维能极大地简化人们对事物的认知，给我们带来整体观。

二、系统思维的特征

系统思维方式的客观依据，乃是物质存在的普遍方式和属性，思维的系统性与客体的系统性是一致的。现代思维方式特别是系统思维方式，主要以整体性、结构性、立体性、动态性、综合性等特点见长。

(一)整体性

系统思维方式的整体性由客观事物的整体性所决定，整体性是系统思维方式的基本特征，它存在于系统思维运动的始终，也体现在系统思维的成果之中。整体性是建立在整体与部分之辩证关系基础上的。整体与部分密不可分。整体的属性和功能是部分按一定方式相互作用、相互联系而形成的。而整体也正是依据这种相互联系、相互作用的方式实行对部分的支配。

坚持系统思维方式的整体性，首先必须把研究对象作为系统来认识，即始终把研究对象放在系统之中加以考察和把握。这里包括两个方面的含义：一是在思维中必须明确任何一个研究对象都是由若干要素构成的系统；二是在思维过程中必须把每一个具体的系统放在更大的系统之内来考察。如解决城市交通问题，就要把城市交通问题作为一个由若干要素构成的系统来考察，不仅要考察系统内部车辆、客流量、道路等参数(要素)，还要考察车辆的运行情况。同时，还要把交通系统纳入城市市政建设的大系统中去考察。只有从市政建设的整体角度去考察解决城市交通这个子系统问题，才是解决问题的根本有效的方法。

坚持系统思维方式的整体性，还必须把整体作为认识的出发点和归宿。也就是说，思维的逻辑进程是这样的：在对整体情况充分理解和把握的基础上提出整体目标，然后提出满足和实现整体目标的条件，再提出能够创造这些条件的各种可供选择的方案，最后选择最优方案实现之。在这个过程中，提出整体目标，是从整体出发进行综合的产物；提出条件，是在整体目标统摄下，分析系统各要素及其相互关系而形成的；方案的提出和优选，是在系统分析的基础上重新进行系统综合的结果。由此可见，系统思维方式把整体作为出发点和归宿，通过对系统要素的分析这个中间环节，再回到系统综合的出发点。

一般系统论的创始人贝塔朗菲从亚里士多德那里继承了"整体大于其部分之总和"的命题，这一命题说明就部分与整体的关系而言，不能单用机械的因果论来说明，这个命题的思想是贯穿于系统论中的一个基本思想，这个思想是说，系统整体的功能并不等于构成这一系统的各部分功能的简单相加，而是具有不同于它的各部分功能之和的新功能。在这里 $1+1\neq2$，$1+1$ 可以 >2，也可以 <2。前者为正系统，后者为负系统。因此，系统整体的功能大于构成这一系统整体各部分功能之总和。正如恩格斯所说："许多人协作，许多力量融合为一个总的力量，用马克思的话，就造成'新的力量'，这种力量和它的一个个力量的总和有本质的差别。"

石墨和金刚石，虽然都是由碳原子组成，但由于碳原子之间的连接方式不一样，在宏观整体的性能上是不大相同的。两人对弈的棋子相同，但由于每人对棋子的布局不同，而产生一胜一负的结局。在我国历史上也曾有过这样的事例，如田忌赛马。

战国时，齐国的国王每年与手下大臣田忌赛马，将马分上、中、下三等，每人各从同等马中选一匹，共赛三轮，每轮败者输千金。由于在各等马中，齐王的马都比田忌的马好，所以每年一赛，田忌必输金三千，后来田忌听从了孙膑的计谋，出下等马对齐王的上等马，而以上等马对齐王的中等马，以中等马对齐王的下等马，结果一负两胜，田忌反而赢齐王千金。在这里，比赛双方的六匹马构成了一个系统，每方、每轮又构成其子系统，孙膑这一计谋的绝妙之处就在于，他并没有改变系统的任何要素，而只是改变了它们之间的连接方式，即对垒方式：

齐王		田忌		齐王		田忌
上	→	上		上	→	下
中	→	中		中	→	上
下	→	下		下	→	中

系统论着重考虑的是要素在系统中的地位和作用，特别是系统的整体结构即要素之间的连接方式。因为要素的功能只有通过系统的结构才能转化为系统的功能。这就告诉我们，认识问题和研究问题的出发点是整体，要从系统的整体出发，从系统的整体联系中去认识系统的本质和规律。

(二)结构性

系统思维方式的结构性，就是把系统科学的结构理论作为思维方式的指导，强调从系统的结构去认识系统的整体功能，并从中寻找系统最优结构，进而获得最佳系统功能。

系统结构是与系统功能紧密相连的，结构是系统功能的内部表征，功能是系统结构的外部表现。系统中结构和功能的关系主要表现为：系统的结构决定系统的功能。在一定要素的前提下，有什么样的结构就有什么样的功能。问题还在于，与人相联系的系统其结构才能决定其功能，表现为优化结构和非优化结构同功能的关系。优化结构才能产生最佳功能，非优化结构不能产生最佳功能，这是结构决定功能的一个具有方法论意义的观点。

系统思维方式的结构性，对认识方法论的基本要求，就是要树立系统结构的观点，在具体实践活动中，紧紧抓住系统结构这一中间环节，去认识和把握具体实践活动中各种系统的要素和功能的关系，在要素不变的情况下，努力创造优化结构，实现系统最佳功能。比如，进行经济体制改革，就是在现有条件下进行的经济体制结构的改革，通过经济体制结构的优化来提高整体的经济能力。

系统的要素和结构对功能的作用都是非常重要的。要素是功能的基础，而结构是从要素到功能必经的中间环节，在相同要素的情况下，结构对功能起着决定性作用。不仅如此，通过要素和结构关系所表现出的容差效应可以看出，系统要素如果在数量上不齐全和在质量上有缺陷，在一定条件下可以通过系统结构的优化得到弥补，而不影响系统的功能。

苏联制造的米格 25 型飞机，按构成它的部件来说并不是世界上最先进的，但由于结构优化，其功能在当时是世界第一流的。系统思维方式的结构性，在考察要素和结构同功能的关系时，必须在头脑中把思维指向的重点放在结构上；在追求优化结构时，必须全力找出对整个系统起控制作用的中心要素，作为结构的支撑点，形成结构中心网络，在此基础上，再考察中心要素与其他要素的联系，形成系统的优化结构。

(三)立体性

系统思维方式是一种开放型的立体思维。它以纵横交错的现代科学知识为思维参照系，使思维对象处于纵横交错的交叉点上。在思维的具体过程中，系统思维方式把思维客体作为系统整体来思考，既注意进行纵向比较，又注意进行横向比较；既注意了解思维对象与其他客体的横向联系，又能认识思维对象的纵向发展，从而全面准确地把握思维对象的规律性。

客观事实都是纵向和横向的统一。任何一个认识客体，既是由若干个子系统构成的系统，又是另一个更大系统中的子系统。作为一个独立的系统，它的发展是纵向的；作为一个子系统，它与其他子系统之间的联系是横向的。这样一个具体系统的本质，不仅取决于该系统内部各子系统之间的结构形式，而且取决于与其他系统之间的联系形式。所以，立体思维，就是指主体在认识客体时要注意纵向层次和横向要素的有机耦合及时间和空间的辩证统一，在思维中把握研究对象的立体层次、立体结构和总体功能。不但要有"三维思维"，更要有"四维思维"，即研究系统运动的空间位置时，要考虑其时间关系；而研究系统运动的时间关系时，要考察其空间位置。立体思维就是时空一体思维，是纵横辩证综合思维。

在立体思维中，纵向思维和横向思维不再是各自独立的两种思维形式，而是有机地统一在一起，形成一种互为基础、互相补充的关系。纵向思维以横向思维为基础，就是说，要在横向比较中进行纵向思维，而且只有经过横向比较之后才能准确地确定纵向思维目标。例如，我们要上一个新产品，总要先进行调查论证，了解市场的供求关系，了解什么商品畅销，在横向比较的基础上，才能较为准确地选定某种新产品作为纵向思维的目标。横向思维的优点就在于，能跳出自己的小圈子，把事物置于普遍联系和相互作用之中，通过与其他事物的比较，来认识和度量自己，进而认识事物运动的特点和规律。

同时还必须看到，横向思维必须以纵向思维为基础，也就是说，横向思维必须以对事物纵向运动的深刻认识为前提。横向思维属于多向思维，在具体的思维活动中，思维指向是有限的。主体往往根据思维目标的需要，来确定一些主要的思维指向，究竟确定哪些思维指向，要受制于纵向思维的深度。主体纵向思维越深刻，越能准确地选定横向比较的目标和范围。例如，我们要评选某类最优产品，只能在同类质量比较优秀的产品中评选，这就需要对该类产品有深刻认识，才能确定参加评选的产品，然后才能进行横向比较。纵向思维的长处是在历史的自我比较中，可以看到自己的优点和取得的成就。

立体思维是开放思维，而且在一切方面、在整体上都是开放的。因为立体思维的纵向方面与时间的一维性相符合，与事物的纵向发展相一致，因而在纵向方面是开放的。立体思维的横向方面与空间的三维性相符合，与事物的横向联系相一致，因而在横向方面也是开放的。这样，立体思维无论在纵向方面还是在横向方面都是开放的，是全方位的开放，彻底的开放。根据系统开放性原理，立体思维要达到有序，其首要条件是必须敞开"思维大门"，加强与来自不同方面思维信息的交流，善于吸取有价值的思维成果。可见，这种彻底开放型的思维，最有利于主体从整体上全面地把握客体的本质。

(四)动态性

系统的稳定是相对的。任何系统都有自己生成、发展和灭亡的过程。因此，系统内部诸要素之间的联系及系统与外部环境之间的联系都不是静态的，都与时间密切相关，并会随时间不断地变化。这种变化主要表现在两个方面：一是系统内部诸要素的结构及其分部位置不是固定不变的，而是随时间不断变化的；二是系统都具有开放的性质，可以与周围环境进行物质、能量、信息的交换活动。因此，相对而言系统处于稳定状态，但并不是说系统绝对稳定，而始终处于动态之中，处在不断演化之中。

系统的动态原则可以作为事物的运动规律来理解，它对于思维方法的作用是不可低估的。系统思维方式的动态性正是系统动态性的反映。思维从静态进入动态，要求人必须正确认识和对待系统的稳定结构，使系统演化不断地从无序走向有序。系统的有序和无序是衡量系统结构是否稳定的标志。一般来说，如果系统是有序的，系统结构就是稳定的；相反，系统结构则是不稳定的。系统的有序和无序、稳定结构和非稳定结构，这是系统存在和演化的两种基本状态，它们本身没有抽象意义的价值规定。

人完全可以根据自己的需要和价值取向，创造条件打破系统的有序结构，使之成为向新的有序结构过渡的无序状态，也可以创造条件消除对系统的各种干扰，使系统处于有序状态，保持系统的稳定。这里的关键是要把握系统演化过程中的控制项，对系统实现自觉的控制。控制项不仅能够破坏系统已有的稳定结构，而且还能使其过渡到新的系统结构。只要人们能够正确地把握控制项，就能使系统向演化目标的方向发展。

然而，控制项是多样的，又是可变的。这就要求人们不但应从多方面寻找解决问题的办法，找出最佳的控制项，而且还要随着系统的演化，不断地选择最佳控制项。由于系统演化的可能方向是分叉的树枝型，而不是直线型，这就要求人把系统演化的可能方向理解为具有多种方向可选择的状态，把事物的发展放在多种可能、多种方向、多种方法和多种途径的选择上，而不要把希望寄托于某一种可能、方向、方法和途径上。因此，在人的头脑中必须破除线性单值机械决定论的束缚，树立非线性的统计决定论的思维方法。

(五)综合性

综合，本身是人思维的一个方面，任何思维过程都包含着综合的因素。然而，系统思维方式的综合性，并不等同于思维过程中的综合性，它是比"机械的综合""线性的综合"更高级的综合。它有两方面的含义：一是任何系统整体都是这些或那些要素为特定目的而构成的综合体；二是任何系统整体的研究，都必须对它的成分、层次、结构、功能、内外联系方式的立体网络作全面的综合考察，才能从多侧面、多因果、多功能、多效益上把握系统整体。系统思维方式的综合是非线性的综合，是从"部分相加等于整体"上升到"整体大于部分相加之和"的综合，它对于分析由多因素、从变量、多输入、多输出的复杂系统的整体是行之有效的。

系统思维方式的综合，要求人在考察对象时要从它纵横交错的各个方面的关系和联系出发，从整体上综合地把握对象。传统的"分析程序"是分析—综合，两者被划分为先后相继的两个环节，因而是一种单向思维。而"系统综合程序"是综合—分析—综合，相互之间存在着反馈关系，是双向思维，它要求从整体出发。逻辑起点是综合，要把综合贯穿于思维逻辑进程的始终，要在综合的指导和统摄下进行分析，然后再通过逐级综合而达到总体综合。它要求摒弃孤立的、静止的分析习惯，使分析和综合相互渗透，"同步"进行，每一步分析都要顾及综合、映现系统整体。这样才能使人站在全局的高度，系统地综合地考察事物，着眼于全局来认识和处理各种矛盾问题，实现最佳化的总体目标。

运用系统思维方式综合地考察和处理问题，是现代化大经济、大科学发展的客观要求。当今许多工业化国家都把发展以各种新工艺为基础的综合性自动化生产，建立综合性无废料生产当成是更新生产力的合乎规律的方向。许多农业先进国家已经将生态系统的原理用于规划、设计、建设和组织农业生产系统和农村生活系统以至农业政策系统，促进了农业生态系统综合化的发展。这种把农业技术系统同农业生态系统有目的地综合，是现代化系统化大农业发展的趋势。至于现代的信息产业、海洋开发等新兴产业，更是应用系统科学理论对单科单项技术进行综合配套和综合调控的产物。

总之，现代科学技术的发展要求人类不断揭示不同物质运动形式内在的共同属性与共同规律，这就要求人类必须采用系统思维的综合方法。

三、系统思维的方法

(一)整体法

整体法是在分析和处理问题的过程中，始终从整体来考虑，把整体放在第一位，而不是让任何部分的东西凌驾于整体之上。

整体法要求把思考问题的方向对准全局和整体，从全局和整体出发。如果在应该运用整体思维方法进行思维时，不用整体思维法，那么无论在宏观还是微观方面，都会受到损害。

(二)结构法

进行系统思维活动时，应注意系统内部结构的合理性。系统由各部分组成，部分与部分之间组合是否合理，对系统有很大影响。这就是系统中的结构问题。好的结构，是指组成系统的各部分间组织合理，是有机的整体。

(三)要素法

每一个系统都由各种各样的因素构成，其中相对具有重要意义的因素称为构成要素。要使整个系统正常运转并发挥最好的作用或处于最佳状态，必须对各构成要素考察周全和充分，充分发挥各构成要素的作用。

(四)功能法

功能法是指为了使一个系统呈现出最佳状态，应从大局出发来调整或改变系统内部各部分的功能与作用。在此过程中，可能是使所有部分都向更好的方面改变，从而使系统状态更佳，也可能为了求得系统的全局利益，以降低系统某部分的功能为代价。

四、系统思维的作用

系统思维首先能帮助人极大地简化对事物的认知。通过学习系统思维方法人可以认识到过去看似截然不同的事物其实存在着千丝万缕的联系，在它们的背后，在更深的层次上，它们有着统一的模式结构——系统。用系统的思维视角去认识事物和分析问题，以往那种让人眼花缭乱、不可捉摸的复杂思维图景，可以在瞬间变得井然有序、简洁清晰。

系统思维的另一个重要作用是它给我们带来的整体观。过去人们不论分析问题还是解决问题，都习惯于将事物割裂开，对其各组成部分进行层层递进式的解析。这种局部观的思维模式固然有利于思维深入事物的内部进行细致的考察，但却忽视了一点，在宏观尺度上事物是以整体的形式存在的，对局部的细致研究并不能完全解释事物的整体行为，要想整体把握事物，就必须将各个局部按照某种结构模式统一起来分析，这样才能得出正确的结论。

所以，当今企业管理大力倡导建立学习型组织时把"系统思考"列为核心，他们认为没有新思维就没有新视野，就没有新方法，无论个人还是组织要想走出复杂的迷宫，掌握动态中的均衡技巧，都必须深刻学习和领悟系统思维，只有这样才能从被动适应变化，转为主动创造未来。

五、系统思维方法的一般步骤

系统思维方法的发展逐步形成了一套思考问题和解决问题的一般程序，运用系统思维方法进行科学研究的全过程，大体上包括以下七个相关的步骤。

(一)发现问题

发现问题是第一步。要尽量全面地收集和提供有关解决问题的历史、现状及发展趋势的资料和数据。

(二)确立目标

问题发现后就要确立解决哪些问题，解决到什么程度，确定必须实现的目标和希望实现的目标，并且定出衡量是否实现目标的标准。在现代社会中，待确定的目标一般是多因素的、大系统的、动态的，具体实施还要求把目标分解为若干个子系统的确定指标，并规定指标的主次、轻重缓急，确定其发生矛盾的取舍原则、给出实现指标的约束条件等。

(三)进行系统综合，制订方案

根据希望实现的最高目标和必须实现的最低目标，寻求实现目标的途径，制订出各种可供选择的方案，给出方案的结构和相应参数。

(四)对方案进行系统分析，做出分析评价

制订出各种方案后，要对每一方案进行分析、评价，选择出几个最有助于实现目标的方案。在分析评价时，要根据目标来核算每个方案的费用和功效，运用数学工具建立各种模型，并求出各模型的解，发展这些结果再进行分析评价，如果从最低目标和最高目标两方面衡量，某方案两种目标均不能满足就可抛弃，这样就可以把方案的选择范围缩小并最终确定几个最可行的方案，然后再根据最高目标对所有方案采用分等评分的方法，提供给决策者加以选择。为了使评价工作做到科学化、定量化，现在一般采用边际分析、费用—效益分析、价值分析及多端思维法等具体方法，还要运用可行性分析和决策技术(如树形决策、矩阵决策、马尔柯夫决策、统计决策、模糊决策等)以及运筹学中的一些行之有效的方法。

(五)选择方案，进行决策

通过系统分析，初步提供几个可行方案，如有关半导体系统方案可能涉及外观、音质、音量、灵敏度、清晰度等多种因素，有的方案选择性好，有的方案灵敏度高，除了定

量目标外，还要考虑一些定性目标，如政治、社会、人的心理等。这就需要决策者把几种方案综合起来，进行计算机模拟，从总体上权衡，果断决策，最后抉择一个或极少数几个方案试用。

(六)试验

为了稳妥起见，对选定的方案，必须进行局部试验，以检验方案的正确性，如果成功，即可推广，进入全面实施阶段；如果不行，则必须反馈回来，进行追踪检查，重新制订方案。

(七)实施

根据最后确定的方案，制订出行动计划，系统具体实施，但在实施过程中仍会发生问题，出现一些预料不到的情况，这就要求在执行过程中对发生的偏差实行有效的控制，不断反馈，不断调整，以期实现预定的目标。

这个过程本身也是一个决策的过程，我们可以按以上步骤构成一个决策系统。

六、系统思维方法在科学研究中的作用和意义

(一)系统思维方法是研究与协调复杂系统的有效工具

当代科学研究对象规模之大、数量之多，结构之复杂是前所未有的。在许多情况下往往要把工农业生产、国防、科学研究、交通运输、经济计划管理、生态平衡和环境保护等作为一个大系统进行研究，这不仅突破了自然科学各门学科的界限，而且突破了自然科学与社会科学的界限；这个系统不是静止的，而是动态的；不仅要研究现状，还要预测可能会发生事件的影响；系统中存在的许多信息需要做最佳处理等。对于如此庞大而又复杂的系统进行研究，传统的方法就显得无能为力、一筹莫展。系统工程却为复杂的系统分析、设计、研制、管理和控制的最优化提供了有效手段，而且系统越复杂其效果越佳。如美国的阿波罗登月计划成功实施，就是运用了这种方法。阿波罗登月计划要求在 20 世纪 70 年代初把人送上月球，而这个工程组织了 2 万多家公司，120 所大学，动用 42 万人，共有 700 多万个零件，耗资 300 多亿美元，对这样一个内容庞杂、规模巨大、成本昂贵的科研生产项目，如何合理设计、组织、管理；安排人力、物力、财力、设备、资金，以期最经济最有效地实现预定目标？这是以往任何一种传统方法所不能胜任的，而运用系统思维方法则如期完成，使"嫦娥奔月"的神话变为现实。

(二)系统思维方法是科学决策的重要武器

无论做任何工作，要保证其顺利进行，必须要进行正确的决策，过去决策建立在人类

经验知识的基础上，称经验决策。随着现代科学技术的迅猛发展，社会化大生产使社会活动日益复杂化，影响也越来越大，那种只凭"拍脑袋"决策的办法行不通了，决策正确与否关系重大，它所涉及的范围往往是一个企业、一个地区、一个部门以及一个国家，不仅影响一时，而且可以影响一代人以及几代人，因此，现代决策必须建立在科学基础上，称为"科学决策"，这就要求领导者懂科学、尊重科学，掌握一套科学决策的理论和方法，提高自己的科学素养，按照科学决策程序办事，善于使用专家咨询机构，并将经验决策上升到科学决策，而系统思维方法则是科学决策的重要武器。

(三)系统思维方法为现代科学研究和科学理论整体化提供了新思路

系统思维方法摆脱了把研究对象分割成部分，然后再综合的传统方法的束缚，从相反的方向考虑问题，为现代科学研究提供了新的思路，它从整体出发，从部分与整体的联系中，揭示出整个系统的运动规律。对环境污染问题的解决可以生动地说明这一点，人们对公害事件进行调查，从公害病追到环境，从环境追到污染源，发现公害病的产生与污染源排出的污染物在环境中迁移转化有着密切关系，只有把公害病、环境和污染源作为一个整体对待，进行分析，才能找到引起公害病的根源和正确的解决办法，如 20 世纪 60 年代以前，在英国，由于没有把环境问题作为一个整体进行考虑，而只是进行单项治理，泰晤士河两岸某些工厂为了减轻大气污染采用石灰水吸收烟气中的 SO_2，结果把形成的硫酸钙排入河中，由大气污染变成水污染。

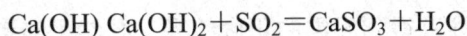

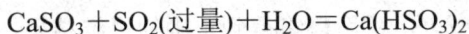

$$Ca(OH) \ Ca(OH)_2 + SO_2 = CaSO_3 + H_2O$$
$$CaSO_3 + SO_2(过量) + H_2O = Ca(HSO_3)_2$$

可见，头痛医头、脚痛医脚是不可取的，中国的传统医学正是系统思想的一个具体体现。20 世纪 60 年代运用系统思维方法处理问题，从整体出发进行综合治理，通过对能源结构和工艺的改革，把"三废"消灭在生产过程中。如果在工业建设之前，运用系统思维方法把环境、污染源、人群作为一个整体对待，那么污染问题就可以在规划中得到合理解决，从根本上消灭污染，这对我国的现代化建设具有现实意义。

第四节　线性思维与非线性思维

一、线性思维

(一)线性思维的概念

线性思维即线性思维方式，是把认识停留在对事物质的抽象而不是本质的抽象，并以这样的抽象为认识出发点，片面、直线、直观的思维方式。形式逻辑只是知性逻辑，但如果把其作为思维方式就是线性思维方式。这样的思维方式不能把握复杂经济现象后面的本质和规律。

线性思维是一种直线的、单向的、单维的、缺乏变化的思维方式，非线性思维则是相互连接的，非平面、立体化、无中心、无边缘的网状结构，类似人的大脑神经和血管组织。线性思维如传统的写作和阅读，受稿纸和书本的空间影响，必须以时空和逻辑顺序进行。

线性思维是指思维沿着一定的线型或类线型(无论线型还是类线型，既可以是直线也可以是曲线)的轨迹寻求问题的解决方案的一种思维方法。线性思维在一定意义上说属于静态思维。而非线性思维是指一切不属于线性思维的思维类型，如系统思维、模糊思维等。

(二)线性思维的分类

1. 正向线性思维

正向线性思维的特点是，思维从某一个点开始，沿着正向向前以线性拓展，经过一个点或几个点，最终得到思维的正确结果。

2. 逆向线性思维

逆向线性思维的特点是，思维从某一个点开始，如果沿着正向向前以线性拓展，无论经过多少个点，最终都难以得到思维的正确结果。既然正向走不通，就得向着相反的方向思考，经过一个点或几个点，从而最终得到正确的思维结果。

3. 正向线性发散思维

正向线性发散思维的特点是，思维从某一个点开始，沿着正向向前以线性发散。如果思维非线性发散，而只是沿着直线向前，就只能得出一个最终的思维结果，从而难免思维结果的片面性。因此，思维线性发展的方向必须是多向的，最终得到思维的结果也是多个的，正是这多个结果，才是思维最终要得到的全面的正确结果。

4. 正向线性会聚思维

正向线性会聚思维的特点是，思维从两个或两个以上的点开始，沿着正向向前以线性发展，到了一定的时候，汇聚成为一个点。在这种思维过程中，如果从多点开始的思维始终各自正向线性向前发展，就会漫无边际，不能最终汇聚，得到正确的思维结果。因此，思维的关键是在恰当的时候汇聚为一点。

(三)线性思维的优势

(1) 只记相关的词可以节省时间：节约 50%到 95%的时间。

(2) 只读相关的词可以节省时间：节约 90% 以上的时间。

(3) 复习思维导图笔记可以节省时间：节约 90% 以上的时间。

(4) 不必在不需要的词汇中寻找关键词可以节省时间：总共节约 90% 的时间。

(5) 集中精力于真正的主题。

(6) 重要的关键词更为显眼。

(7) 重要的关键词并列在时空之中，改善创造力和记忆力。

(8) 可以在关键词之间产生清晰合适的联想。

(9) 大脑更易于接受和记忆有视觉刺激、多重色彩、多维度的思维导图，而不是单调烦人的线性笔记。

(10) 做思维导图的时候，人会处在不断有新发现和新关系的边缘。这会鼓励思想不间断和有可能没有穷尽地流动。

(11) 思维导图与大脑自然融合或完整欲望相符合。

(12) 大脑不断地利用其所有的皮层技巧，越来越清醒，越来越愿意接受新事物。

二、非线性思维

(一)非线性思维的概念

非线性思维是指一切不属于线性思维的思维类型，也就是我们所见到的跳跃性思维，比如系统思维、模糊思维等。它很可能不按逻辑思维、线性思维的方式走，有某种直觉的含义，是一种无须经过大量资料、信息分析的综合过程。

一个系统，如果其输出不与其输入成正比，则是非线性的。实际上，自然科学或社会科学中的几乎所有已知系统，当输入足够大时，都是非线性的。因此，非线性系统远比线性系统多，客观世界本来就是非线性的，线性只是一种假象。对于一个非线性系统，哪怕一个小扰动，像初始条件的一个微小改变，都可能造成系统在未来行为的巨大差异。

(二)非线性思维方式的表现形式

思维形式是思维方式的基本构成要素，任何思维方式都要以若干思维形式表现出来，若干思维形式在总观点的制约下，通过逻辑的和非逻辑的联系而构成作为其整体的思维方式。每种思维形式都有其认识世界的独特而又确定的视角，具体的思维形式是思维方式的具体外在形式和外在载体，从各角度再现了思维方式的整体特征。根据对非线性思维方式的发生和特质的分析结果，可以总结出非线性思维方式具有系统辩证思维、发散思维、逆向思维、直觉思维和灵感思维五种基本形式。这五种具体的思维形式在不同程度上具非线性思维方式的特征并遵循其客观规律。

1. 系统辩证思维

系统辩证思维就是把系统观和辩证法有机统一起来而形成的思维形式。系统性决定了事物是由相互联系、相互作用的若干元素组成的具有特定功能的动态的统一体；辩证性则反映了事物的普遍联系和运动特性，要求人们从事物的联系和关系中去思考问题，系统性和辩证性的有机统一，使系统成为辩证的系统，辩证是反映系统的辩证，在此基础上形成的系统辩证思维形式突显了其整体优化性、多维立体性和开放战略性等本质特征。

2. 发散思维(放射思维)

发散或放射，意即"由一个点向各个方向传播或移动"。发散思维是指人们运用不同的思维方法，开拓多条思维渠道，打通多个思维通道以寻求多种解决问题的方案的思维形式。正如研究发散思维的代表人物吉尔福德谈到的那样："在收敛性思维的测试中，几乎总是只有一个结论或答案，这个答案被认为是唯一的。思维必须沿着该答案的方向汇聚或被控制。另一方面，在发散性思维中，思维则沿不同的方向进行探索。当问题没有唯一的答案时，这一点显得最明显。发散性思维的特性就在于不受约束，它允许思维自由地向各个方向发展。否定的答案，向别的方向探索是必要的，足智多谋的人更可能成功。"发散思维在与收敛思维的比较中，显示了其求异质疑性、广阔的联想性和灵活多变的方法性等特征。

3. 逆向思维

通过事物之间的因果联系寻找解决问题的途径是人们常用的有效思维途径。遵循从原因到结果的思维路径达到思维目的的形式叫正向思维。反之按照从结果到原因，沿着事物发展的轨迹回溯探究以达到思维目的的思维形式就叫逆向思维。传统的因果性(一因一果性)是对事物间相互关系的一种必然性描述。因此，遵循一因一果的规则探究事物规律的正向思维和逆向思维都属于典型的线性思维方式。复杂非线性世界中广泛存在的丰富多彩的普遍联系在人们的眼前呈现出一幅扑朔迷离的景象，因而使遵循辩证否定规律的逆向思维更充分地展现了其具有的非线性思维方式的典型特征和快捷高效的思维效率。逆向思维广泛地存在于人类思维所涉及的一切认识活动和社会实践各领域中。从逆向思维的认识论意义上来考察，人们对于客观世界的认识过程，是以发现和提出问题为起点，以解决问题为归宿的。而发现、提出和解决问题的认识过程，实际上包含着思维的辩证否定，一种是对主体现有知识的有效性、完备性、可靠性的否定，另一种则是对前一种否定的再否定。在这两种否定的过程中，逆向思维始终从矛盾的对立面对认识内容进行辩证的否定，从而以一种否定性的力量推动思维围绕着问题而发展深入。因此，逆反思维具有批判性、反常规性和创新性等特点。

4. 直觉思维

直觉即直接的觉察，指人的下意识的带有创新的直接感觉。直觉思维是指主体以一种形象和概念共同反映事物本质的认识形式，综合运用已有的经验体验和理论认识形成的突然对事物达到深入洞察和本质理解的思维活动形式。科学发展的历史已经雄辩地证明：直觉在科学技术的发现和创造中发挥了巨大的不可磨灭的作用。大科学家爱因斯坦结合自己科学发现过程的亲身经历得出：“科学的发现并没有逻辑的通道，只有通过那种对经验的共鸣的理解为依据的直觉。我相信直觉。”但同时他也强调，直觉之后还要用逻辑去检验。直觉思维具有整体联系性、非逻辑性和综合性等特点。

5. 灵感思维

按《辞海》上的解释：“灵感是在文学、艺术、科学、技术等活动中，由于艰苦学习，长期实践，不断积累经验和知识而突然出现的富有创造性的思路。”这种解释突出强调了灵感产生所必需的观念知识基础，但却忽视了灵感发生的机理和过程。灵感作为一种特殊的思维现象，是人对于一个问题在运用常规思维解决不了的情况下，由于某一偶然事物或信息的激发或在某种特殊的思维状态对潜意识中某个环节的触发，使大脑中原来中断的信息突然迅速地重新实现有序化，进而使问题突然获得解决的思维活动形式。灵感的出现常常给人带来渴望已久的智慧的灵光，它是人智慧的最高体现，著名科学家钱学森同志根据自己的创造性思维实践得出，“科学和技术中的创造突破系于灵感，无灵感即无创造和突破。”并进而认为“灵感思维是不同于形象思维和抽象思维的第三种思维形式”。且不管这种观点是否可行，但它从一个侧面反映了一位老科学家对灵感思维在科学创造过程中的地位和作用的肯定。灵感思维具有突发性、综合性、不可重复性和可靠性等特点。

三、线性思维与非线性思维的关系

思维方式无非是线性与非线性两种。线性思维方式有助于深入思考，探究到事物的本质。非线性思维方式有助于拓展思路，看到事物的普遍联系。非线性思维是为了更好地进行线性思维即深入了解事物的本质。线性思维方式是目的，而非线性思维方式是手段。

从思维上讲，非线性思维使用的是人的右半脑；从层次上讲，非线性思维更多的是在人的潜意识里完成的。潜意识的活动更接近客观事物，更真实。

线性思维，是一种直线的、单向的、单维的、缺乏变化的思维方式；非线性思维则是相互连接的，非平面、立体化、无中心、无边缘的网状结构，类似人的大脑神经和血管组织。线性思维如传统的写作和阅读，受稿纸和书本的空间影响，必须以时空和逻辑顺序进行。非线性思维则如电脑的 RAM(Random Access Memory)，突破时间和逻辑的线性轨道，随意跳跃生发，又如 HTML 提供超越时空限制的网状连接路径。尽管如此，非线性思维至今仍然没有一个科学的定义，甚至与科学不沾边。

复习思考题

1. 逻辑思维为什么要遵循逻辑规律？
2. 发散思维的特点是什么？
3. 你还能想出什么样的立体思维形式？
4. 论述横向思维与纵向思维的关系。
5. 目标确定法的要点是什么？
6. 逆向思维的特点是什么？
7. 举两例逆向思维法的应用。
8. 系统思维的特征包括哪些？
9. 系统思维的方法有哪些？
10. 论述线性思维与非线性思维的关系。

训练与活动

训练与活动 1 流畅性练习(流畅性中见变通性、独特性)

1. 字的流畅

请在 10 个十字上加最多 3 笔构成新的字。

请在"日"字上、下、左、右各加笔画写出尽可能多的字来(每种至少 3 个)(也可以在口字、大字、土字等加笔画)。

2. 词的流畅

(1) 请尽可能多地(每种至少 2 个)写出含有"马"字的成语。(马字分别在 1、2、3、4 位)

(2) 请作连词：在青年—国家之间加词(8～10 个)，使上一个词的词尾为下一个词的词头。(要求音同字同)

(3) 请在 5 分钟内尽可能多地写出带有数字一至十的词汇，(如一心一意等)写得最多又无错误为优胜。

3. 图形的流畅

(1) 如下图16 根火柴构成了 5 个正方形，如何移动 2 根火柴使 16 根火柴构成 4 个同样大小的正方形？

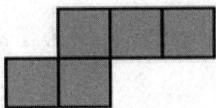

图 4-3　16 根火柴构成了 5 个正方形

(2) 下图是 8 根火柴组成的 2 个正方形，如何移动 4 根火柴，组出 8 个三角形？

图 4-4　8 根火柴组成的 2 个正方形

4. 观念的流畅

(1) 尽可能多地说出帽子的用途。

(2) 尽可能多地说出领带的用途。

(3) 尽可能多地说出……

什么"狗"不是狗，什么"虎"不是虎。

什么"虫"不是虫，什么"书"不是书。

什么"井"不是井，什么"池"不是池。

训练与活动 2

(1) 请说出家中既发光又发热的东西。找出它们的共同点。

(2) 请写出海水与江水的共同之处，越多越好。

(3) 鸽子、蝴蝶、蜜蜂与苍蝇有什么相同之处？

(4) 铜、铁、铝、不锈钢等金属有什么共同的属性？

训练与活动 3

(1) 找反义词。

①嘶哑　　　②顺从　　　③冷漠　　　④解放

⑤画蛇添足　　　⑥硕大无朋

(2) 有个人带着自己的女儿到学校去，老师和同学都承认这个小孩是这个人的女儿，但是小孩就是不承认这个大人是她的父亲。请你回答这是什么原因？

(3) 某医生告诉一濒危病人：你已经不行了，你想见见谁？请从逆向思维的角度猜猜病人的回答。

(4) 为防止钢铁生锈，通常的做法是在钢铁表面涂上一层油漆以抗氧化，请你通过逆向思维考虑，是否还有别的方法。

训练与活动 4

(1) 第 383 期"正大综艺"曾提出这样一个问题：日本一位 72 岁的老木匠，他在钉钉子之前，总是先把钉子含在口里，这是为什么？有几种回答：①为了润滑，使钉钉子的时候阻力小一些；②为了防锈；③为了记数；④为了防止钉的时候颠倒。

(2) "1+2"何时不等于3？

(3) 有一个人出国以后发现他周围全是中国人，这是为什么？

(4) 吃苹果时，发现一条虫，比这更可怕的事情是什么？

训练与活动 5

有人问小朋："灵芝草"是草吗？"爬山虎"是虎吗？"死海"是海吗？"海马"是马吗？如果顾名思义，这些肯定是对的。然而，小明没有顾名思义，而是给出了否定的回答。请问，小明用的是哪种思维方法？

"灵芝草"不是草，它是生在枯树根上的真菌。

"爬山虎"不是虎，它是葡萄科植物，学名叫"常青藤"。

"死海"不是海，这是世界上最低的湖，位于巴勒斯坦和约旦王国的边界上。

"海马"不是马，它属鱼类，因头与躯干成直角，形似马头，故称海马。

训练与活动 6

1. 处于亚热带的印度、缅甸等国，蛇是非常多的，蛇的主要攻击对象是青蛙。蜈蚣是种小动物，它那发达的毒腺足以使比它大得多的毒蛇毙命，一般的毒蛇对它无可奈何。青蛙在毒蛇面前是弱小者，但它可以以蜈蚣为美食，蜈蚣不怕凶狠的毒蛇却怕青蛙。有趣的是，冬日里捕蛇者们却常常在同一洞穴中发现三个冤家对头共处一室且相安无事。毒蛇、蜈蚣、青蛙是不会有谋略的，可是经过了世代适者生存的自然选择，它们不仅形成了捕食弱者的本领，也形成了利用自己克星的天敌保护自己的本领。因为如果蛇吃了青蛙，自己就会被蜈蚣所杀，而蜈蚣若杀了毒蛇，自己立刻会成为青蛙的盘中餐，而青蛙如果贪吃了蜈蚣，毒蛇便会毫无顾忌地把青蛙吃掉。

这样一来，为了生存的需要，便形成这样的局面：青蛙不吃蜈蚣，以便让蜈蚣帮助自己抵御毒蛇；而蜈蚣也不杀毒蛇，以便让毒蛇帮助自己抵御青蛙。这种相克又相生、势均力敌的平衡格局，仿佛告诉我们：强者不去吃掉弱者，而帮助弱者生存下去，反而对自己更有利；弱者可以通过与强者的敌人交好而得到保护。这是何等高明的对抗谋略。

(1) 请分析本案例中青蛙、蜈蚣、毒蛇所构成的系统模式。

(2) 请分析本案例中系统的构成元素和它们之间的关系。

(3) 为什么具有矛盾关系的元素却能构成一个有机的整体？

2. 你如果开一家中型的超市，怎样运用系统思维法争取更好的经济效益？

3. 你如果去贫困农村扶贫，怎样运用系统思维帮助农民脱贫致富？

4. 运用系统思维法，提高自己的健康水平，制订一份1年计划。

第五章　智力激励型创新方法

【学习目标】

- 了解智力激励的含义，领会智力激励技法的内涵。
- 分析说明智力激励创新方法在不同生活领域的表现形式及作用。
- 学会区分不同智力激励类型的具体内容、特点和实施步骤。

【引导案例】

奥斯本头脑风暴法的应用

有一年，美国北方格外寒冷，大雪纷飞，电线上积满冰雪，大跨度的电线常被积雪压断，严重影响通信。过去，许多人试图解决这一问题，但都未能如愿以偿。后来，电信公司经理应用奥斯本发明的头脑风暴法，尝试解决这一难题。他召开了一种能让头脑卷起风暴的座谈会，参加会议的是不同专业的技术人员，要求他们必须遵守以下原则：第一，自由思考。即要求与会者尽可能解放思想，无拘无束地思考问题并畅所欲言，不必顾虑自己的想法是否"离经叛道"或"荒唐可笑"。第二，延迟评判。即要求与会者在会上不要对他人的设想评头论足，不要发表"这主意好极了！""这种想法太离谱了！"之类的"捧杀句"或"扼杀句"，至于对设想的评判，留在会后组织专人考虑。第三，以量求质。即鼓励与会者尽可能多而广地提出设想，以大量的设想来保证质量较高的设想的存在。第四，结合改善。即鼓励与会者积极进行智力互补，在自己提出设想的同时，注意思考如何把两个或更多的设想结合成另一个更完善的设想。按照这种会议规则，大家七嘴八舌地议论开来，有人提出设计一种专用的电线清雪机；有人想到用电热来化解冰雪；也有人建议用振荡技术来清除积雪；还有人提出能否带上几把大扫帚，乘直升机去扫电线上的积雪。对于这种"坐飞机扫雪"的想法，大家心里尽管觉得滑稽可笑，但在会上也无人批评。相反，有一位工程师在百思不得其解时，听到用飞机扫雪的想法后，大脑突然受到冲击，一种简单可行且高效率的清雪方法冒了出来。他想，每当大雪过后，出动直升机沿积雪严重的电线飞行，依靠调整旋转的螺旋桨即可将电线上的积雪迅速扇落。他马上提出"用干扰机扇雪"的新设想，顿时又引起其他与会者的联想，有关用飞机除雪的主意一下子又多了七八条。不到一小时，与会的 10 名技术人员共提出 90 多条新设想。

会后，公司组织专家对设想进行分类论证。专家们认为设计专用清雪机，采用电热或电磁振荡等方法清除电线上的积雪，在技术上虽然可行，但研制费用大，周期长，一时难以见效。那种因"坐飞机扫雪"激发出来的几种设想，倒是一种大胆的新方案，如果可行，将是一种既简单又高效的好办法。经过现场试验，发现用直升机扇雪真能奏效，一个久悬未决的难题，终于在头脑风暴会中得到了巧妙的解决。随着创造活动的复杂化和课题涉及技术的多元化，单枪匹马式的冥思苦想将变得软弱无力，"群起而攻之"的战术则显示出攻无不克的威力。

(资料来源：陈光岳. 直升机扫雪，别说不可能[J]. 经营与管理，2006(6).)

第一节　奥氏智力激励法

现代科学技术发展史表明：一项技术革新或科技成果，大都先有一个创造性设想，一般说来，创造性设想越多，发明也越容易获得成功。中国有句俗话，叫作集思广益。在创造发明活动中，应用"集思广益"的例子是屡见不鲜的。例如，日本三菱树脂公司随着生产的发展，急需研制一种新兴净化池。公司领导召集十余名技术人员，在短短的半天时间里就提了 70 种方案，并从中选了 10 种最优秀方案。然后，将根据 10 种最优方案设计的净化池的结构画成图纸，贴在黑板上，再将各人对新方案提出的改进设想写在纸条上，贴在净化池结构图的相应部位，通过公司内部科技人员的评审，最后得出一种研制新型净化池的最佳方案。

由此可见，集思广益是一种有效的创造方法。创造学家在此基础上创造了一种科学开发创造性设想的创造技法——智力激励法。

一、智力激励法的含义

智力激励法的创建者是创造工程学的奠基者奥斯本，又名"头脑风暴法"。智力激励法是利用群体思维的互激效应，针对专门问题进行集体创造活动的方法。

智力激励法是一种走群众路线开展发明创造活动的方法，它以一种特殊的会议形式使与会者畅所欲言，达到集思广益的目的。它是美国的奥斯本先生于 1939 年创立的。该技法能有效打开创造者的想象大门，可以为人们创造性地解决问题提供许多新的设想，所以很快就被各国采用、推广，有人也称这种技法为"头脑风暴法"。而且结合各国的实际已开发出一系列新的、实用的技法。因此，科学创造工作者又称它为创造技法的"母法"。

智力激励的核心是"集智"和"激智"。"集智"就是把众人的智慧集中起来，其基础是相信人人都有创造力。"激智"就是把众人潜在的智慧激发出来。首先，时间上的限制制造了紧张气氛，使参加者的大脑处于高度兴奋的状态之中，有利于激励出创造性设想。其次，人数上的限制，使得每个参加者都能充分发表自己的意见，提高了大家的热情，人们在这里，自我价值得到了体现。不管是书面或者口头的意见，都得到充分交流，人们可以从各个方面、各种角度进行思想交锋，有助于思维流程的数量和质量上的提高。因此，可以这样说，智力激励法是从"独奏"开始，到引起"共振"结束，从而获得成果，所以此法应用广泛，受到人们普遍的重视。国外有人曾对 38 次智力激励会议提出的4356 条设想进行分析，有 1400 条设想是在别人的启发下获得的。一些科学测试也证实，在集体联想时，成年人的自由联想可以提高 65%～93%，而且在集体竞争时，人的心理活动效应可以增强 50%以上。由于智力激励法的种种非同寻常的特殊规定和方法技巧，能形成一种有益于激励而不会压抑创造力的气氛，使与会者能够自由思考，任意遐想，并在相互启发中引出更多、更新颖的创造性设想。

二、智力激励法的应用原则

智力激励的有效性在于它的四项原则，这四项原则是人们对创造机制深入认识并力求驾驭的结果。这四项原则如下所述。

1. 自由思考原则

自由思考原则的核心是求新、求奇、求异。这一原则要求与会者解放思想，不受任何传统思维和常规逻辑的束缚，克服心理惯性和思维惰性的影响，使思想处于自由驰骋状态，充分运用创造性思维，从广阔的学科领域寻找新颖、独特的发明设想。

2. 延迟评判原则

这一原则是限制在讨论问题时过早地进行评判，对所提各种设想，不做任何肯定或否定性评论。坚持这一原则是为了克服评判对创造性思维的抑制作用，保证自由思考原则的贯彻执行，形成良好的激励气氛。美国心理学家梅多和教育学家帕内斯在做了大量试验和调查之后指出："推迟判断在集体解决问题时可多产生 70%的设想，在个人解决问题时可多产生 90%的设想。"日本学者丰泽丰雄也说："过早地判断是创造力的克星。"

3. 以量求质原则

以量求质原则的目的在于以创造性设想的数量保证创造性设想的质量。奥斯本认为，理想结论的获得常常是一个逐渐逼近的过程。在运用创造性解决问题时，最初的设想往往并非最佳。据统计，一批设想后半部分的价值比前半部分高 78%，一个在相同时间内比别人多提出 2 倍设想的人，最后产生有实用价值设想的可能性比别人高 10 倍。因此，以量求质原则强调与会者在有限时间内，必须加快思维的流畅性、灵活性和求异性，尽可能多而广地提出新设想。在追求数量的活跃而积极的气氛中，引导与会者集中精力构思新设想。只有提出大量设想，才能选出最优设想。

4. 结合改善原则

这一原则是鼓励与会者积极参与知识互补、智力互激的信息增殖活动。在智力激励会上，任何一个人提出的新设想都能构成对其他人的信息刺激，且有知识互补和互相诱发激励的作用。因此，与会者要仔细倾听他人的发言，注意在他人启发下及时修正自己不完善的设想，或把自己的想法与他人的想法加以综合，取长补短，提出更完善的创意和方案。

三、智力激励法的运用要点

智力激励法一般是通过召开会议的形式进行的。其实施步骤是：准备、热身、明确问题、畅谈、整理。

(一)准备

1. 选择会议主持人

合适的会议主持人，既应熟悉智力激励法的基本原理、原则、程序与方法，又应对会议所要解决的问题有比较明确的了解，还应灵活地处理会议中出现的各种情况，使会议自始至终遵照有关规则在愉快热烈的气氛中进行。

2. 确定会议主题

由主持者和问题提出者一起分析研究，明确会议所议论的课题。课题应具体单一，对涉及面广或包含因素过多的复杂问题应进行分解，使会议主题目标明确。

3. 确定参加会议的人选

参加会议的人数一般 5～10 人为宜。与会人员的专业构成要合理，大多数人应对课题有较丰富的专业知识，同时也要有少数外行参加。与会者应关系和谐、相互尊重、一视同仁、平等议事、无上下高低之分，以利于消除各自的心理障碍。

4. 提前下达会议通知

提前几天将议题的有关内容及背景通知与会者，以利于思想上有所准备，提前酝酿解决问题的设想。

(二)热身

在体育比赛中，运动员上场参赛前要活动几分钟，以适应即将开始的竞技拼搏，这叫作"热身"。智力激励会议安排与会者"热身"，其目的和作用与体育竞赛类似，使与会者尽快进入"角色"。热身活动所需要的时间，可由主持人灵活确定。热身活动有多种方式，如看一段有关发明创造的录像，讲一个发明创造的故事，出几道脑筋急转弯之类的问题让与会者回答，使会场尽快形成热烈轻松的气氛，使大家尽快进入创造的"临战状态"。

(三)明确问题

这个阶段主要由主持人介绍问题。介绍问题时应注意坚持简明扼要原则和启发性原则。简明扼要原则要求主持人只向与会者提供有关问题的最低数量信息，切忌将背景材料介绍过多，尤其不要将自己的初步设想和盘托出。因为介绍的材料过多或说出主持人个人初步想法，不仅无助于激励大家的思维，反而容易形成框框，束缚与会者的思路。因此，主持人所要给出的只是对问题实质的简要解释。启发性原则是指介绍问题时要选择有利于激发大家兴趣、开拓大家思路的陈述方式。例如，针对革新一种加压工具问题，如果选择"请大家考虑一种机械加压工具的设计构思"这种表述方式，就容易把大家的思路局限在"机械加压"的技术领域之内。如果改为"请大家考虑一种提供压力的先进方案"，则会给大家更广阔的思考天地，除了机械加压之外，大家还可能会想到气压、液压、电磁等技术的应用。

(四)畅谈

这是智力激励会议的最重要环节，是决定智力激励成功与否的关键阶段。其要点是想方设法营造一种高度激励的气氛，使与会者能突破种种思维障碍和心理束缚，让思维自由驰骋，借助与会者之间的知识互补、信息互补和情绪鼓励，提出大量有价值的设想。

畅谈阶段除了遵守前述四项原则外，还要遵守下述规定：

(1) 不许私下交谈，始终保持会议只有一个中心。否则，会使与会者精力分散，并产生无形的评判作用。

(2) 不许以权威或集体意见的方式妨碍他人提出个人的设想。

(3) 设想表述力求简明、扼要，每次只谈一个设想，以保证此设想能获得充分扩散和激发的机会。

(4) 所提设想一律记录。

(5) 与会者不分职位高低，一律平等对待。

畅谈阶段的时间由主持人灵活掌握，一般不超过 1 小时。

(五)整理

畅谈结束后，会议主持者应组织专人对设想进行分类整理，并进行去粗取精的提炼工作。如果已经获得解决问题的满意答案，智力激励会就完成了预期的目的。倘若还有悬而未决的问题，还可以召开下一轮智力激励会议。

【案例】

未来的电风扇

中国机械冶金工会举办的一次合理化建议和技术革新工作研讨班，运用智力激励法思考"未来的电风扇"，36 人在半小时内提出 173 条新设想。其中典型的设想有：带负离子发生器的电扇、全遥控电扇、智能式电扇、理疗电扇、驱蚊虫电扇、激光幻影式电扇、催眠电扇、变形金刚式电扇、熊猫型儿童电扇、老寿星电扇、解忧愁录音电扇、恋爱气氛电扇、去潮湿电扇、衣服烘干电扇、美容电扇、木叶片仿自然风电扇、解酒电扇、吸尘电扇、笔记本式袖珍电扇、太阳能电扇、床头电扇、台灯电扇等。

(资料来源：朱辰. 学习创造学，运用创造技法充分发挥广大职工的创造力[J].

机械管理开发，1994(1).)

【案例】

破核桃机构思的产生

德国一家公司要设计一台破核桃机，要求破出的核桃仁是较完整的两半，为此召开智力激励会议进行讨论。

主持人：如何从核桃中获得较完整的两半核佻仁，要求又多、又快、又好。

甲：平常在家里用牙嗑、用手掰、用门掩、用榔头砸、用钳子夹。

乙：应该把核桃按大小分类，各类桃核分别放到压力机上砸。

丙：可以把核桃蘸上某些物质、粉末，使它们变成同样大小的圆球，放在压力机上砸，可以不分类(发展了一种设想)。

主持人：大家再想一想，用什么样的力才能把核桃砸开，用什么办法才能得到这些力？

甲：需要加一个集中挤压力，用某些东西去冲击核桃，或者用核桃去冲击某些东西，就能产生这种力。

乙：可以用气动机枪射核桃，比如说可以用装泡沫塑料弹的儿童气枪射。

丙：当核桃落地时，可以利用重力。

丁：核桃壳很硬，应该先用溶剂加工，使它们软化、溶解，或者使它们变得较脆，要使核桃变脆，可以冷冻。

戊：可以把核桃放在液体容器里，借助电力、水力冲击它们破开。

主持人：如果我们用逆向思维来解决问题又会怎么样？

甲：要是核桃中有个小东西随着核桃长大，当核桃成熟时把其撑开，则最理想了。

乙：不应该从外面，应该从里面把核桃破开，把核桃钻个小孔，往里面加压打气。

丙：可以把核桃放在空气室里，往空气室里加高压打气，然后使空气室里压力锐减。因为核桃的内部压力不能立即降低，这时内部压力使核桃破裂，或者使空气室里的压力剧增剧减，交替进行、核桃壳处于变动负荷状态，使之破裂。

在这次智力激励会议上，只用 10 分钟就得到 40 多个设想，其中一个方案(在空气室压力超过大气压并随之降到大气压力以下，核桃壳破裂，核桃仁保持完好)获发明专利。另一方案是将核桃用夹子固定，再用空心钻头从顶部钻孔，通入高压空气破开核桃壳，得到较完整的核桃仁，整个工艺过程可在传送带上进行，实现了破核桃工艺的自动化。

(资料来源：葛莱云. 创造力开发与培养[M]. 北京：中国社会科学出版社，2012.)

【案例】

盖莫里公司的新产品

盖莫里公司是法国一家拥有 300 人的中小型私人企业，这一企业生产的电器有许多厂家和它竞争市场。该企业的销售负责人参加了一个关于发挥员工创造力的会议后大有启发，开始在自己公司谋划成立了一个创造小组。在冲破了来自公司内部的层层阻挠后，他把整个小组(约 10 人)安排到农村议价小旅馆里，在以后的三天中，对每人都采取了一些措施，以避免外部的电话或其他干扰。

第一天全部用来训练，通过各种训练，组内人员开始相互认识，他们相互之间的关系逐渐融洽，开始还有人感到惊讶，但很快他们都进入了角色。第二天，他们开始创造力技能训练，开始涉及智力激励法以及其他方法。他们要解决的问题有两个，在解决了第一个问题，发明一种拥有其他产品没有的新功能电器后，他们开始解决第二个问题，为此新产品命名。

在第一、第二两个问题的解决过程中，都用到了智力激励法，但在为新产品命名这一问题的解决过程中，经过两个多小时的热烈讨论后，共为它取了 300 多个名字，主管则暂时将这些名字保存起来。第三天一开始，主管便让大家根据记忆，默写出昨天大家提出的名字。在 300 多个名字中，大家记住 20 多个。然后主管又在这 20 多个名字中筛选出三个大家认为比较可行的名字。再将这些名字征求顾客意见，最终确定了一个。

(资料来源：头脑风暴法经典案例_精选 100 篇，第一文库网，http://www.wenku1.com.)

结果，新产品一上市，便因为其新颖的功能和朗朗上口、让人回味的名字，受到了顾客热烈的欢迎，迅速占领了大部分市场，在竞争中击败了对手。

从上例可见，所谓头脑风暴会，实际上是一种智力激励法。这种方法的英文原意是 brainstorming，直译为精神病人的胡言乱语，奥斯本借用这个词来形容会议的特点是让与会者敞开思想，使各种设想在相互碰撞中激起脑海的创造性"风暴"。头脑风暴法是一种通过会议的形成，让所有参加者在自由愉快、畅所欲言的气氛中，自由交换想法或点子，对一个问题进行有意或无意的争论辩解的一种民主议事方法。它又称智力激励法，是由美国创造学家奥斯本于 1939 年首次提出、正式发表的一种激发创造性思维的方法。发明创造的实践表明，真正天才的发明家，他们的创造性思维能力远较平常人要优越得多。但对天资平常的人，如果能相互激励，相互补充，引起思维"共振"，也会产生出不同凡响的新创意或新方案。俗话说，"三个臭皮匠，顶个诸葛亮"，也就是奥斯本头脑风暴法的"中国式"译义，即集思广益。集思广益，这并没有什么高深的道理，问题在于如何去做到这点。开会是一种集思广益的办法，但并不是所有形式的会都能得到让人敞开思想、畅所欲言的效果。奥斯本的贡献，就在于找到了一种能有效地实现信息刺激和信息增值的操作规程。难怪奥斯本在 20 世纪 30 年代发明这种集思广益的创造技法后，马上在美国得到推广，日本人也相继效仿，使企业的发明创造与合理化建议活动硕果累累。员工的创造潜力是巨大的，一个优秀的领导者，应该懂得如何发掘和运用这一潜力。

智力激励法适合于解决那些比较简单、严格确定的问题。日常工作中，领导是最主要的决策者，但对领导来说，一个人的智慧和力量，经历和观察问题的视线都是有限的。因此，领导常常会出现一些困惑。在开展某项活动时，因为思维上形成了一定的定式，在制订方案时始终跳不出固有的模式，这就给员工以厌烦之感，调动不起激情来，活动也因此而显得一般化；再如领导在管理工作中，往往遇到一些棘手的问题，常常是苦思冥想也没有好的办法。这时，就可以听听广大员工的意见，试着使用头脑风暴法来帮助解决一些问题，因为这既可集思广益，充分体现民主，又很好地调动起了全体员工管理的积极性，且能在一定程度上减少决策的失误。领导在具体操作时，可以给员工们营造一个机会，在有意无意间提出需要讨论的话题，鼓励大家放开胆子尽情地说，让讨论者的思维大门洞开，让一些新的想法在讨论中迸发出来。我们常常有这样的体验，一个人在一个热烈的环境中，当看到别人发表新奇的意见时，思维受到刺激，情绪受到感染，潜意识被自然地唤醒，巨大的创造智慧可自然地迸发出来，大量的信息不断地冲击着人的大脑，奇思妙想就会喷涌而出；在这时，在场的人就会抑制不住自己内心的激动，争着抢着把自己要说的话说出来。场面越是热烈，争着发言的人就会越多；发言的人越多，形成的点子就会越多，于是，一个个好的方案就会这样形成。

这种议事形式可以在正式场合中进行，也可在较为自由的非正式场合中进行。非正式场合因为环境宽松，可以少生顾忌，便于畅所欲言，大胆说话。无意识中，一些创意或方案的雏形形成，再经过正式研究或论证，就逐步地形成了一系列经得起检验的成果。

实践证明，在各项管理工作中，灵活而巧妙地使用"头脑风暴法"，能使上下级关系更加融洽，最大限度地使大家智慧的火花得以迸发，进而最终形成一个个好的创意或方案，制定出一些切实可行的工作措施，寻找到一些解决疑难问题的办法来，值得认真探索。

头脑风暴法要解决的议题应从大家关注的问题着手，如是平日悬而未决的，参与者们一直期待解决的问题为最佳。这种议事方法的特点是：参加者提出的方案越离奇越好，以此激发与会者创意及灵感，使要解决的问题思路逐渐明晰起来。在议事中采用头脑风暴法要遵循五大原则：一是禁止评论他人构想的好坏；二是最狂妄的想象是最受欢迎的；三是重量不重质，即为了探求最大量的灵感，任何一种构想都可被接纳；四是鼓励利用别人的灵感加以想象、变化、组合以激发更多更新的灵感；五是不准参加者私下交流，以免打断别人的思维活动。不断重复以上五大原则进行智力激励法的培训，就可以使参加者渐渐养成弹性思维方式，涌现出更多全新的创意。在众多创意出来后，管理者再进行综合和筛选，最后形成可供实践的最佳方案。

第二节　改进型智力激励法

一、默写式智力激励法

(一)默写式智力激励法的含义

默写式智力激励法、默写式头脑风暴法又称"635"法，是德国人鲁尔已赫根据德意志民族习惯于沉思的性格以及由于数人争着发言易使点子遗漏的缺点，对奥斯本智力激励法进行改造而创立的。与头脑风暴法原则上相同，其不同点是把设想记在卡上。头脑风暴法虽规定严禁评判，可自由奔放地提出设想，但有的人对于当众说出见解犹豫不决，有的人不善于口述，有的人见别人已经发表与自己的设想相同的意见就不发言了。而"635"法可弥补这种缺点。具体做法如下：

每次会议有 6 人参加，坐成一圈，要求每人 5 分钟内在各自的卡片上写出 3 个设想(故名"635"法)，然后由左向右传递给相邻的人。每个人接到卡片后，在第二个 5 分钟再写 3 个设想，然后再传递出去。如此传递 6 次，半小时即可进行完毕，可产生 108 个设想。

(二)默写式智力激励法的具体程序

(1) 以 A~F 代表六个人，与会的 6 个人围绕环形会议桌坐好，每人面前放有一张画有 6 个大格 18 个小格(每一大格内有 3 个小格)的纸。

(2) 主持人公布会议主题后，要求与会者对主题进行重新表述。

(3) 重新表述结束后，开始计时，要求在第一个 5 分钟内，每人在自己面前的纸上的第一个大格内写出 3 个设想，设想的表述应尽量简明扼要，将每一个设想写在一个小格内。

(4) 第一个 5 分钟结束后，每人把自己面前的纸顺时针(或逆时针)传递给左侧(或右侧)的与会者，在紧接的第二个 5 分钟内，每人再在下一个大方格内写出自己的 3 个设想；新提出的 3 个设想，最好是受纸上已有的设想所激发，且又不同于纸上的或自己已提出的设想。

(5) 按上述方法进行第三至第六个 5 分钟，共用时 30 分钟，每张纸上写满了 18 个设想，6 张纸共 108 个设想。

(6) 整理分类归纳这 108 个设想，找出可行的先进的解题方案。"635" 法的优点是能弥补与会者因地位、性格的差别而造成的压抑感；缺点是因只是自己看和自己想，激励不够充分。

(三)默写式智力激励法的注意事项

(1) 不能说话，思维活动可自由奔放。

(2) 由 6 个人同时进行作业，可产生更高密度的设想。

(3) 可以参考他人写在传送到自己面前的卡片上的设想，也可改进或加以利用。

(4) 不因参加者地位上的差异以及内向的性格而影响意见的提出。

(5) 卡片的尺寸相当于 A4 纸张，上面画有横线，每个方案有 3 行，分别加上 1 至 3 的序号。

【案例】

戴姆乐—奔驰汽车 653 法的运用

联邦德国的戴姆乐—奔驰汽车在国内外市场中一直享有良好的声誉，该汽车公司成功地运用 653 法完善自己的产品。该公司为了使汽车在质量、造型、功能及维修服务等方面更好地满足顾客的要求，总经理召开了"默写式智力激励会议"，会上提出了大量有价值的设想和方案，制定了一条千方百计使质量首屈一指，并以此取胜为首要目标的开发与竞争战略。奔驰汽车公司采用"默写式智力激励法"收集设想和方案，对车型工艺进行了大胆的创新。先后设计和研制了"纽尔堡 480"式 8 缸 8 座汽车，布尔柴油发动机轿车，直至"梅尔塞斯 400""梅尔塞斯 600"型高级轿车。奔驰公司生产的车辆从一般小轿车到 255 吨大型载重车共 160 种 3700 种型号。"以创新求发展"是公司上下的一句流行口号。

在收集设想与方案的基础上，奔驰公司创造出了最完整而方便的服务网。这个服务网包括两个系统，一是推销服务网，分布于联邦德国各大中城市。在推销处，人们可以看到各种车的图样，了解到汽车的性能特点。在订购时，顾客还可以提出自己的特殊要求，如车的颜色、空调设备、音响设备乃至保险式车门钥匙等。服务网中的第二个系统是维修站。该系统在联邦德国有 1244 个维修站，工作人员达 5.6 万人。在公路上平均不到 25 公里就可以找到一家奔驰车维修站。在国外 151 个国家和地区，奔驰公司设有 3800 个维修站。维修人员技术熟练，态度热情，车辆维修速度快。"奔驰"一般每行驶 7500 公里换机油一次，每行驶 1500 公里需检修一次。这些服务项目都能当天办妥。在换油时，如发现某个零部件有损耗，维修站还会主动打电话通知车主征求是否需要更换的意见，如果车子意外地在途中发生故障，开车的人只要向就近的维修站打个电话，维修站就会派人来修理或把车拉回去修理。奔驰汽车公司正是结合自己企业的特点应用"默写式智力激励法"，才使自己成为世界汽车工业的一颗明星。

(资料来源：姚凤云，苑成存，苑成聚. 创造学理论与实践[M]. 北京：清华大学出版社，2006.)

二、卡片式智力激励法

(一)卡片式智力激励法的由来

卡片式智力激励法也称卡片法。这种技法又可分为 CBS 法和 NBS 法两种，CBS 法由日本创造开发研究所所长高桥诚根据奥氏智力激励法改良而成。特点是对每个人提出的设想可以进行质询和评价。NBS 法是日本广播电台开发的一种智力激励法。

(二)卡片式智力激励法应注意的事项

(1)　卡片式智力激励法开始前，注意明确议题。

(2)　议题范围应在参加者关心范围内。

(3)　五大原则不可违反。

(4)　讨论时气氛自由、轻松，但应避免太乱而无秩序。

(5)　主持人应注意控制时间。

(三)CBS 法的具体做法

会前明确会议主题。每次会议由 3—8 人参加,每人持 50 张名片大小的卡片,桌上另放 200 张卡片备用。会议大约举行 1 小时。最初 10 分钟为"独奏"阶段,由到会者各自在卡片上填写自己的设想,每张卡片写一个设想。接下来的 30 分钟,由到会者按座位次序轮流发表自己的设想,每次只能宣读一张卡片,宣读时将卡片放在桌子中间,让到会者都能看清楚。在宣读后,其他人可以提出质询,也可以将启发出来的新设想填入备用的卡片中,余下的 20 分钟,让到会者相互交流和探讨各自提出的设想,从中再诱发出新的设想。

(四)CBS 法实施步骤

(1) 参加者对会前所提示的主题进行设想,并把设想写在卡片上,然后带入会场(每张卡片写一个设想,每人提出 5 个以上的设想)。

(2) 在开会时,各人把卡片放在桌子上,轮流进行解说(5～8 人为一小组)。

(3) 倾听他人设想时,如果自己有新构想,应立即写在备用的卡片上,并把它放在桌子上。

(4) 参加者发言完毕以后,将内容相似的卡片集中起来,并加上标题。

(5) 分好类的卡片把标题列在最前头,横排成一行。

(6) 主持人决定分类题的重要程度。

(五)NBS 法的具体做法

会前必须明确主题,每次会议由 5～8 人参加,每人必须提出 5 个以上的设想,每个设想填写在一张卡片上。会议开始后,个人出示自己的卡片,并依次作说明。在别人宣读设想时,如果自己发生了"思维共振",产生新的设想,应立即填写在备用卡片上,待到与会者发言完毕后,将所有卡片集中起来,按内容进行分类,横排在桌上,在每类卡片上加一个标题,然后再进行讨论,挑选出可供实施的设想。

(六)NBS 法实施步骤

1. 各人单独进行脑力激荡活动

参加者各自在卡片上填写萌发的创思。每张卡片写一个设想,以 20～30 字为宜,文字应简明易懂。(时间:全部时间的 1/6)

2. 参加者按座次轮流发表卡片上的创见

各成员自右往左,依次宣读自己的一张卡片,然后将卡片排列在桌子中央,排成七列。若卡片内容与他人重复,应予以舍弃,待下一轮回,但不得两次轮空。(听众可以提

出质询，或实时将新的构想写在备用的卡片上)(时间占全部时间的 3/6)

3. 全体参加者自由发表

自由宣读自己手中新的设想卡片。(时间：占全部时间的 2/6)

三、反奥式激励法——三菱式智力激励法

(一)三菱式智力激励法的含义

奥斯本智力激励法虽然能激发大量的设想，但由于它严禁批评，这样就难以对设想进行评价和集中，日本三菱树脂公司对此进行改革，创造出一种新的智力激励法——MBS法，又称三菱式智力激励法。

MBS 法延伸自头脑风暴法。活动进行时，首先要求出席者预先将与主题有关的设想分别写在纸上，然后轮流提出自己的设想，接受提问或批评，接着以图解方式进行归纳，再进入最后的讨论阶段。

(二)MBS 法实施步骤

(1) 主持人提示主题。

(2) 每人将构想写在笔记本上(10 分钟左右)。

(3) 每人提出自己的设想——每人以 1~5 个设想为限。主持人再把各人构想写在道林纸上。其他人在听了宣读者提出的设想后，受到启发而萌发的想法也可记下。

(4) 尽量提出全部构想。

(5) 由提案人对构想进行详细说明。

(6) 相互质询，进一步修订提案。

(7) 主持人用图解方式进行归纳。

(8) 全体出席者进行讨论。

(三)MBS 法注意事项

(1) "MBS"参与成员，以 10~15 人为宜。

(2) 一次活动费时 3~4 小时，因而负责归纳整理者相当重要。

【案例】

天津手表厂科协的 MBS 法

1991 年 6 月天津手表厂科协结合手表的外观改造及如何提高附加值的问题举办了一次集思广益讨论会。参加人有主管厂长、四位总工、相关工序及车间代表、厂级教育科、

科协主席及成员、市科协领导、局总工、科技处长及担任过创造学课程的教师，共计 20 多人，主持人在介绍问题后，大家先用半小时的时间应用学习的创造技法，每人写出 20 多条改进方案。之后，对这两个问题分两组进行畅谈，畅谈大约进行了 1 小时，越谈越深入，越谈越具体，会上形成了 100 多个有价值的方案。对有价值的方案，局科技处当场提出要立项，并给予支持，会议进行了两个小时，气氛热烈非常。这些方案中的十几项已进入设计、实施阶段并部分制出样品。

（资料来源：姚凤云，苑成存，苑成聚. 创造学理论与实践[M]. 北京：清华大学出版社，2006.）

【案例】

运用 MBS 法攻克难关

有一家工厂研制一种航空测试仪器，遇到一个极大的难题，就是要在一个只有 10 毫米的光栅玻璃片上，刻画出上千根细密、均匀、笔直的线条，这种线条肉眼根本无法辨别，只能借助显微镜。当时，负责此项攻关任务的维鑫同志感到压力很大，完不成任务会直接影响新产品的研制进度。后来，他就采用了智力激励法，组织技术员、制版工、光刻工、蒸发工成立攻关小组，对光栅玻璃的制作工艺进行了分析，最后根据大家的意见拟定了三个研制方案，据此又拟定一个工艺创新设想试验模型图。通过 20 天的奋战，终于用第三方案研制成功了光栅玻璃，按期完成了任务。

（资料来源：姚凤云，苑成存，苑成聚. 创造学理论与实践[M]. 北京：清华大学出版社，2006.）

四、KJ 法

(一)KJ 法的概念

KJ 法又称 A 型图解法、亲和图法(Affinity Diagram)KJ 法是将未知的问题、未曾接触过的问题的相关事实、意见或设想之类的语言文字资料收集起来，并利用其内在的相互关系做成归类合并图，以便从复杂的现象中整理出思路，抓住实质，找出解决问题的途径的一种方法。KJ 法所用的工具是 A 型图解。而 A 型图解就是把收集到的某一特定主题的大量事实、意见或构思语言资料，根据它们相互间的关系分类综合的一种方法。

把人们的不同意见、想法和经验，不加取舍与选择地统统收集起来，并利用这些资料间的相互关系予以归类整理，有利于打破现状，进行创造性思维，从而采取协同行动，求得问题的解决。

(二)KJ 法的来源

KJ 法的创始人是东京工人教授、人文学家川喜田二郎，KJ 是他的姓名的英文缩写。川喜田二郎在多年的野外考察中总结出一套科学发现的方法，即把乍看上去根本不想收集的大量事实如实地捕捉下来，通过对这些事实进行有机组合和归纳，发现问题的全貌，建立假说或创立新学说。后来他把这套方法与头脑风暴法相结合，发展成包括提出设想和整理设想两种功能的方法。这就是 KJ 法。这一方法自 1964 年发表以来，作为一种有效的创造技法很快得以推广，成为日本最流行的一种方法。KJ 法的主要特点是在比较分类的基础上由综合求创新。在对卡片进行综合整理时，既可由个人进行，也可以集体讨论。

(三)KJ 法的实施步骤

1. 准备

主持人和与会者 4~7 人。准备好黑板、粉笔、卡片、大张白纸、文具。

2. 头脑风暴法会议

主持人请与会者针对会议主题提出 30~50 条设想，并将设想依次写到黑板上。

3. 制作卡片

主持人同与会者商量，将提出的设想概括为 2~3 行的短句，写到卡片上。每人写一套。这些卡片称为"基础卡片"。

4. 分成小组

让与会者按自己的思路各自为卡片分组，把内容在某点上相同的卡片归在一起，并加一个适当的标题，用绿色笔写在一张卡片上，称为"小组标题卡"。不能归类的卡片，每张自成一组。

5. 并成中组

将每个人所写的小组标题卡和自成一组的卡片都放在一起。经与会者共同讨论，将内容相似的小组卡片归在一起，再给一个适当标题，用黄色笔写在一张卡片上，称为"中组标题卡"。不能归类的自成一组。

6. 归成大组

经讨论再把中组标题卡和自成一组的卡片中内容相似的归纳成大组，加一个适当的标题，用红色笔写在一张卡片上，称为"大组标题卡"。

7. 编排卡片

将所有分门别类的卡片，以其隶属关系，按适当的空间位置贴到事先准备好的大纸上，并用线条把彼此有联系的联结起来。如编排后发现不了有何联系，可以重新分组和排列，直到找到联系。

8. 确定方案

将卡片分类后，就能分别地显示出解决问题的方案或显示出最佳设想。经过会上讨论或会后专家评判确定方案或最佳设想。

【案例】

日本公司的 KJ 法

日本某公司通信科科长直接或间接地听到科员对通信工作中的一些问题发牢骚，他想听取科员的意见和要求，但因倒班的人员多，工作繁忙，不大可能召开座谈会。因此，该科长决定用 KJ 法解决科员不满的问题。

第一步，他注意听科员间的谈话，并把有关问题的片言只语分别记到卡片上，每个卡片记一条。例如，有时没有电报用纸。有时未交接遗留工作。如果将电传机换个地方……接收机的声音嘈杂。查找资料太麻烦。改变一下夜班值班人员的组合如何？打字机台的滑动不良。

第二步，将这些卡片中同类内容的卡片编成组。例如，其他公司有的已经给接收机安上了罩。因为接收机的声音嘈杂，所以如果将电传机换个地方……有人捂着一个耳朵打电话。

上面的卡片组显示要求本公司"给接收机安上罩"。从下面的卡片组中可以了解到要求制订更简单明了的交接班程序。

第三步，将各组卡片显示出来的意见加以归纳集中，就能进一步抓住更潜在的关键性问题。例如，因为每个季节业务高峰的时间都不一样，所以弄明白了需要修改倒班制度，或者是根据季节业务高峰的时间改变交接班时间，或者是考虑电车客流量高峰的时间确定交接班时间。

科长拟定了一系列具体措施，又进一步征求乐于改进的科员的意见，再次做了修改之后，最后提出具体改进措施加以施行，结果科员们皆大欢喜。

需要说明的是本例没有严格按照 KJ 法的程序进行。创新技法在现场实际应用时，往往不可一成不变地按程序进行。

(资料来源：三亿文库，712、KJ 法-3，http://3y.uu456.com/bp_7iakz1bbd16zh7s4fk03_3.html。)

第三节 函询智力激励法

一、函询智力激励法的含义

函询智力激励法又名德尔菲法，德尔菲法是在 20 世纪 40 年代由赫尔默(Helmer)和戈登(Gordon)首创，1946 年，美国兰德公司为避免集体讨论存在的屈从于权威或盲目服从多数的缺陷，首次用这种方法用来进行定性预测，后来该方法被广泛采用。20 世纪中期，当美国政府执意发动朝鲜战争的时候，兰德公司又提交了一份预测报告，预告这场战争必败。政府完全没有采纳，结果一败涂地。从此以后，德尔菲法得到广泛认可。德尔菲是古希腊地名。相传太阳神阿波罗(Apollo)在德尔菲杀死了一条巨蟒，成了德尔菲主人。在德尔菲有座阿波罗神殿，是一个预卜未来的神谕之地，于是人们就借用此名，作为这种方法的名字。

德尔菲法(Delphi method)，是采用背对背的通信方式征询专家小组成员的预测意见，经过几轮征询，使专家小组的预测意见趋于集中，最后做出符合市场未来发展趋势的预测结论。德尔菲法是依据系统的程序，采用匿名发表意见的方式，即团队成员之间不得互相讨论，不发生横向联系，只能与调查人员发生关系，以反复的填写问卷，以集结问卷填写人的共识及搜集各方意见，可用来构造团队沟通流程，应对复杂任务难题的管理技术。

德尔菲法依据系统的程序，采用匿名发表意见的方式，即专家之间不得互相讨论，不发生横向联系，只能与调查人员发生关系，通过多轮次调查专家对问卷所提问题的看法，经过反复征询、归纳、修改，最后汇总成专家基本一致的看法，作为预测的结果。这种方法具有广泛的代表性，较为可靠。

二、德尔菲法的具体实施步骤

(1) 组成专家小组。按照课题所需要的知识范围确定专家。专家人数的多少，可根据预测课题的大小和涉及面的宽窄而定，一般不超过 20 人。

(2) 向所有专家提出所要预测的问题及有关要求，并附上有关这个问题的所有背景材料，同时请专家提出还需要什么材料。然后，由专家做书面答复。

(3) 各个专家根据他们所收到的材料，提出自己的预测意见，并说明自己是怎样利用这些材料并提出预测值的。

(4) 将各位专家第一次判断意见汇总，列成图表，进行对比，再分发给各位专家，让专家比较自己同他人的不同意见，修改自己的意见和判断。也可以把各位专家的意见加以整理，或请身份更高的其他专家加以评论，然后把这些意见再分送给各位专家，以便他们参考后修改自己的意见。

(5) 将所有专家的修改意见收集汇总，再次分发给各位专家，以便做第二次修改。逐轮收集意见并为专家反馈信息是德尔菲法的主要环节。收集意见和信息反馈一般要经过三四轮。在向专家进行反馈的时候，只给出各种意见，但并不说明发表各种意见的专家的具体姓名。重复进行，直到每一个专家不再改变自己的意见为止。

(6) 对专家的意见进行综合处理。德尔菲法作为一种主观、定性的方法，不仅可以用于预测领域，而且可以广泛应用于各种评价指标体系的建立和具体指标的确定。例如，我们在考虑一项投资项目时，需要对该项目的市场吸引力作出评价。我们可以列出同市场吸引力有关的若干因素，包括整体市场规模、年市场增长率、历史毛利率、竞争强度、技术要求、能源要求、对环境的影响等。市场吸引力的这一综合指标就等于上述因素加权求和。每一个因素在构成市场吸引力时的重要性即权重和该因素的得分，需要由管理人员的主观判断来确定。这时，我们同样可以采用德尔菲法。

德尔菲法同常见的召集专家开会、通过集体讨论、得出一致预测意见的专家会议法既有联系又有区别。

德尔菲法能发挥专家会议法的优点。

(1) 能充分发挥各位专家的作用，集思广益，准确性高。

(2) 能把各位专家意见的分歧点表达出来，取各家之长，避各家之短。

同时，德尔菲法又能避免专家会议法的缺点。

(1) 权威人士的意见影响他人的意见。

(2) 有些专家碍于情面，不愿意发表与其他人不同的意见。

(3) 出于自尊心而不愿意修改自己原来不全面的意见。德尔菲法的主要缺点是过程比较复杂，花费时间较长。

【案例】

书刊经销商采用德尔菲法对专著销售量进行预测

该经销商首先选择若干书店经理、书评家、读者、编审、销售代表和海外公司经理组成专家小组。将该专著和一些相应的背景材料发给各位专家，要求大家给出该专著最低销售量、可能销售量和最高销售量三个数字，同时说明自己作出判断的主要理由。将专家们的意见收集起来，归纳整理后返回给各位专家，然后要求专家们参考他人的意见对自己的预测重新考虑。专家们完成第一次预测并得到第一次预测的汇总结果以后，除书店经理 B 外，其他专家在第二次预测中都做了一定的修正。重复进行，在第三次预测中，大多数专家又一次修改了自己的看法。第四次预测时，所有专家都不再修改自己的意见。因此，专家意见收集在第四次以后停止。最终预测结果为最低销售量 26 万册，最高销售量 60 万册，可能销售量 46 万册。

(资料来源：姚凤云，苑成存，苑成聚. 创造学理论与实[M]. 北京：清华大学出版社，2006.)

【案例】

运用德尔菲法论证项目的评价指标体系的设计

1987 年，我国引进年产 30 万吨乙烯设备，该项目的投建论证组在评价指标体系的设计阶段，运用了德尔菲设想法。他们运用此方法的过程大致如下。

(1) 根据项目要求和规模，他们聘请国内 44 位专家担任论证组的顾问。其中大部分是技术工作专家，也有管理部门的知名专家。

(2) 制订函询表。表中将目标分为 10 类 39 条，并将指标的重要性划分成 5 个等级。

(3) 轮间反馈、沟通情况。他们对专家的函询进行了两轮，第二轮后专家的意见基本趋于一致，故不再征询。然后对结果进行统计，并分别按十大类 39 条指标用列表法和直方图列出。最后，论证组提出了修改方案，得到了国家技术经济研究中心和上海市委领导的肯定。

(资料来源：上海石油化工总厂乙烯厂. 应用系统管理建设上海 30 万吨乙烯装置的实践[M]. 上海企业，1991(2).)

复习思考题

1. 奥氏智力激励法的应用过程中有哪些原则？
2. 奥氏智力激励法有哪些特点？
3. 请举一个使用奥氏智力激励法进行创新的例子。
4. 函询智力激励法的基本流程有哪些？
5. 请举一个使用函询智力激励法进行创新的例子。
6. 什么情况下适合使用 NBS 法？请举例。
7. 什么情况下适合使用 CBS 法？请举例。
8. 改进型智力激励法的基本方法有哪些？
9. 请举一个使用 KJ 法进行创新的例子。
10. 简述奥氏智力激励法和反奥氏智力激励法的区别和联系。

案例讨论

案例 1

我国沈阳蓄电池厂在"500 公斤搅拌机降低成本"这个履行项目中，就应用了智力激励法会议征集方案。500 公斤搅拌机是我国仿制国外产品的第一台搅拌机，使用性能比较先进，但是成本太高，因为有的部件使用了不锈钢。如何降低成本呢？该厂就召开了一次5 人参加的智力激励会，并严格按照以上智力激励会的规定进行。会上，与会者畅所欲言，提出了以下设想：①有关部件做成塑料的；②做成橡胶的；③木制衬铅皮；④用普通钢材；⑤采用玻璃钢；⑥做成玻璃的；⑦做成石头的；⑧采用组合材料；⑨做成行星摇摆式。在此基础上，经过与会者认真细致地研究，一致认为切实可行的是第④条，即用普通钢材代替不锈钢。理由是铅粉投入搅拌机后，在壳内壁附上了一层铅粉，对金属壳内壁起到了保护作用，不会受到酸的浸蚀。根据这个方案，厂里新制造了一台搅拌机，经过一年多的使用，证明这次技术改造是成功的，为企业节约了资金，5 人小组也受到了嘉奖。

(资料来源：沈阳东北蓄电池股份有限公司 1997 年具体案例改编。)

讨论题：

1. 结合案例说明智力激励型创新方法的特点和原则。

2. 此案例是否适用于函询智力激励法？

案例 2

随着医疗模式的不断转变以及社会文化的不断进步，住院患者对医疗护理服务模式及方法提出了越来越高的要求。但是，受目前医疗体制、医疗环境条件、医务人员的业务水平、素质等诸多因素的制约，使医(护)患之间的关系无法真正和谐化发展。针对这一现状，某医院于 2006 年 5 月逐步在全院 36 个病区推行头脑风暴法，进一步强化医疗护理安全，持续提高护理质量，收到了良好的效果。

一、成立质量改进领导小组及相应的基础护理、专科护理、护理文书、技术操作、病房管理及感染管理、病人服务满意度等护理质控督导组。

二、确定议题。根据护理部—科护士长—护士长三级护理管理体系的组织结构特点，找出护理部业务、行政查房及护士长夜查房、周末查房反馈的共性问题、热点问题等作为会议商讨议题，就现存的和潜在的护理风险因素，查找相关因素，对问题形成的原因进行分析及对策探讨。

三、护理部每月初将上月质量监控中反馈的问题，列举出来，再次组织抽查，对反复存在的问题，护理部到病区现场调研，听取意见和建议，从不同角度、不同层次、不同方面分析护理差错缺陷出现的原因、应对方法及整改措施，对临床护理及管理过程中的护理差错隐患，讨论改进措施与科室护士共同寻找解决办法，直到该问题解决。同时采取现场数码相机随机拍照，将不规范的现象曝光，图文并茂进行对比，将各病区数据指标量化排序，并制作成幻灯，坚持每月 1 次全院护理质量通报反馈。

四、分级讨论研究。存在问题的科室利用晨会时间，由护士长将问题反馈给每一个护士，让每位护士充分发表自己的见解，找出发生问题的原因及解决问题的方法，由护士长记录备案，时间控制在 30 分钟内。

护士长将备案的会议记录反馈到科护士长处，由科护士长召开片区会议，从各科护士长反馈的原因及解决问题的方法中再次筛选出共性问题，同时找出分析合理、可行性强的解决办法应用头脑风暴方法，进行讨论研究。

科护士长将各片区讨论研究的结果，在每周进行的护理部碰头会上进行反馈，由护理部根据医院相关规章制度，立足于各项护理工作的原则，讨论研究各种方法的可操作性及有效性，最终将结果反馈到科护士长处或通过全院护士长例会进行反馈，同时给出相关建议及意见，由各科室根据护理部建议及意见结合自身实际情况，进行全面整改。

五、评价方法。依据《卫生部医院管理年评价指南》及相关要求，自制 8 个护理质量量化评分标准进行考核，根据各表质量监控点分值(有 5 分、10 分、15 分不等，总分 100 分)，采取护士长夜查房、节假日周末查房、护理部行政查房、科护士长抽查进行评分，取各项平均值得出病区当月护理质量总分，并在次月全院护理质量通报反馈会上，将数据制作成直观的柱状图、饼图进行反馈，以此评价实施头脑风暴法后的实际效果。

六、结果。通过头脑风暴法在护理质量持续改进管理中的应用，该院从护士长夜查房评分、护理缺陷事故统计、病人投诉情况、护士对工作的态度等几个方面进行了调研，结果发现，实施头脑风暴法以前和实施后对比，各项指标均有明显上升，经统计学分析，$p<0.01$，有统计学意义。

通过近两年实施头脑风暴法的综合效果反馈，本院护士责任心明显增强，风险防范意识不断提高，护理文书质量实行"时间—行为—位点"管理，也得到进一步提高和规范。病区环境、药品和设备仪器等实施"6S"管理法，妥善规范管理，提高了护士工作效率，养成良好的工作习惯，将"被动工作"转化为"主动工作"。形成具有特色的医院护理文化，创造了良好的工作环境，全面提升了护士整体素质。由于护士素质的不断提升，该院护理质量也逐年得到提高，医护配合度逐渐增强，从而医护工作压力感均有所减轻，共同为病人提供了一个安全有效的就医环境。

七、结论。运用头脑风暴法，能充分发挥人的聪明才智和发掘人的潜能，考虑问题更详细，解决问题更具体、明确、有效，从根本上提高了护理人员的工作积极性。由于能够畅所欲言，增强了对科室管理的参与意识、促使各级护理人员在观察病人情况、护理文书记录、护患沟通、健康教育宣教等方面更加主动细致。同时，对管理层而言，头脑风暴法的应用，有效激发了各级护理管理人员，特别是护士长对自己科室各种情况的调研热情，对护理质量管理、护理质量改进，乃至护理教学、护患沟通等方面均起到了良好的促进作用。

头脑风暴法的实施，为医护人员提供了一个畅所欲言的环境，对改善护理人员压力，缓解工作中的紧张情绪有很好的作用，同时还能提高护理人员主人翁意识，激发工作热情。同时，管理者邀请护士共同商讨对策，护士感觉到管理者对自己的重视，体现了自身价值，从而更加配合护士长的管理工作，培养和提高了质量意识、问题意识、改进意识和主动参与意识，对医疗质量的持续改进具有重要意义。

(资料来源：杨明莹，李佳，袁慧云. 头脑风暴法在护理质量持续改进中的应用效果[J]. 中华现代护理杂志，2009(12)，经编者改编。)

讨论题：

1. "头脑风暴法"的优缺点是什么？
2. 请据此医院的案例说明智力激励型创新方法主要解决何种问题？

案例 3

近年来，北京的高中低各档商场均以各自不同的经营形式与风格出现在首都人民面前。由于商业网络密布，致使许多零售企业的盈利下降。而此时的巴巴拉零售联盟组织的利润却大幅度上升。

巴巴拉零售联盟组织的高级管理人员将这一盈利成绩归功于其相对新型的管理方法。这种方法是从日本同行那里学来的——以"集体决策"的方式作为企业管理的中心。

现任董事长王勃先生(即将退休)采用协商一致的管理方法，使管理人员有足够的机会参与企业的主要决策。这样做的最大好处是可以帮助管理人员了解公司组织各个层次的工作状况。同时，集体管理的方法有利于培养管理人员。例如，某委员会的工作涉及诸如策略等政策问题时，通过集体参与，许多年轻的管理人员逐渐熟悉了公司所面临的关键问题。尽管巴巴拉零售联盟组织的大多数管理人员认为集体管理方法很成功，但也有少数人持反对态度，马骏就是其中态度最坚决的一位。他认为管理人员参加委员会会议是浪费时间，集体决策是妥协的产物，而且最终产生的可能不是最佳决策。

然而，他的同事们却指出，集体管理方法打破了一些部门之间的壁垒，促进了部门之间的协调。他们承认集体制订计划可能是费时的，但计划的实施却很迅速。再者，他们认为与个人决策相比，集体管理方法鼓励管理人员去探索更多的可供选择的方案，有不同年龄、不同观点的人参加，是一种极佳的投入。

马骏不同意这些意见。他指出"巴巴拉"集体管理之所以行得通，只是由于现任董事长的管理风格在很大程度上影响着大家。一旦他退休了，新的董事长是否会保持这一管理风格并不能肯定。到那时，"巴巴拉"管理人员之间的合作也就结束了。

看来巴巴拉零售联盟组织内部出现了意见分歧，要解决这一难题，使企业内部所有员工同心协力摆脱目前的僵局，他们首先需要弄清楚几个问题。请你帮助他们分析一下。

(资料来源：个体决策与群体决策的案例分析36，三亿文库，http://3y.uu456.com/。)

讨论题：

1. "集体决策"这一方法的优缺点分别是什么？
2. 请你分析出马骏等人对"集体决策"持否定态度的原因。
3. 该案例是否使用了智力激励型创新方法？

案例4

案例研究的是某制造工厂的一条生产线。通过对其整条生产线产能分析，其最后一道工序"产品烧结"成为瓶颈。该生产线正常的人员配置为保证每天三班，每周工作五天的情况，如需要完成生产计划要么加班，要么增加一个班组使设备每周能工作六天至七天，而且根据现有产能推算，2008年8月前需要增加一台烧结炉，项目投资为400万元人民币，占用生产场地约200平方米。

该工序现有两台烧结炉，烧结炉使用天然气加热工件使零件上的涂层牢牢烧结在产品上，工艺要求工件必须在一个特定的温度以上保持一定的时间。所有的产品都可在这两台炉内加工，但这两台炉子由于制造年代的关系，一台速度较慢，一台较快。目前零件按前道工序完成的先后次序以整批的方式随机选择1号炉或2号炉进行加工。如何改进现有的作业方法提高炉子的产能？

通过头脑风暴法，集思广益，提出了一些方案。

方案一：改变传送带上零件的现有码放方式，由现有的码放两层改为码放三层(如炉内高度允许)。

方案二：增加零件在传送带上的码放宽度(需要的话对炉子结构或传送带作适当修改)。

方案三：提高传送带速度。

方案四：始终保持传送带上有零件，即使吃饭和休息时间也有操作工进行轮换。

综合以上方案逐一进行评选：

对于方案一，曾经从工程上做过试验，因工艺上对零件要求至少在某一温度以上保持一定的时间，码放三层时底层的一些零件达不到此要求，此方案被否决。

对于方案二，原工艺要求在每排零件的左侧和右侧放置铁制的挡块，以防止零件在传送带上滚动引起零件破损，挡块占据了部分传送带空间。实际上此要求并未细化，对非圆形的零件不会产生滚动，因此完全不需要挡块。即使对圆形零件，通过对挡块的改进可释放出一定的空间。因此改进后传送带可放置较多的零件。仅此一项可提高约10%的产能。

对于方案三，通过对现有炉温曲线的研究，发现有些零件在满足工艺要求的温度下能持续超过工艺所要求的时间，因此为提高传送带速度提供了空间。炉子提速前后某零件炉温曲线的对比，显示该零件满足提速要求。但仍有其他一些零件不能满足工艺要求。因此要求在生产时必须将能提速的和不能提速的零件区分，实际上操作难度较高。另外对该工艺条件的变更属于重大变更，必须取得客户的批准。而客户批准前需要做很多试验，实施起来很困难。此方案只能作为备选，暂时无法实现。

方案四是通常对于"瓶颈"设备采取的做法。对于"瓶颈"设备通常要求所有物料及时到位、人员配备充足、设备停机时维修人员第一时间抢修、对此设备做任何改进以不得影响生产为前提等，此方法可立即实施。另外由于炉子进料和出料为同一操作工，需要经常走动。为加强监控和统计，在传送带上料端安装感应器，当上料不及时时立即有指示灯显示呼叫操作工，车间管理人员也可利用该与感应器相关联的系统统计传送带断料时间。

（资料来源：常跃进，苗瑞．瓶颈设备产能产能提高研究[R]．
2008全国项目管理工程硕士教育论文集，经过编者改编。）

讨论题：

1. 该案例所使用的智力激励型创新方法是什么？案例给了你怎样的启示？
2. 请结合自己所在的行业考虑，对现实中存在的问题采用相应的智力激励型创新方法。

案例5

选择什么车型做温州第三代出租车？温州市政府没有自己去决定，而是将这个问题让当地的新闻媒体讨论了两个月。为什么这么做呢？因为过去就是市长一句话，说什么车型就什么车型，但社会矛盾很大，老百姓的意见也很大。所以，这次我们发动新闻媒体讨论，让全市老百姓发表意见，由大家自己定，因为这关系到温州的城市品位和形象，关系到如何与温州社会的发展水平相适应的问题。讨论一段时间后，政府根据大家的意见制订标准：第一，排气量必须是 1.6 升以上；第二，环保必须达到国家标准；第三，必须得有IPS 系统；第四，必须是三厢车等，政府共订了六条标准。符合这六条标准的所有汽车厂家都可以参与竞争。这样富康、桑塔纳、捷达、奇瑞等厂家的老板都来了，谁来我都请吃饭，我告诉他们，这顿饭请你们吃，就是请你们参与温州的竞争，表明我的态度，不要找我这个市长，要找市场。于是，这些企业就拼命地在温州打广告。奇瑞的老板亲自请温州的出租车司机到上海去考察，详细介绍了自己的产品在价格、性能等方面的优势。这些厂家不但打广告，还把车开到温州，让大家试驾，一时在温州搞得很热闹。这时，由市政府出面开了一个新闻发布会，把政府的六条标准推了出去，这些销售厂家和出租车司机展开了对话，什么用油、售后服务、价格，他们讨价还价，我们只是在旁边看看、听听，我们很轻松。最后司机主要选择了富康和捷达。现在外地人来温州，都说温州街上的出租车很漂亮。

(资料来源：毕原野，黄冠. 出租车运营模式研究——以温州为例[J]. 经济视角，2013(7).)

讨论题：

1. "温州选出租车的车型"的创新方法是什么？案例给了你怎样的启示？
2. 请从公共交通的有益补充的角度考虑，提出你的创新建议。

训练与活动

请同学们自由组合成一个 6 人创新团队，运用"635"法，就你所在城市的水污染问题献计献策，提出改善或治理的方案，几个团队之间限时展开竞赛，评出优胜团队。

第六章　逻辑推理型创新方法

【学习目标】

● 认识逻辑推理的基本方法。

● 了解类比、移植、归纳、演绎等几种不同逻辑推理方法的原理和适用条件。

● 掌握使用不同逻辑推理方法进行创新的技巧。

逻辑学是研究人类思维形式和思维规律的一门科学。如果我们把逻辑学知识应用于创新思维当中，用于探索问题的本质及其一般规律和特点，这就是逻辑推理型创新方法。逻辑推理型创新方法按照思维操作的特点，又可以被细分为类比法、移植法、归纳法、演绎法等。这些方法常常能够揭示出事物的相关关系或者因果关系，从而使创新活动从最初的朦胧状态逐渐变得更为清晰和准确。

其中类比创造法是指在比较中找到比较对象之间的相似点或不同点，在异中求同或在同中求异的逻辑推理中寻求创造的方法。

移植创造法是指吸取、借用某一领域的科技成果或信息，引用或渗透到新的领域，用以实现新的创造方法。

归纳创造法是指运用归纳推理在个别事物上概括出新的事物的创造方法。

演绎创造法是指运用演绎推理从一般规律或已有知识触发获得鲜为人知的新知识的创造方法。

第一节　类比创造法

一、类比法的定义

　　类比是将一类事物的某些相同方面进行比较，以另一事物的正确或谬误证明这一事物的正确或谬误。这是运用类比推理形式进行论证的一种方法。

　　类比法也叫"比较类推法"，是指由一类事物所具有的某种属性，可以推测与其类似的事物也应具有这种属性的推理方法。其结论必须由实验来检验，类比对象间共有的属性越多，则类比结论的可靠性越大。

　　与其他推理方式相比，类比推理属平行式的推理。无论哪种类比都应该是在同层次之间进行。类比推理是一种或然性推理，前提真结论未必就真。要提高类比结论的可靠程度，就要尽可能地确认对象间的相同点。相同点越多，结论的可靠性程度就越大，因为对象间的相同点越多，二者的关联度就会越大，结论就可能越可靠。反之，结论的可靠性程度就会越小。此外，要注意的是类比前提中所根据的相同情况与推出的情况要带有本质性。如果把某个对象的特有情况或偶有情况硬类推到另一对象上，就会出现类比不当或机械类比的错误。

　　亚里士多德曾指出："类推所表示的不是部分对整体的关系，也不是整体对部分的关系。"类比法的作用是"由此及彼"。如果把"此"看作前提，"彼"看作是结论，那么类比思维的过程就是一个推理过程。古典类比法认为，如果我们在比较过程中发现被比较的对象有越来越多的共同点，并且知道其中一个对象有某种属性而另一个对象还没有发现这种属性，这时候人们头脑就有理由进行类推，由此认定另一对象也应有这种属性。现代类比法认为，类比之所以能够"由此及彼"，之间经过了一个归纳和演绎程序即：从已知的某个或某些对象具有某属性，经过归纳得出某类所有对象都具有这种属性，然后再经过一个演绎得出另一个对象也具有这种属性。现代类比法是"类推"。

二、类比法的原理

　　类比法的基础是比较，其运作机制原理为异质同化和同质异化。

　　异质同化是指在创造发明新事物时，借助现有事物的知识进行分析研究，找出等待创造事物和现有事物之间的相同点或相似点的过程。类比法中的比较是建立在不同的两个事物之间，所谓的异质就是指两个不同的事物，其中之一是等待创造的事物，另一个是现有的事物。同化就是指找出两个不同事物的相同点或相似点。

同质异化是指把现有事物与等待创造事物的相同点或相似点的原理形状或其结合运用于发明创造，创造出具有该相同点或相似点的新事物。

在运用类比法时，异质同化和同质异化两个方面缺一不可。异质同化是前提和基础，同质异化是创造发明的关键环节，一个新事物的创造发明必须把这两个方面结合起来，运用辩证统一的观点，分析解决问题。

类比法的关键是发现和找到原型，也就是类比的对象。从熟悉的对象类推出陌生的事物，从已知探索未知。如果没有类比的对象，类比的方法就无从运用。

类比法的特点是"先比后推"。"比"是类比的基础，"比"既要比共同点也要比不同点。对象之间的共同点是类比法能够施行的前提条件，没有共同点的对象之间是无法进行类比推理的。类比法还具有如下一些特点：

第一，探索性。德国著名哲学家康德说："每当理智缺乏可靠论证的思路时，类比这个方法往往能指引我们前进。"类比方法常用于对未知事物或已知事物的未知属性的探究，很大程度上是一种猜测，需要进一步验证。

第二，引导性。在对未知事物进行探索时，常常缺乏明确的方向和路径，如果能在探索中找到可以类比的对象和属性，则能帮助人发现明确的方向，从而引导研究者朝着明确的方向和目标前进。

第三，预见性。研究者运用类比推理方法寻找到在未知领域前进的方向和目标。对目标的追求和实现会产生种种预见，预见到通过努力能否实现目标或实现目标需要创造什么条件。

第四，或然性。类比推理是由两个特殊事物通过比较而做出结论的过程，其并不具有必然性，而具或然性。

三、类比法的基本方法

根据不同的标准，类比法可以分为以下不同类型。

(一)根据类比中对象的不同，类比可分为个别性类比、特殊性类比和普遍性类比等类型

1. 个别性类比

个别性类比是类比法中最原始、最简单的类型，也是最常用、最常见的类型。它是以某个别对象为前提推出另一个别对象为结论的推理过程。

个别性类比推理是在个别对象之间进行的。例如从某一件事情是坏事可以推出同一类型的另一件事情也是坏事。个别性类比推理的逻辑模式如下。

某个 A 具有 a、b、c，另有 d；

某个 B 也具有 a、b、c；

所以，B 也具有 d。

2. 特殊性类比

特殊性类比是从已知的某类对象中部分对象具有或不具有某属性，推出另一部分对象也具有或不具有此属性的推理。特殊性类比的逻辑模式如下。

某些 A 具有 a、b、c，另有 d；

某些 B 也具有 a、b、c；

所以，某些 B 也具有 d。

3. 普遍性类比

普遍性类比是在两类所有对象之间进行的。它是从已知的某类所有对象都具有或不具有某属性，推出另一类对象也具有或不具有此属性的推理。普遍性类比的逻辑模式如下。

所有 A 具有 a、b、c，另有 d；

所有 B 也具有 a、b、c；

所以，某类 B 也具有 d。

(二)根据类比中的断定不同，类比可分为正(肯定式)类比、负(否定式)类比 和正、负(肯定否定式)类比等类型

1. 正类比

正类比又叫肯定式类比，它是根据两个或两类对象在一系列属性上相同或相似，并且又已知其中一个对象还具有其他属性，由此推出另一个对象也具有这个属性推理。正类比推理的逻辑模式如下。

A 具有 a、b、c，另不具有 d；

B 也具有 a、b、c；

所以，B 也具有 d。

2. 负类比

负类比又叫否定式类比，它是根据两个或两类对象在一系列属性上相异，而推出它们在另一些属性上也相异。负类比推理的逻辑模式如下。

A 不具有 a、b、c，另有 d；

B 也不具有 a、b、c；

所以，B 也不具有 d。

3. 正、负类比

正、负类比又叫肯定否定式类比，它是根据两个或两类对象在一些属性上相同或相异，由此推出在另一些属性上也相同或相异。正、负类比推理的逻辑模式如下。

A 具有 a、b、c，另有 d；不具有 e、f、g，另不具有 h；

B 具有 a、b、c；不具有 e、f、g；

所以，B 也具有 d，不具有 h。

(三)根据类比中的内容不同，类比可分为性质类比、关系类比、条件类比等类型

1. 性质类比

性质类比又叫质料类比，它是根据对象之间的相同或相似属性而进行的类比。性质类比的逻辑模式如下。

A 具有性质 a、b、c，另有性质 d；

B 也具有性质 a、b、c；

所以，B 也具有性质 d。

例如：荷兰物理学家惠更斯曾将光和声两类现象进行比较，发现二者之间具有一系列的相同属性：直线传播、反射、折射、干扰等，又知声有波动性，由此惠更斯进行了以下类推。

声具有直线传播、反射、折射、干扰、波动的性质；

光具有直线传播、反射、折射、干扰的性质；

所以，光也具有波动的性质。

此后的科学实践证明了惠更斯关于该性质类比推理结论的正确性。

2. 关系类比

关系类比是根据对象之间的关系而进行的类比。关系类比的逻辑模式如下。

A 中 a、b 具有关系 R，因而有 d；

B 中 a、b 具有关系 R；

所以，B 也有 d。

例如：中国一汽大众研发部门从模型研究中得出汽车刹车系统的敏锐性与刹车的材质、刹车杆的长度、刹车系统装配的部位、刹车时行驶的速度分别有关系 R1、R2、R3、R4；按照模型的设计实际制造出来的汽车刹车系统的敏锐性与刹车的材质、刹车杆的长度、刹车系统装配的部位分别有关系 R1、R2、R3，则实际制造出来的汽车刹车系统的敏锐性与刹车时行驶的速度也有关系 R4。

3. 条件类比

条件类比是根据对象之间的条件关系而进行的类比。条件类比的逻辑模式如下。

A 中 a、b 之间具有条件 R，因而有 d；

B 中 a、b 之间具有条件 R；

所以，B 也有 d。

(四)根据类比中的前提和结论中的对象不同，类比可分为同类类比和异类类比等类型

同类类比又可分为"以己推人"式类比、"以人推己"式类比、"以人推人"式类比、"以物推物"式类比等类型；异类类比又可分为"以人推物"式类比、"以物推人"式类比等类型。

1. "以己推人"式类比

"以己推人"式类比是拿自己与别人来进行类比，是一种"老吾老以及人之老，幼吾幼以及人之幼"式的推理。例如，据记载唐王室有个叫李载仁的后人，平常最不喜欢吃猪肉。一天他的下属有人打架，李载仁大怒，想重重地惩罚他们，于是从厨房里拿来大饼和猪肉，命令他们面对面地吃掉，并且说如果再犯，不仅要罚吃猪肉而且还要在猪肉中加上大油。"以己推人"式类比法的逻辑模式如下。

自己具有 a、b、c，另有 d；

他人也具有 a、b、c；

所以，他人也具有 d。

2. "以人推己"式类比

"以人推己"式类比是拿别人与自己来进行类比。例如一个人由于平时多食而不爱活动，发胖了，因而推论自己在相同的情况下也会发胖。"以人推己"式类比法的逻辑模式如下。

他人具有 a、b、c，另有 d；

自己也具有 a、b、c；

所以，自己也具有 d。

子墨子见王，曰："今有人于此，舍其文轩，邻有敝舆而欲窃之；舍其锦绣，邻有短褐而欲窃之；舍其粱肉，邻有糟糠而欲窃之；此为何若人？"王曰："必有窃疾矣！"子墨子曰："荆之地，方五千里，宋之地，方五百里，此犹文轩之与敝舆也；荆有云梦，犀兕麋鹿满之，江汉之鱼鳖鼋鼍为天下富，宋所谓无雉兔鲋鱼者也，此犹粱肉之与糟糠也；

荆有长松文梓楩楠豫章，宋无长木，此犹锦绣之与短褐也；臣以王吏之攻宋也，为与此同类。"

3. "以人推人"式类比

"以人推人"式类比是拿人与人来进行类比，其逻辑模式如下。

那些人具有 a、b、c，另有 d；

这些人也具有 a、b、c；

所以，这些人也具有与 d。

4. "以物推物"式类比

"以物推物"式类比是拿物与物来进行类比。例如我们在对地球与火星比较中，发现它们都绕太阳公转，又都绕自己的轴自转，地球上有氮、氧、氢、氦四种元素，火星上也有这四种元素；地球上有大气层，火星上也有；地球上有大气压，火星上也有；地球上有水，火星上也有少量蒸汽。既然地球上有生命存在，那么火星上也应该有生命存在。"以物推物"式类比法的逻辑模式如下。

那些物体具有 a、b、c，另有 d；

这些物体也具有 a、b、c；

所以，这些物体也具有与 d。

5. "以人推物"式类比

庄子在《至乐》篇中讲了一个"鲁侯养鸟"的故事：鲁侯这个人喜欢人奉承，喜欢听音乐，而且喜欢喝酒吃肉。有一天一个人抓来了一只鸟送给他，他非常喜欢，于是用车子把它送到供祭祀用的庙堂里去，每天叫人给它演奏庄严肃穆的《九韶》乐曲，向它敬酒，给它吃肉，结果鸟不但没有养好，三天就死掉了。庄子叹息说，鲁侯是用养自己的办法养鸟，而不是用养鸟的办法养鸟。

"以人推物"式类比是拿人与别的事物进行类比。古人把自然物拟人化，把人的某种能力、属性类比到别的事物身上，设想自然物同人一样，具有情感意识，如人有喜怒，故天也有喜怒；人能思能语，所以认为顽石能思，鸟兽能言。石头能从山上走下来。刀砍树，树就会有痛感。

人类早期思维认为万物和人一样都有灵魂。例如，天有灵魂，地有灵魂、山有灵魂、水有灵魂、风也有灵魂、雷也有灵魂、树木也有灵魂。万物有灵的思想，说明那时的人已把"人有灵魂"的观念类比到万物上去了。"以人推物"式类比大量存在于人类早期思维中。"以人推物"式类比法的逻辑模式如下。

人具有 a、b、c，另有 d；

他物也具有与 a、b、c 相似的特点；

所以，他物也具有与 d 相似的特点。

6. "以物推人"式类比

《黄帝内经》云："天圆地方，人头圆足方以应之。天有日月，人有两目；地有九州，人有九窍；天有风雨，人有喜怒；天有雷电，人有声音；岁有三百六十五日，人有三百六十五节。"

"以物推人"式类比是拿别的事物与人来进行类比。诸如"金无足赤，人无完人""铁不用会生锈，水不流会发臭，人的智慧不用就会枯萎"用的都是这种类比。又如"蜜蜂整日整月不辞辛苦，在酿蜜，在为人类酿造最甜的生活；农民辛勤地分秧插秧，在酿蜜——为自己，为他人，也为后世子孙酿造生活的蜜。蜜蜂是高尚的，农民也是高尚的"用的也是这种类比。"以物推人"式类比的逻辑模式如下。

他物具有 a、b、c，另有 d；

人也具有与 a、b、c 相似的特点；

所以，人也具有与 d 相似的特点。

(五)根据思维方向，类比可分为单向类比、双向类比和多向类比等类型

1. 单向类比

单向类比是拿某个对象和另一个对象进行单方向类比。例如，上面的"以己推人"式类比、"以人推己"式类比、"以人推人"式类比、"以物推物"式类比、"以人推物"式类比、"以物推人"式类比都属于单向类比。我们平常所说诸如"铁不锻炼不成钢，人不运动不健康""良药苦口利于病，忠言逆耳利于行""路遥知马力，日久见人心"用的就是这种类比。

2. 双向类比

双向类比是既拿此对象和彼对象进行类比又拿彼对象和此对象进行类比。双向类比可分为"以己推人且以人推己""以此人推彼人且以彼人推此人""以人推物且以物推人"和"以此物推彼物且以彼物推此物"等类型。例如西汉董仲舒说："天有阴阳，人有卑尊；天有五行，人有五常；人有四肢，天有四方；人有喜怒哀乐，天有春夏秋冬；故人是一个小的天，天是一个大的人。"

3. 多向类比

双向类比是在二者之间进行的，而多向类比是在三者以上对象之间进行的。例如"羊有跪乳之恩，鸦有反哺之义，所以人应有孝敬父母之德""合抱之木，生于毫末；九层之

台，起于垒土；千里之行，始于足下""泰山不让土壤故能成其大；河海不择细流故能成其深；王者不却众庶故能明其德"用的都是这种类比。

(六)根据结论的可靠程度，类比可分为科学类比和经验类比等类型

此外，根据对象的多少，类比还可分为完全类比和不完全类比等类型。

1. 经验类比

经验类比是源于经验的类比，是建立在简单的经验知识基础上的类比。自古以来，人类凭借智慧和细心的观察，积累了许多经验。有了经验，便可以类比。例如，今天的天色、气温、风向和昨天差不多，昨天下雪，所以类比今天也可能下雪。这种以经验为基础的主观推导，在经验可以把握时，还是有一定意义的，但如果过分执着于经验且思维模式单一，就免不了走向牵强附会、机械类比或神秘主义。

2. 科学类比

科学类比是建立在科学分析基础上的类比。其结论要比经验式类比可靠得多。现在人类根据探测器发现了火星上有赤铁矿由此推断火星上曾经有水，根据的就是类比。因为地球上也有赤铁矿，而我们知道地球上的赤铁矿通常都是在水的作用下形成的。既然地球上的赤铁矿都是在水的作用下形成的，那么火星上的赤铁矿也应该是在水的作用下形成的。所以说火星上曾经有水。

(七)类比法按原理可分为直接类比、拟人类比、象征类比、幻想类比、因果类比、对称类比、仿生类比和综合类比8种

1. 直接类比

就是从自然界或者人为成果中直接寻找出与创意对象相类似的东西或事物，进行类比创意。

这种类比的例子，古今中外比比皆是。我国战国时期墨子制造的"竹鹊"、三国时期诸葛亮设计的"木牛流马"、唐代韩志和创造的能飞行的飞行器等，都是仿生学的直接类比。鲁班发明锯子，也是同带齿的草叶把人手划破和长有齿的蝗虫板牙能咬断青草获得直接类比实现的。

有趣的是进化论的奠基人达尔文，在创立动植物世界优胜劣汰的自然选择理论时，竟在马尔萨斯的《人口论》一书的浏览中获得了直接类比，正是"踏破铁鞋无觅处，得来全不费功夫"。

2. 拟人类比

就是使创意对象"拟人化"，也称亲身类比、自身类比或人格类比。这种类比就是创

意者使自己与创意对象的某种要素认同、一致，自我进入"角色"，体现问题，产生共鸣，以获得创意。

拟人类比，在我国的典籍中屡见不鲜。《易经》的"天行健君子以自强不息"，就是一种天人合一，万物一理的拟人类比。文学艺术中的拟人类比更是随处可见。例如，把祖国比作母亲，把美丽的姑娘比作鲜花。这在美学上，是认同作用，而在心理学中，就是移情。

在科学上，拟人类比的例子也是不胜枚举。化学家法拉第自己与电解质认同，发现了电解定律；凯库勒在梦见一条蛇咬住自己的尾巴后，提出了苯分子环状结构理论。

工业设计，也经常应用拟人类比。著名的薄壳建筑罗马体育馆的设计，就是优秀例证。设计师将体育馆的屋顶与人脑头盖骨的结构、性能进行了类比：头盖骨由数块骨片组成，形薄、体轻，但却极坚固，那么，体育馆的屋顶是否可做成头盖骨状呢？这种创意获得了巨大成功。于是薄壳建筑风行起来。

设计机械装置时，常把机械看作人体的某一部分，进行拟人类比，从而获得意外的成效。如挖土机的设计，就是模仿人的手臂动作：它向前伸出的主杆，如人的胳臂可以上下左右自由转动；它的挖土斗，好比人的手掌，可以张开，合起；装土斗边的齿形，好似人的手指，可以插入土中。挖土时，手指插入土中，再合拢、举起，移至卸土处，松开手让泥土落下。这是局部的拟人类比，各种机械手的设计也是如此。整体的拟人类比，就是各种机器人的设计。

这种拟人类比还常用于科学管理中，比如把某工厂的厂办比作人脑，把各车间比为人的四肢，把广播室比作嘴巴，把仓库比作内脏等，从而按人体的正常活动管理全厂。这样就能及早发现问题，实现协调有序的管理。

3. 象征类比

这是一种借助事物形象或象征符号，表示某种抽象概念或情感的类比。有时也称符号类比。这种类比，可使抽象问题形象化、立体化，为创意问题的解决开辟途径。戈登说过："在象征类比中利用客体和非人格化的形象来描述问题。根据富有想象的问题来有效地利用这种类比。""这种形象虽然在技术上是不精确的，但在美学上却是令人满意的。""象征类比是直觉感知的，在无意中的联想一旦做出这种类比，它就是一个完整的形象。"

人类建造纪念碑、纪念馆一类建筑，需要有"宏伟、庄严"之感，于是就在其高度、范围、色彩、造型等创意设计上动脑筋，以实现这种象征意义。又如，设计咖啡馆需要幽雅的格调，茶馆要有民族风格，音乐厅必须有艺术性，于是就通过具体造型、色彩、装饰等来表达这种种象征的意义。

4. 幻想类比

这是在创意思维中用超现实的理想、梦幻或完美的事物类比创意对象的创意思维法。戈登就该法指出："当问题在头脑中出现时，有效的做法是，想象最好的可能事物，即一个有帮助的世界，让最能满意的可能见解来引导最漂亮的可能解法。"

古代的神话、故事、童话，多是不能解决问题时产生的幻想。在科技迅猛发展的时代，人们利用幻想解决问题已成为现实。众所周知，著名科幻小说之父贝尔纳有非凡的想象力，是个幻想类比法的大师。100 多年前还没有收音机，其小说中的人物却看上了电视；在莱特兄弟进行首次飞机试飞前 55 年，他塑造的人物已乘上直升机翱翔蓝天了。

在他的小说中有霓虹灯、可移动的人行道、空调机、摩天大楼、坦克、电子操纵潜艇、导弹，在 20 世纪，这些东西都化为现实，但凡尔纳在 1 个多世纪前都从其笔端一一道出，多么令人难以置信，但是，凡尔纳却充满了自信，他说过："只要前人能做出科学的幻想，后人就能将它变成现实。"

人类普遍认为艺术家利用幻想类比机制较易，而科技工作者利用它则较难，因为后者常受"已知"世界秩序和形式逻辑的束缚，易屈服于传统思维习惯，闲置幻想羽翼。戈登认为科技工作者"应当而且必须给予自己和艺术家同样的自由。他必须恰当地想象关于问题的最好(幻想)解法，而暂时忽视由他的解法的结论所确定的定律。只有以这种方式他才能够构造出理想的图像"。

爱因斯坦年轻时构思相对论问题时曾想：如果以光速追随一条光线运动，会发生什么情况呢？这条光线就会像一个在空间中振荡着而停滞不前的电磁场。正是这一类幻想类比，打开了"相对论"的大门。科学中的"理想实验"，都包含着许多幻想类比因素。甚至，古今中外先进思想家关于人类社会种种"理想模式"的理想，也包含着许多幻想类比因素。

5. 因果类比

两个事物的各个事物之间可能存在着同一种因果关系。因此，可根据一个事物的因果关系，推测出另一事物的因果关系。例如，在合成树脂中加入发泡剂，可以得到质轻、隔热和隔音性能良好的泡沫塑料，于是有人就用这种因果关系，在水泥中加入一种发泡剂，发明了既质轻又隔热、隔音的气泡混凝土。这种创意技法，就称为因果类比法。

6. 对称类比

自然界和人造物中有许多事物或东西都有对称的特点。可以通过对称类比的关系进行创意，获得人工造物，例如，物理学家狄拉克从描述自由电子运动的方程中，得出正负对称的两个能量解。一个能量解对应着电子，那么另一个能量解对应着的是什么呢？人人都知道电荷正负的对称性，狄拉克从对称类比中，提出了存在正电子的对称解，结果被实践证实了。

7. 仿生类比

人在创意、创造活动中，常将生物的某些特性运用到创意、创造上。如仿鸟类展翅飞翔，造出了具有机翼的飞机；同样，发现了鸟类可直接腾空起飞，不需要跑道，又发明了直升机；当发现蜻蜓的翅膀能承受超过其自重好多倍的重量时，就采用仿生类比，试制出超轻的高强度材料，用于航空、航海、车辆，以及房屋建筑。

8. 综合类比

事物属性之间的关系虽然很复杂，但可以综合它们相似的特征进行类比。例如，设计一架飞机，先做一个模型放在风洞中进行模拟飞行试验，就是综合了飞机飞行中的许多特征进行类比。同样，各领域的模拟试验，如船舶模型试验。大型机械设备的模拟试验等，都是综合类比。现在盛行的各种考试前的模拟考试也是这样，先出一张试卷，其中综合了将来正式考试中可能会出现的题型、覆盖面、题量和难度以及考生可能出现的竞技心态，使考生对正式考试各种情景有所了解，并能对自己准备的程度做出评价，然后有针对性地做好进一步应考的准备。

四、类比法的应用

类比法是营销管理中常用的工具之一。类比法是按同类事物或相似事物的发展规律相一致的原则，对预测目标事物加以对比分析，来推断预测目标事物未来发展趋向与可能水平的一种预测方法。类比法应用形式很多，如由点推算面、由局部类推整体、由类似产品类推新产品、由相似国外国际市场类推国内国际市场等。类比法一般适用于预测潜在购买力和需求量、开拓新国际市场、预测新商品长期的销售变化规律等。类比法适合于中长期的预测。

(一)由点到面的类比

由点到面的类比广泛适用于许多一般消费品和耐用消费品的需求量预测。比如，通过典型调研或抽样调研测算出某市彩电年销售率为 40%(即销售数与百户居民数之比，也就是每百户居民中有 40 户购买)，就可以以此销售率来推算其他城市的销售率了。

许多消费品的需求量可以采用由点到面或由部分到全部的类比推算预测法求得短期、近期预测值。

(二)以国外同类产品市场发展趋势来预测

这种推算方法是把所要预测的产品市场同国外同类产品市场的发展过程或变动趋向相比较，找出某些共同的或相类似的变化规律，用来推测目标产品市场未来的变化趋向。比如，可以参照国外某些产品更新换代过程的时间及条件来分析预测我国同类产品更新换代时间。

(三)以国内相近产品类推新产品

这种对比类推往往用于新产品开发预测，以相近产品的发展变化情况，来类比预测某种新产品的发展方向和变化趋势。可以举例加以说明：过去人们喜欢吃水果糖，日用化工厂生产了香型牙膏；在国外，前几年男女老幼都喜欢吃各式巧克力糖，因此，牙膏也制成巧克力香型，取名叫"爱的可乐"，结果销路很好，尤其是青年人喜欢使用。

(四)提喻法

把类比法全面、系统地应用在创意、创造过程中，首推创造学家戈登创立的"比喻法"。其后，又有多人对此法进行了革新、发展，提出了几种以"类比"为核心的新技法。提喻法 Synectics 一词最早出自希腊语，意思是将不同的看上去无关的因素联系起来。自 1944 年以来，以戈登为核心在波士顿郊外剑桥，成立了一个创造理论和技法开发小组，他们称之为 synectics 小组。戈登认为："从心理上洞察和分析以前伟大发明家的创造过程，可以看出唯有类比和类比推理才是对创造开发最重要的观念。"Synectics 法的核心是类比，故一般译为"提喻法"，也有的译为"综摄法""举隅法""集思法"或"群辨法"。

提喻法是一种以类比为核心，以小组讨论为形式的创意技法。

(1) 由不同知识背景、不同气质的人组成小组，相互启发，集体攻关。它的成员体现了跨学科，超领域，广泛交叉渗透与综合的特点，这是类比创意设计技法得以大显身手的重要源泉。例如有个小组的成员，就包括：一个对心理学有兴趣的物理学家。一个电机工程师、一个对电子学有兴趣的人类学家、一个兼有工业工程基础的书画艺术家、一个有一些化学基础的雕塑家。

(2) 实施该法有两个重要思维出发点：异质同化和同质异化。同质异化，即变熟悉为陌生。对已有的各种事物，通过类比，从新的或陌生的角度来观察、分析和处理，使看惯的东西成为看不惯，把熟知的东西变为陌生的东西。电子计时笔的发明即是一例：电子表的功能主要是计时，而笔的长处在于书写。表面看来两者好像无关系，实际上却有潜在的联系。因为用笔写作时，往往会想到写了多长时间了，写到何时为止或何时开始写的，等等。创意者将两者长处综合在一起，将电子表装在笔杆中，电子计时笔就诞生了。诱饵捕鼠夹、"水泥肥料"的发明,也属于同质异化。前者把诱饵安上联结弹簧夹的挂钩、后者是水泥撒入酸性土壤而发明的。

异质同化,即变陌生为熟悉。亦即把给定的陌生东西与早已熟悉的东西进行比较,将陌生之物纳入一个可接受的模式中,从而转换成熟悉的东西。"人造血"的发明就是一例:

一次老鼠掉进了氟化碳溶液中,但却没被淹死。这一奇怪现象,引起了科学家的关注。经过分析,发现氟化碳能溶解和释放氧气和二氧化碳,这与血液里的红血球能担负输送氧气和运载二氧化碳的原理很相似。于是便利用氟化碳制成了"人造血"。

(3) 上述异质同化、同质异化的操作机制是类比。可以把这些机制看作再生产的精神过程以及激发、保持和继续创意过程进行的方法。这是提喻法的核心内容,在类比中要运用隐喻、想象、联想、潜意识等心理手段。

(4) 通过审美快感,对想象得到的各种类比作选择判断。戈登认为这种快乐愉悦选择基本上是审美的,如果有形式逻辑也是罕见的。

由上述可见,类比机制是提喻法的灵魂。戈登把实施该法的全过程分为以下阶段:给定问题→变陌生为熟悉→理解问题(分析、抓住要点)→类比(操作机制)→变熟悉为陌生→心理状态(卷入、超脱、迟延、思索等)→心理状态与问题相结合(最贴切的类比与已理解的问题作比较)→观点(得到新观点、新见解)→答案或深化研究任务。

(五)应用类比法的原则

为了提高类比结论的可信度,发挥它在创新中的有效作用,类比应注意以下原则:

1. 类比对象间应用类比方法的原则或相同的属性越多,其结论的可信度越高

类比的过程实际上包含着归纳和演绎,这就需要被类比事物的相似或相同的属性在数量上尽可能多些,涵盖面尽可能宽泛些,从个别到一般,再到个别的推理过程中,发现事物间的联系。

2. 类比事物的属性,应是事物的本质属性

事物的本质属性决定了事物发展的方向。类比要尽量做到类比事物的共同属性是事物的本质属性。科学家将声与光相类比,取得了一系列成就,其原因就在于光和声在被动性这个属性方面有着本质相似。有人推论说,地球是个星球,有人居住;月球也是个星球,所以月球也可能有人居住;还有人把火星与地球相类比,曾提出"火星人"的假说。这种类比之所以错误,就因为类比的共同属性不是事物的本质属性。

3. 不仅应关注类比事物间的属性相似,更应重视类比事物间的关系相似

如果仅仅是根据两类对象的相似性而进行简单推演,则并没有反映对象间的本质联

系。英国科学家贝弗里奇指出："类比是事物关系之间的相似，而不是指事物本身之间的相似。"类比并不要求类比事物的属性完全相似，而只要求类比事物属性间的关系相似，反映了类比事物更深层次的内部联系，这样类比的结论才具有更大的可靠性。

五、类比法的案例

【案例】

苍耳的启示

一位名叫乔尔吉的工程师是个狩猎爱好者。有一次，他去猎野兔，转进了灌木丛，狡猾的兔子却溜走了。当他十分扫兴地从灌木丛钻出来时，裤子上粘满了令人讨厌的苍耳子，他只好耐着性子把苍耳子一粒粒地从裤子上拉拽下来。他边拉拽边寻思：这小小的苍耳子为什么会粘在裤子上，而不粘在靴子上呢？这圆不溜溜、枣核一样的东西又怎么会牢牢地粘在裤子上不掉下来呢？于是他把苍耳子带回家进行了仔细的观察研究。

在放大镜下，乔尔吉看到，小小的苍耳子上布满了密密麻麻的小尖刺，每一个小尖刺上都有一个细细的倒钩，这倒钩虽不锋利，却很坚韧，它碰到皮毛衣服之类的纤维状物体时，就利用小倒钩把自己带到别的地方去繁殖，这是在生存竞争中，苍耳子为使自己的种族生存发展而采用的一种自然形态。乔尔吉由此想到，能不能利用这种小小倒钩尖刺的构造，制造一种一碰就能粘贴住，一拉又能松脱开的尼龙布带呢？经过研究实验，他终于发明了"贝尔克洛钩拉黏附带"可代替纽扣、拉链等，并被广泛地用于服装、轻工、军事等方面。乔尔吉申请了专利，组建了公司，成了年收入几千万元的实业家。

(资料来源：袁浩 张昌义. 青少年智力开发与训练[M]. 北京：燕山出版社，2009.)

【案例】

能下潜一万米深的潜水器

瑞士著名的科学家奥·皮卡德就是运用直接类比法发明创造了世界上第一台自由行动的深潜器。皮卡德本来是从事大气平流层研究的科学家，他设计的平流层气球能飞到15690米的高空，后来他转向了对海洋潜水器的开发研究工作。

以前的潜水器，是靠一根钢缆吊入海水中，不能自行浮出水面，也不能在海底自由行动，潜水深度受到钢缆强度的限制，一直无法突破 2000 米大关。尽管大海和天空是两个根本不同的环境，然而海水和空气都是流体，这是它们的共性。平流层气球由充满比空气轻的气体的气球及吊在气球下面的载人舱两部分组成，借助气球的浮力，使载人舱向高空升起。皮卡德把平流层气球的原理运用到设计能自由升降的潜水器上。认为如果在潜水器上加一个浮筒，不就如同一只"气球"，能让潜水器在海水中自行上浮下沉了吗。于是，皮卡德和他的儿子小皮卡德设计了一只由钢制水球和外形似船一样的浮筒组成的潜水器，在浮筒中充满比海水轻的汽油，为潜水器提供浮力，同时，又在潜水球中放入铁砂作为压舱用，借助铁砂的重力使潜水器下沉。如果它要浮上来，只要将压舱内的铁砂抛入海中，借助浮筒的浮力就能使潜水器再度升上海面。经过配备动力后，即可使潜水器在任意深度的海洋中自由行驶了。第一次试验，就下潜到了 1380 米深的海底，后来又下潜到 4042 米深的海底。皮卡德父子设计的另一艘潜水器"里亚斯特号"下潜到了世界上最深的海底——10911 米，成为世界上潜水最深的潜水器，皮卡德父子也因此被誉为"能上天入海的科学家"。

(资料来源：张武城. 创造创新方略[M]. 北京：机械工业出版社，2005.)

第二节　移植创造法

一、移植法的定义

移植法是将某个学科、领域中的原理、技术、方法等，应用或渗透到其他学科、领域中，为解决某一问题提供启迪、帮助的创新思维方法。移植法的原理是在各种理论和技术之间的互相转移。一般是把已成熟的成果转移、应用到新的领域，用来解决新的问题，因此，它是现有成果在新情境下的延伸、拓展和再创造。

移植一词，古已有之。移植又称"移栽"。农业上的移植是指在苗床上挖起秧苗，移至大田或其他处栽种，比如袁隆平的杂交水稻的成就就是应用移植创新思维的结果。林业上的移植是指将树木或果树的苗木移栽别处。医学上的移植是指将身体的某一器官或某一部分，移植到同一个体(自体移植)或另一个体(异体移植)的特定部位. 而使其继续生活的一种手术。移栽植物、移植动物器官，只是人类在农业和林业劳动中创造的一种技术；在医学上创造的一种手术。作为移植创新法，则是科学创造的一种重要方法。

科学技术在综合—分化—交叉中形成各种专门学科或专业技术。人类在某一领域内取得的科学理论或技术发明，包括进行该项科研或发明的创造环境、过程、思路、方法和手段，可能在其他学科或技术领域具有同等重要甚至更为重要的创造性意义。比如在科学上，化学家应用量子力学定律来解释各种化学现象、形成了新的化学理论——量子化学。在技术上，发明和革新的创新性转移更是数不胜数。诸如汽车发动机上的汽化器原理来自香水喷雾器，新式声音除尘器装置构造类似高音喇叭，无轮电车的运行采用的是滑冰鞋溜冰的原理。外科手术中用来大面积止血的热空气吹风器原理和结构基本上与理发师手中的电吹风器相同。移植实质上就是各种事物的技术和功能相互之间的转移。

二、移植法的原理

在运用移植创新技法时，一般有两种思路：一种是"成果推广型移植"，就是把现有科技成果向其他领域铺展延伸，其关键是在搞清现有成果的原理、功能及使用范围的基础上，利用发散思维方法寻找新载体。另一种是"解决问题型移植"，就是从研究的问题出发，通过发散思维，找到现有成果，通过移植使问题得到解决。

移植发明是一项非常有效的创新方法，我们可以把某一领域中已经成熟的技术推广应用到其他领域，使之成为一种新的技术。如果一个创新的企业设计或者设想了某一个新的方案，即使用尽自己领域中的方法也不能得到好的效果时，那么还不如跳出来想一想，看看其他领域中是否有可以"拿来"和"借鉴"的东西，说不定当思维开阔以后，会有意想不到的收获。蒙泰涅说过：我不愿有一个塞满东西的头脑，而情愿有一个思想开阔的头脑。

这种将某一领域已见成效的发明革新及其技术创造的思想，包括技术原理、产品结构、使用材料、生产制造工艺和试验研究手段，部分或全部地引用到其他的领域，或者在同一领域同一行业内，把某一产品的原理构造、材料、加工工艺和试验研究方法，引用到新的发明和革新项目上，就是技术创新中的移植，即移植创新法。贝弗里奇称赞移植是"科学研究中最有效、最简便的方法，也是应用研究中应用最多的方法"。

三、移植法的基本方法

移植是交换被移植对象所在的时空位置与作用的方法。而技术和功能的转移是通过事物的原地、结构、构料和方法的移植而实现的。因此，移植创新技法也就分成原理移植、方法移植、结构移植、材料移植和综合移植创新五种技法。

(一)原理移植

即把某一学科中的科学原理应用于解决其他学科中的问题。例如，电子语音合成技术最初用在贺年卡上，后来就把它用到了倒车提示器上，又有人把它用到了玩具上，出现会哭、会笑、会说话、会唱歌、会奏乐的玩具。它当然还可以用在其他方面。

一项技术发明的原理，通过多种结构设计或者采用不同性能的材料和不同的加工制造方法进行物化，就能够达到不同的功能目的。因此，着眼现有事物，有目的地研究和利用其原理功能，开发原理功能的新领域或新用途，是技术创新活动的不竭源头。现有事物原理功能的新领域或新用途一经发现或开辟，只要赋予新的结构、新的材料或新的制造工艺,就会发明创造出新的产品。原理功能具有普遍性的意义和广泛的作用。参照某一产物的原理功能,依据新领域、新用途和新的技术要求,运用适合的构料和相应的制造方法,就可以创造出与原型完全不同的各种新东西。人们根据香水喷雾器的雾化原理功能,对构造、构料和加工制造条件的不同要求进行技术创造,研制出油漆喷枪、喷射注油壶、汽化器等原职功能相同、使用功能不同的产物。虽然香水喷雾器、油漆喷枪、喷射注油壶和汽化器是分别用于不同目的的不同事物,其内部构造、外观造型、制造材料、加工工艺都大相径庭,但它们的原理功能却是一样。

(二)方法移植

即把某一学科、领域中的方法应用于解决其他学科、领域中的问题。方法移植就是将制造方法、使用方法移植到不同的领域中的一种发明技法。科学研究往往提出一种新的理论,技术创造往往完成一项新的发明,都伴随着方法上的更新与突破。这种方法的诞生和推广意义,也许要比科学研究和技术创造成果本身还要重要得多。方法的移植转移面更大,它能在很多科研领域和技术创造中发挥启迪和促化作用。自然科学理论的创新,深化了人类对客观世界的认识,而技术创造的成就,则为人类提供了日臻完善的使用功能和外观功能。方法是创立新理论和做出新发明的工具。笛卡儿曾说:"最有价值的知识,是关于方法的知识。"科学研究技术发明从某种意义上讲,就是方法的进步与创新。科学研究和技术发明的方法包括发现问题的方法、观察事物的方法、思维分析的方法、统计计算方法、加工制造方法、实验和试验力法等。我们在此主要谈及加工制造方法的移植。加工制造是技术创造的必经之地。物质产品的加工制造方法既关系到发明创新的物化,又影响到发明创新投产后的质量和成本。在技术创造中时常遇到这种情况:某项发明的原理科学可行,结构设计合理,选用材料也合适,但产品的某些部分甚至整个产品一时无法制造出来。每种产品都是有生命周期的,从出生到退出市场的时间是有限的,为此必须解决加工制造技术问题。

香港中旅集团有限公司总经理马志民赴欧洲考察,参观了融入荷兰全国景点的"小人国",回来后就把荷兰"小人国"的微缩处理方法移植到深圳,熔华夏的自然风光、人文景观于一炉,集千种风物、万般锦绣于一园,建成了具有中国特色和现代意味的崭新名胜"锦绣中华",开业以来游人如织,十分红火。

国外一家玻璃公司在研制一种既有韧性又耐高温的弹性玻璃的过程中,移植了对金属材料淬火的方法,先将普通玻璃逐渐加热,然后放入特别配制成的淬火液中骤然冷却,玻璃就变得坚韧而有弹性了。

1. 让橡胶和水泥也像面包一样发泡

我们常见的面包和馒头都是松软多孔的，这是利用发泡剂使面团产生无数的气泡，从而变得蓬松起来，制成的面包、馒头就会松软可口。人类将这种方法移植到不同的领域，导致了许多新的发明。

日本一家食品厂把这种发泡的方法用到冰淇淋制作中，向冰淇淋中吹入微小的气泡，使冰淇淋变得特别膨大、松软。

德国一家橡胶厂将面包的发泡方法用到橡胶生产中，在橡胶中掺进发泡剂，经过实验，居然得到一种松软多孔的"海绵橡胶"，使这个橡胶厂老板财源滚滚。日本一家企业将发泡技术移植到水泥上，使水泥发泡、发明了"发泡水泥"。这种多孔混凝土内含有空气，是理想的隔热和隔音材料。

也有人看到以上移植后，就把管子插到肥皂水中吹气，然后把肥皂泡沫凝结，得到一种能浮在水面的"松皂"。

2. 由金属电镀到塑料电镀

金属电镀能使金属产品闪闪发光，人类将这种方法移植到塑料行业上，结果发明了塑料电镀，使得许多塑料产品面目全新。

3. 皮下注射器与足球打气筒

皮下注射使用的注射器，是利用活塞加压的方法，使液体通过中空的针头，将药物推入人体。有人将这种方法移植到足球上，制成了给足球打气的打气筒。打气筒的结构类似于注射器，气针的结构类似于针头。虽然打入球胆的是空气而不是液体，但这种利用活塞加压与通过空心针头的注射方法是一模一样的。

4. 方法移植的思路主要有两步

第一步，移植方法——解决问题。具体为：

由某事物——究其方法解决问题——移植对象。

第二步，解决问题——移植方法。具体为：

待解问题——寻同类已解问题——究其方法——可否移植。

我们可用人工增产牛黄的例子来说明方法移植思路的应用。牛黄即牛的胆结石，是一种贵重药材，一斤牛黄价值 3000 多元。但是牛黄很难得，只在屠宰场上偶尔能得到。于是有人就想，用什么方法能提高牛黄产量，能够人为地控制这种产品，而不是偶然才能得到？广东省某药材公司的几个青年人在研究中发现：牛胆结石的形成与胆囊受到某种刺激后引起的胆汁成分异常有关。他们就想，能不能人为进行这种刺激，如果能，又如何人为进行这种刺激？他们在寻找已经解决的同类问题时，想起了河蚌育珠的方法。珍珠的起源并不复杂，每当有异物进入蚌壳，河蚌就会在异物上涂上珍珠质分泌物，即90%的碳酸钙和一些胶状晶体物质。异物就是珠核，在天然珍珠中，珠核可能是一粒沙子，也可能是一条小寄生虫，还可能是一具浮游生物的残骸，或者为一条偶然钻进珠贝的小鱼或小虾。所以人工育珠的方法就是将少量的异物塞入河蚌体内，在异物长期的刺激下，河蚌体内就会慢慢地形成珍珠。这种方法能不能移植到牛黄的生产中呢？于是他们大胆尝试，在牛的胆囊里放进一些异物，一年后，剖开牛胆果然获得了牛黄。从此，人类就有了一种增产牛黄的新方法。

(三)结构移植

即将某种事物的结构形式或结构特征，部分或整体地运用于另外某种产品的设计与制造。

例如，缝衣服的线移植到手术中，出现了专用的手术线；用在衣服鞋帽上的拉链移植到手术中，完全取代用线缝合的传统技术，"手术拉链"比针线缝合快10倍，且不需要拆线，大大减轻了病人的痛苦。

(四)材料移植

将物质材料加以改变、添加某种物质或者进行处理后移用到其他的领域或物品上，创造出新的使用价值和新的功能，这就是材料移植。物质产品的使用功能和使用价值，除了取决于技术创造的原理功能和结构功能外，还取决于物质材料。许多工业产品，如含香味金属、药皂、坦克的装甲、防火短布、纸质手绢、水泥弹簧等，实质上都是物质材料的创新性应用。它们多是变革原有产物的材料或者增添了其他物质。例如，在人们的心目中，造桥只能用砖石、木料、藤条、钢材、铁索、钢筋混凝土等材料。

(五)综合移植法

综合移植创新法是指将众多领域中的技术方法、结构、原理、材料汇集到一个新的创造对象上，进行综合性考察，从而得到新的创新性成果。工业机器人、宇航工程、克隆技术、海洋技术等都是综合移植的产物。

总之，通过移植事物的结构、原理、方法和材料，可以进入新的领域，创造出新的应用、新的发明。移植创新法具有能动性、变通性和多层次性的特点。

四、移植法的应用

"移植"是商界常见的事，中国改革开放，把欧美的商业模式移植到中国来，而中国的经济发展从东部沿海向西部推进，东部的成熟项目也向西部地区移植。这种照搬式的移植是"直接移植"。直接移植的思维作用不可小视，例如，养鸡场农场主给鸡戴上了隐形眼镜避免鸡们相互打架，大大地提高了鸡的产蛋率，农场主的这一举措想必是受到了近视眼的启发，是根据相似性"以人度鸡"的原理进行的移植。

"移植法"主要指的是间接移植，根据两个事物之间存在的原理相似性，把一个事物的原理或机理，用在对另一个事物的理解与把握上。例如，我们在"判断原则"一节中提到"小型企业下跳棋，中型企业下象棋，大型企业下围棋……"如果细致比较分析起来，企业的竞争性经营确实与下棋有着原理上的某些相似性。下跳棋的主要竞争方式(游戏规则)就是"跳"，小型企业发展之路就是寻找市场机会，哪里有机会就跳到哪里去，"船小好掉头"。中型企业往往盈利模式已经成熟，这时，自己的地盘确定了，对手也就确定了，与对手分立"楚河汉界"两边，竞争不再靠单个棋子的跳，而是要靠"车马炮"——团队整体配合，靠比对手多想一步，少一些机会主义，多一些长远打算……到了大型企业阶段，竞争状况犹如下围棋，占先手是第一位的，不能计较一城一地的得失，谁能"长途奔袭""另辟蹊径""出其不意"，谁就能获得战略先机。下棋与经营完全是两回事，但在竞争理念上竟然有着惊人的相似性。

移植法的前提是"相似性"。比"下棋与经营"渊源关系更远的"交友"与"财务管理"也能显示其惊人的相似性，把财务管理理念移植到交友活动中，不仅深化了交友理念，反过来也丰富了对财务管理的理解。《交友资产论》中交朋友与经营资产具有同理性，"交"就是经营，"友"就是资产；资产分固定资产、递延资产、流动资产和无形资产；朋友分交神朋友、交情朋友、交酒朋友。在朋友们相处时要像对待固定资产那样去对待交神朋友，要像对待递延资产那样对待交情朋友，要像对待流动资产那样与交酒朋友相处，要像对待无形资产那样注意在朋友心目中的形象。也许你的一位朋友从来没有和你有过物质上的往来，但你们的关系被称为忘年交或神交，你们两人经常在一起谈天说地、谈古论今，很有共同语言，往往一席话，都感到深受启迪和安慰。你们经常想见面，在遇到困难时，甚至一想到还有这么个朋友就心底踏实，这就是你的交神朋友。他像企业中的固定资产一样，长期地、稳定地把价值体现在你的各种工作作品和生活作品之中。

五、移植法的案例

【案例】

让土拨鼠走开

美国有很多优良的牧场、那里牛马成群，绿草如茵，所以也是很多城市居民休闲度假的好去处。但是，不知道从什么时候起，牧场主开始伤透了脑筋。是怎么回事呢？原来绿草如茵的牧场成了大批土拨鼠的乐园，它们四处打洞，一代接一代地繁衍子孙，而牛马却被土拨鼠害苦了，因为当它们奔跑时，蹄子常常会踏进土拨鼠洞中，结果不是骨折便是扭伤。牧场主们绞尽脑汁要赶走土拨鼠，但是捕捉极难，用毒药捕杀和下夹子都可能会殃及其他动物。经营小游船船坞的盖伊·鲍尔弗跟妻子时常为经营不景气而烦恼，夫妻俩苦思冥想，希望寻求到一个走出困境的方法。一天，鲍尔弗闲来无事，盯着一辆清洁车看清洁工用装配在车上的吸尘器吸取地下水里的污秽物，觉得很有意思。忽然，他想到了牧场草地上的污秽物土拨鼠们，脑子里飞快地闪过一个念头，"能不能用吸尘器将那些该死的土拨鼠从洞中吸出来？"他这样想后便立刻改装一辆卡车，让它装配上吸尘箱，在吸尘箱中装置三个 72 毫米厚的芯片，并加大了功率。一试，果然将土拨鼠从洞里吸了出来。鲍尔弗高兴极了，将他的新发明推荐给那些牧场主，并将那些令牧场主感到无奈的可恶土拨鼠一只一只地吸了出来，然后将这些讨厌的东西放逐到其他地方去。牧场主们很欣赏这种方法，乐意每天付给鲍尔弗 800~1000 美元的报酬。飞机场也有土拨鼠危害，他们也来请鲍尔弗。

到后来，鲍尔弗的业务扩展到 13 个州。澳大利亚竟然也有人打电话来询问："让土拨鼠走开"的方法是否也用于驱赶兔子。他们把控制兔子的掠夺性繁殖寄希望于鲍尔弗。

我们知道，吸尘器的作用在于吸取尘土污秽物，然而鲍尔弗却将吸尘器稍加改装后用来吸取土拨鼠，消除了土拨鼠对牧场的危害，从而得到了"让土拨鼠走开"这一项发明成果。这里所用的创新方法就是移植创新法。把一项用于吸取尘土的技术用于吸取土拨鼠，发挥了在特定时刻、特定领域的特定作用。移植领域的空间越大，移植发明的创新性就越突出，创造的意义就越明显。

(资料来源：李正蕊，刘干才. 青少年创新教育的突破[M]. 长春：北方妇女儿童出版社，2015.)

【案例】

书籍变水果

事情发生在加拿大卡尔加里市的一所大学里。有一次，学校自来水设备出现故障，水一下子倾泻而出，致使珍贵的书籍浸没在积水中。事情发生后，学校召开了一个紧急会议，研究如何抢救这些珍贵的图书。但是如果用一般的干燥方法，无疑会毁了这些书籍，那么有没有其他的干燥方法呢？会议中，有一个曾经从事过罐头生产的图书管理员这样想，在制作罐头时，为了排除水果中多余的水分，采用低温存放和真空干烘的方法，如果把这些书籍看成是水果，能不能利用相同的条件，把多余的水分排除，让书完好无损呢？带着这种想法，他们把书先放到冰箱里，然后再放入真空中、经过五个昼夜，书籍中的水分奇迹般地消失了，书恢复了原状。使很有可能会惨遭破坏的珍贵书籍在这种方法的移植使用下，成功地得到了抢救。由书籍想到水果，又由水果的加工方法想到书籍除水的方法，这就是奇妙的移植创新法。

(资料来源：李正蕊，刘干才. 青少年创新教育的突破[M]. 长春：北方妇女儿童出版社，2015.)

【案例】

疏通下水管道与血管成形技术

1977 年，苏黎世大学格兰奇主持进行了首例血管成形技术。许多人都为格兰奇捏了一把汗，因为这样的手术他以前从来没有做过，而且操作特别严格，需要操作者特别谨慎。格兰奇是这样完成这项手术的：先是通过一根极韧的长线进入血管(长线的顶端有个小小的气球)，然后在长线顺利地在血管中运行后送入气体，此时小球开始适当增大，并一路压迫堵塞在血管中的脂肪沉积物，于是血管就会扩张而得到疏通。

人们一定不会想到，这种绝妙的技术竟然是从疏通下水管道的方法移植而来的。疏通下水管道时，管道工通常要使用一根软而长的竿子，然后在长竿的一端装置有特殊作用的洗刷工具。将疏通下水管道的方法使用到治疗血管疾病的工作中来，这种大胆的移植创新，实现了血管的成形手术。

如果说血管成形手术让人惊叹，那么在医疗技术上对拉链的移植更是令人拍案称奇。拉链的基本原理是利用链牙的凹凸结构，在拉头的移动小，实现拉链的嵌合或脱离。这一发明问世以后，人们将它广泛地应用于鞋、帽、裤、袋、包等物品制作中。其实前面所述只是讲了拉链的基本用处，如果将拉链移植创新用于医疗手术上，它的神奇就让人大开眼界了。

外科医生都知道，人体胰脏手术后一般都会出血，为了止血，因而必须在腹腔上反复开刀、缝合、更换腹腔内的纱布，这样，每次开缝换的时间就长达 60 分钟。这种传统的治疗方法不仅使患者不堪忍受，而且还容易导致病人的死亡。为了解决这一问题，美国外科医生苦思冥想、终于想到了拉链的功能原理，决定将此技术移植到人体上来。他尝试着将一个长约 24cm 的拉链粘缝到患者身上，然后进行开刀手术。这样，他可以随时打开拉链检查患者腹腔内的病况，更换一次纱布也只需要几分钟时间，拉链在患者身上可使用 5～14 天。用此方法使他在完成的数十例胰脏手术中、几乎无一失误。将拉链从原先的服装包装使用领域转移到医疗手术领域，粘缝在人体，这便是一项大胆的发明创造。无独有偶，英国外科专家詹金斯将拉链技术移植到皮肤缝合上，也取得成功。他将两条软塑料制成的狭长带缝合在伤口两侧，带上附有一排不锈钢微型针，然后用一个特殊的结合装置把两条软塑料带像拉链似的结合起来，伤口即"包扎"完毕。使用这种"拉链缝合法"，可使肌肉表皮的愈合速度加快，且伤痕极小。

(资料来源：科技创新理论与创新创业能力提升，http://www.docin.com/p-577013588.html。)

第三节 归纳创造法

一、归纳法的定义

所谓归纳推理，就是根据一类事物的部分对象具有某种属性，推出这类事物的所有对象都具有这种属性的推理，叫作归纳推理(简称归纳)。归纳是从特殊到一般的过程，它属于合情推理。

例如，在一个平面内，直角三角形内角和是 180 度；锐角三角形内角和是 180 度；钝角三角形内角和是 180 度；直角三角形，锐角三角形和钝角三角形是全部的三角形；所以，平面内的一切三角形内角和都是 180 度。这个例子从直角三角形，锐角三角形和钝角三角形内角和分别都是 180 度这些个别性知识，推出了"一切三角形内角和都是 180 度"这样的一般性结论，就属于归纳推理。

根据前提所考察对象范围的不同，可把归纳推理区分为完全归纳推理和不完全归纳推理。完全归纳推理考察某类事物的全部对象，不完全归纳推理则仅仅考察某类事物的部分对象。并进一步根据前提是否揭示对象与其属性间的因果联系，把不完全归纳推理区分为枚举归纳推理和科学归纳推理。现代归纳逻辑则主要研究概率推理和统计推理。

首先，归纳推理的前提是其结论的必要条件。其次，归纳推理的前提是真实的，但结论却未必真实，而可能为假。如根据某天有一只兔子撞到树上死了，推出每天都会有兔子撞到树上死掉，这一结论很可能为假，除非一些很特殊的情况发生，比如地理环境中发生了什么异常使得兔子必以撞树为快。

我们可以用归纳强度来说明归纳推理中前提对结论的支持度。支持度小于 50%的，则表明该推理归纳弱；支持度小于 100%但大于 50%的，表明该推理归纳强；归纳推理中只有完全归纳推理前提对结论的支持度达到 100%，支持度达到 100%的是必然性支持。

归纳推理的数理逻辑通用演算形式为：$s1 \subseteq p + s2 \subseteq p + s3 \subseteq p + <n> (s \subseteq p) = \forall \times (s \subseteq p)$。

二、归纳法的原理

归纳推理法是从个别事实中概括出一般原理的一种思维方法。归纳法按照它概括的对象是否完全而分为完全归纳和不完全归纳。完全归纳法是对某类事物的全体对象进行概括的推理方法，只有发现它们皆具有某种属性之后才能作出归纳，所以得出的结论确实可靠。但是在自然科学中运用完全归纳法往往会遇到困难，这不仅是因为在我们考察的事物中往往含有无限多个对象，难以穷举，而且穷举那些有限的，然而数量不少的事物也不是一件轻而易举的事，所以人们往往只能根据部分对象具有某种属性作出概括，这种推理方法就叫不完全归纳法。

归纳法的客观基础是个性和共性的对立统一，个性中包含着共性，通过个性可以认识共性，个性中有些现象反映本质，有些则不反映本质，有些属性为全体所共有，有些属性则只存在于部分中。这就决定了从个性中概括出来的结论不一定是事物的共性，也不一定抓住了事物的本质。归纳法的客观基础决定了这种推理的逻辑特点：它虽然是一种增长知识、发现真理的方法，但往往是一种不严密的、或然性的推理。

(一)归纳法和演绎法的区别

1．思维进程不同

归纳推理的思维过程是从个别到一般，而演绎推理的思维过程不是从个别到一般，是一个必然得出结论的思维过程。

2．对前提真实性的要求不同

演绎推理不要求前提必须真实，归纳推理则要求前提必须真实。

3．结论所判定的知识范围不同

演绎推理的结论没有超出前提所判定的知识范围。归纳推理除了完全归纳推理，结论都超出了前提所判定的知识范围。

4．前提与结论间的联系程度不同

演绎推理前提与结论间的联系是必然的，也就是说，前提真实，推理形式正确，结论就必然真实。归纳推理除了完全归纳推理前提与结论间的联系是必然的外，前提和结论间的联系都是或然的，也就是说前提真实，推理形式也正确，但结论未必真实。

(二)归纳法与演绎法的联系

1．演绎推理如果是以一般性知识为前提，(演绎推理未必都要以一般性知识为前提)则通常要依赖归纳推理来提供一般性知识

2．归纳推理离不开演绎推理

其一，为了提高归纳推理的可靠程度，需要运用已有的理论知识，对归纳推理的个别性前提进行分析，把握其中的因果性、必然性，这就要用到演绎推理。其二，归纳推理依靠演绎推理来验证自己的结论。例如，俄国化学家门捷列夫通过归纳发现元素周期律，指出，元素的性质随元素原子量的增加而呈周期性变化。后用演绎推理发现，原来测量的一些元素的原子量是错的。于是，他重新调整了它们在周期表中的位置，并预言了一些尚未发现的元素，指出周期表中应留出空白位置给未发现的新元素。

逻辑史上曾出现两个相互对立的派别——全归纳派和全演绎派。全归纳派把归纳说成唯一科学的思维方法，否认演绎在认识中的作用。全演绎派把演绎说成是唯一科学的思维方法，否认归纳的意义。这两种观点都是片面的。正如恩格斯所说："归纳和演绎，正如分析和综合一样，是必然相互联系着的。不应当牺牲一个而把另一个捧到天上去，应当把每一个都用到该用的地方，而要做到这一点，就只有注意它们的相互联系，它们的相互补充。"

三、归纳法的基本方法

(一)完全归纳推理

完全归纳推理是根据某类事物每一对象都具有某种属性，从而得出该类事物都具有该种属性的结论。

例如："已知欧洲有矿藏、亚洲有矿藏、非洲有矿藏、北美洲有矿藏、南美洲有矿藏、大洋洲有矿藏、南极洲有矿藏；而欧洲、亚洲、非洲、北美洲、南美洲、大洋洲、南极洲是地球上的全部大洲，所以，地球上所有大洲都有矿藏。"其逻辑形式如下：

S1 是 P

S2 是 P

……

Sn 是 P

S1，S2，…，Sn 是 S 类的全部对象

所以，所有 S 都是 P

完全归纳推理的特点是：在前提中考察了一类事物的全部对象，结论没有超出前提所判定的知识范围，因此，其前提和结论之间的联系是必然的。

运用完全归纳推理要获得正确的结论，必须满足两个条件：

(1) 在前提中考察了一类事物的全部对象。

(2) 前提中对该类事物每一对象所作的判定都是真的。

完全归纳推理有两个方面的作用：

(1) 认识作用。完全归纳推理根据某类事物每一对象都具有某种属性，推出该类事物都具有该种属性，使人的认识从个别上升到一般。比如，上面根据"地球上的大洲"这一类事物的每个对象都有"有矿藏"这一属性，得出"地球上所有大洲都有矿藏"的结论，就体现了完全归纳推理的认识作用。

(2) 论证作用。因为完全归纳推理前提和结论之间的联系是必然的，所以常被用作强

有力的论证方法。比如对于论题"两个特称前提的三段论推不出结论",可以这样论证:前提是 II 的三段论推不出结论,前提是 OO 的三段论推不出结论,前提是 IO(OI)的三段论推不出结论,前提是 II 的三段论、前提是 OO 的三段论、前提是 IO(OI)的三段论是两个特称前提的三段论的全部对象,所以,两个特称前提的三段论推不出结论。

完全归纳推理通常适用于数量不多的事物。当所要考察的事物数量极多,甚至是无限的时候,完全归纳推理就不适用了,而需要运用另一种归纳推理形式,即不完全归纳推理。

(二)不完全归纳推理

不完全归纳推理是根据某类事物部分对象都具有某种属性,从而推出该类事物都具有该种属性的结论。不完全归纳推理包括简单枚举归纳推理、科学归纳推理和概率推理。

1. 简单枚举归纳推理

在一类事物中,根据已观察到的部分对象都具有某种属性,并且没有遇到任何反例,从而得出该类事物都具有该种属性的结论,这就是简单枚举归纳推理。比如,被誉为"数学王冠上的明珠"的"哥德巴赫猜想"就是运用简单枚举归纳推理提出来的。200 多年前,德国数学家哥德巴赫发现:一些奇数都分别等于三个素数之和。例如:

17=3+3+11

41=11+13+17

77=7+17+53

461=5+7+449

哥德巴赫并没有把所有奇数都列举出来(事实上也不可能),只是从少数例子出发就提出了一个猜想:所有大于 5 的奇数都可以分解为三个素数之和,他把这个猜想告诉了数学家欧拉。欧拉肯定了他的猜想,并对之进行了补充:大于 4 的偶数都可以分解为两个素数之和。例如:

10=5+5

14=7+7

18=7+11

462=5+457

前一个命题可以从这个命题得到证明,这两个命题后来合称为"哥德巴赫猜想"。

民间的许多谚语,如"瑞雪兆丰年""础润而雨,月晕而风""鸟低飞,披蓑衣"等,都是根据生活中多次重复的现象,用简单枚举归纳推理概括出来的。

简单枚举归纳推理的逻辑形式如下:

S1 是 P

S2 是 P

……

Sn 是 P

S1，S2，…，Sn 是 S 类的部分对象，并且其中没有 S 不是 P

所以，所有 S 是(或不是)P

简单枚举归纳推理的结论是或然的，因为其结论超出了前提所判定的知识范围。数学家华罗庚在《数学归纳法》一书中对简单枚举归纳推理的或然性做了很好的说明：

"从一个袋子里摸出来的第一个是红玻璃球，第二个是红玻璃球，甚至第三个，第四个，第五个都是红玻璃球时，我们立刻就会猜想'是不是袋子里所有的球都是红玻璃球？'但是，当我们有一次摸出一个白玻璃球时，这个猜想失败了。这时，我们会出现另一个猜想：'是不是袋里的东西全都是玻璃球？'。当有一次摸出一个木球时，这个猜想又失败了。那时，我们又会出现第三个猜想：'是不是袋里的东西都是球？'这个猜想对不对，还必须继续加以检验，要把袋里的东西全部摸出来，才能见个分晓。"

要提高简单枚举归纳推理的可靠性，必须注意以下两个条件：

第一，枚举的数量要足够多，考察的范围要足够广。第二，考察有无反例，通常把不注意以上两个条件因而样本过少，结论明显为假的简单枚举归纳推理称为"以偏概全"或"轻率概括"。

鲁迅在《内山完造作序》里写到："一个旅行者走进了下野的有钱的大官的书斋，看见有许多很贵的砚石，便说中国是'文雅的国度'；一个观察者到上海来一下，买几种猥亵的书和图画，再去寻寻奇怪的观览物事，便说中国是'色情的国度'。"在这篇文章中，鲁迅更进一步揭示了此类人因为枚举的数量不够多或考察的范围不够广，不注意考察有无反例，以致"以偏概全"或"轻率概括"而最后必然要陷入的窘境。"倘到穷文人的家里或者寓里去，不但无所谓书斋，连砚石也不过用着两角钱一块的家伙。一看见这样的事，先前的结论就通不过去了，所以观察者也就有些窘。"

虽然简单枚举归纳推理是归纳推理中最简单的一种方法。但是其意义却不可忽视。第一，简单枚举归纳推理有助于发挥发现的作用，当还不能找到概括的充分根据，但已有相当的材料时，就要运用简单枚举归纳推理，作出初步概括，得出一个或然性结论，以作为进一步研究的起点。因而，形成假说时常用到简单枚举归纳推理。例如，在波义耳定律的发现过程中，简单枚举归纳推理就起了一定的作用。波义耳从自己所掌握的许多实验事实中，概括出"在一定条件下，气体体积和它所受到的压强成反比"这一定律。第二，简单枚举归纳推理也可以用作论证的方法，在论证过程中发挥一定的作用。比如，胡适晚年有这样一段谈话："凡是大成功的人，都是有绝顶聪明而肯做笨功夫的人。不但中国如此，西方也如此。像孔子，他说'吾尝终日不食，终夜不寝，以思，无益，不如学也'。这是孔子做学问的功夫。孟子就差了，而汉代的郑康成的大成就，完全是做的笨功夫。宋朝的朱夫子，他是一个绝顶聪明的人，他十五六岁时就研究禅学，中年以后才改邪归正。他说的'宁详毋略，宁近毋远，宁下毋高，宁拙毋巧'十六个字，我时常写给人家的。他的《四书集注》，除了《大学》早成定本外，其余仍是随时修改的。现在的《四书集注》，不知是他生前已经印行的本子，还是他以后修改未定的本子，如陆象山、王阳明，也是第一等聪明的人。像顾亭林，少年时大气磅礴，中年时才做实学，做笨的功夫，你看他的成就！"在这里，胡适为了论证"凡是大成功的人，都是有绝顶聪明而肯做笨功夫的人"的观点，用的就是简单枚举归纳推理。中国数学家和语言学家周海中对梅森素数研究多年，他运用联系观察法和不完全归纳法，于 1992 年首先给出了梅森素数分布的精确表达式，从而揭示了梅森素数的重要规律，为人们探究这一素数提供了方便。后来这一科研成果被国际上称为"周氏猜测"。

2. 科学归纳推理

科学归纳推理是根据某类事物中部分对象与某种属性间有因果联系进行分析，得出该类事物具有该种属性的推理。例如：

金受热后体积膨胀；

银受热后体积膨胀；

铜受热后体积膨胀；

铁受热后体积膨胀；

因为金属受热后，分子的凝聚力减弱，分子运动加速，分子彼此距离加大，从而导致膨胀，而金，银，铜，铁都是金属；

所以，所有金属受热后体积都膨胀。

上例在前提中不仅考察了一类事物的部分对象有某种属性，而且进一步指出了对象与属性之间的因果联系，由此推出结论。这就是科学归纳推理。

科学归纳推理的形式如下：

S_1 是 P

S_2 是 P

……

S_n 是 P

S_1，S_2，…，S_n 是 S 类的部分对象，其中没有 $S_i (1 \leq i \leq n)$ 不是 P；并且科学研究表明，S 和 P 之间有因果联系，所以，所有 S 都是 P。

科学归纳推理与简单枚举归纳推理相比，有共同点和不同点。它们的共同点是：都属于不完全归纳推理，前提中都只是考察了一类事物的部分对象，结论则都是对一类事物全体的判定，判定的知识范围超出前提。不同点是：第一，推理根据不同。简单枚举归纳推理仅仅根据已观察到的部分对象都具有某种属性，并且没有遇到任何反例。科学归纳推理则不是停留在对事物的经验的重复上，而是深入进行科学分析，在把握对象与属性之间因果联系的基础上得出结论。第二，前提数量对于两者的意义不同。对于简单枚举归纳推理来说，前提中考察的对象数量越多，范围越广，结论就越可靠。对于科学归纳推理来说，前提的数量不具有决定性的意义，只要充分认识对象与属性之间的因果联系，即使前提数量不多，甚至只有一两个典型事例，也能得出可靠结论。正如恩格斯所说，十万部蒸汽机并不比一部蒸汽机更能说明热能转化为机械能。佛教《百喻经》中有一则故事：从前有一位富翁想吃芒果，打发他的仆人到果园去买，并告诉他："要甜的，好吃的，你才买。"仆人拿好钱就去了。到了果园，园主说："我这里树上的芒果个个都是甜的，你尝一个看。"仆人说："我尝一个怎能知道全体呢，我应当个个都尝过，尝一个买一个，这样最可靠。"仆人于是自己动手摘芒果，摘一个尝一口，甜的就都买回去。带回家后，富翁见了，觉得非常恶心，一齐都扔了。这则故事非常有讽刺意味地说明，简单枚举归纳推理在有些情况下是又笨又懒的办法，其笨在重复，其懒在不思考。当我们观察到一些 S 具有属性 P 后，应当开始思考，为什么这些 S 会有属性 P 呢？也就是说应该去弄清楚 S 和 P 究竟有没有因果联系。通过把握对象与属性之间的因果联系，我们就可以尝数个芒果而知一棵树上全部芒果是甜还是不甜，比如，我们可以想到，芒果的甜与不甜和园中土壤，日照等有因果联系，因而同一座果园起码同一棵树的芒果其甜是差不多的。第三，结论的可靠性不同。虽然前提和结论之间的联系是或然的，归纳强度不必然等于 1。但科学归纳推理考察了对象与属性之间的因果联系，因而，科学归纳推理的归纳强度比简单枚举归纳推理的归纳强度大，也就是说，科学归纳推理与简单枚举归纳推理相比，结论的可靠程度大。

科学归纳推理倡导一种面对知识和结论不轻信而加以思考的方法。这种方法在资讯发达的时代尤显重要。想想，我们的媒体经常给我们传播一些自相矛盾的"科学知识"，这一点就不难明白了。比如，媒体有时候说，饭后百步走好；有时候又说，饭后百步走不好。再如，有时候说，隔夜茶不能喝，喝了有害健康；有时候又说，研究表明，隔夜茶可以喝，与喝非隔夜茶一样。诸如此类，叫人简直不知所措。而科学归纳推理由于其主要特点是考察对象与属性之间的因果联系，因而有助于引导人们去探求事物的本质，发现事物的规律，从而比较可靠地将感性认识提升到理性认识。

3. 概率推理

M. 克莱因在《西方文化中的数学》中写道："不用说关于我们未来的事情，甚至从现在起的一小时后，也均无任何肯定的东西存在。一分钟后，我们脚下的地面可能就会裂开。但是，宣称这种可能性吓唬不了我们，因为我们知道，出现这种情况的概率极小。换句话说，正是一个事件是否发生的概率，决定了我们对该事件的态度和行动。"

那种在某种条件下可能出现，也可能不出现的现象，可称为随机事件或偶然事件，如从一副桥牌中抽出一张红桃 K。事实上，当我们观察了大量的同类随机事件后，就会发现其中存在着一定的规律性。概率就是对大量随机事件所呈现的规律在数量上的刻画，通常用 P(A)表示。运用概率推理，可以获知某事件发生的可能性有多大，或者说某事件发生的机会有多大。在这个意义上，可以说概率推理即关于机会的推断。

在日常生活中，概率推理仅仅满足于估计一个事件的概率是高还是低而已。但是，这种估计过于宽泛，不能满足诸如在工业，经济，保险，医疗，社会学，心理学等许多问题上的需要。因为在上述情形中，必须知道准确的概率值。要达到这个目的，就要求助于数学。依靠数学计算出来的概率值，才能够可靠地指引我们的行动。

一般地，计算概率值的定义是：如果有 n 种等可能性，而有利于某事件发生的情形是 m，则该事件发生的概率是 m/n，不发生的概率是(n-m)/n。在这个定义下，如果事件是不可能的，则事件的概率为 0/n，即为 0；如果事件是完全确定的，则概率是 n/n，即为 1。因此，概率值在从 0 到 1 的范围内变化，即从不可能性到确定性。所谓等可能性，就是说出现的可能性相同。比如，一个骰子有 6 个面，若在骰子的形状上或在扔骰子的方式中，没有任何因素有利于某一面的出现，则骰子 6 面出现的可能性相同，也就是骰子具有 6 种等可能性。按照计算概率值的这个定义，从 52 张普通的一副扑克牌中，选取一张牌 "A"的概率就是 4/52，即 1/13。因为这里有 52 种等可能性，其中有 4 种是有利的。但是，如果全部可能性不是等可能的，则这个计算概率值的定义就不适用。比如，一个人穿过街头只有两种可能性：或者安全穿过，或者没有安全穿过。但是，不能由此断定说一个人安全穿过街头的概率是 1/2，因为，"安全穿过"和"没有安全穿过"这两种可能性并不是等可能的。

应当注意的是，概率告诉我们的是大量选取中所发生的情况。比如，从 52 张一副的扑克牌中选取 "A"的概率是 1/13，这并不意味着，如果一个人在这副扑克牌中取了 13次，就一定会选中一张 "A"。他可能取了 30 次或 40 次，也没有得到一张 "A"。不过，他取的次数越多，则取得 A 的次数与取牌总次数之比将会趋近于 1/13。另外，这也并不意味着，如果一个人取了一张 "A"，比如说正好是第一次取得的，下一次取出一张 "A"的概率就必定小于 1/13。概率将依然是相同的，即为 1/13，即使 3 张 "A"被连续取出来时也是如此。因为，一副牌既没有记忆也没有意识，因此已经发生的事情不会影响未来。

(三)归纳法的实施过程

1. 归纳法的收集

归纳推理要以个别性知识为前提,为了获得个别性知识,就必须收集经验材料,收集经验材料的方法有观察,实验等。

(1) 观察的方法。这里所说的"观察"是"科学的观察"的简称。一般来说,人把外界的自然信息通过感官输入大脑,经过大脑的处理,形成对外界的感知,就是观察。然而,盲目的、被动的感受过程不是科学的观察。科学的观察是在一定的思想或理论指导下,在自然发生的条件下进行(不干预自然现象),但有目的性,主动的观察。科学的观察往往不是单纯地靠眼耳鼻舌身五官去感受自然界所给予的刺激,而要借助一定的科学仪器去考察,描述和确认某些自然现象的自然发生。

观察要遵循客观性原则,对客观存在的现象应如实观察。如果观察失真,便不能得到真实可靠的结论。但是,观察要遵循客观性原则,并不是说在观察时应当不带有任何理论观点。理论总是不同程度地渗透在观察之中。提出观察要客观,是要求用正确的理论来观察事物,以免产生主观主义。理论对观察的渗透,说明了主体在观察中的能动作用。氧的发现过程生动地体现了理论对观察的作用。

1774 年 8 月,英国科学家普利斯特里在用聚光透镜加热氧化汞时得到了氧气,他发现物质在这种气体里燃烧比在空气中更强烈,由于墨守成规的燃素说,他称这种气体为"脱去燃素的空气"。1774 年,法国著名的化学家拉瓦锡正在研究磷、硫以及一些金属燃烧后质量会增加而空气减少的问题,大量的实验事实使他对燃素理论发生了极大怀疑。正在这时,普利斯特里来到巴黎,把他的实验情况告诉了拉瓦锡,拉瓦锡立刻意识到他的英国同事的实验的重要性。他马上重复了普利斯特里的实验,果真得到了一种支持燃烧的气体,他确定这种气体是一种新的元素。1775 年 4 月拉瓦锡向法国巴黎科学院提出报告——金属在煅烧时与之相化合并增加其重量的物质的性质——公布了氧的发现。实际上,在普利斯特里发现氧气之前,瑞典化学家舍勒也曾独立地发现了氧气,但他把这种气体称为"火空气"。氧的发现过程正如恩格斯在《资本论》第二卷序言中所说的:"普利斯特里和舍勒已经找出了氧气,但不知道他们找到的是什么。他们不免为现有燃素范畴所束缚。这种本来可以推翻全部燃素观点并使化学发生革命的元素,没有在他们手中结下果实。(拉瓦锡)仍不失为氧气的真正发现者,因为其他两位不过找出了氧气,但一点儿也不知道他们自己找出了什么。"

当对象的性质使人难以实际作用于对象(比如在天文学研究中)或者研究对象的特点要求避免外界干扰(如在许多心理学的研究中)时,最适用的收集经验材料的方法就是观察。

观察方法有一定局限性：

① 观察只能使我们看到现象，却看不到本质。现象是事物的外部联系和表面特征，是事物的外在表现。本质是事物的内部联系，是事物内部所包含的一系列必然性，规律性的综合。恩格斯说："单凭观察所得到的经验，是决不能充分证明必然性的。"

② 观察有时无法区分真相与假象。比如，由于地球在运动，所以我们在地球上观察恒星的相互位置，好像发生了很大的变化，这在天文学上称为"视运动"，可是视运动并不是天体的真实运动。

(2) 实验的方法。实验是人应用一定的科学仪器，使对象在自己的控制之下，按照自己的设计发生变化，并通过观察和思索这种变化来认识对象的方法。

实验的特点是：

① 具有简化和纯化的特点。通过对影响某一对象的各种因素进行简化和纯化，突出主要因素，舍弃次要因素，排除与对象没有本质联系的因素的干扰，达到在比较单纯的状态下来认识对象的目的。比如为研究某一植物在某一条件下对具有一定酸碱度的土壤的适应情况，在实验室中人为地控制大自然对植物生态的影响，只就酸碱度这一特定的因素进行考察。

② 具有强化条件的特点。通过实验，可以使对象处于一种极端状态下(如超高温，超高压，超真空和超强磁场等)，使研究对象的特殊性质凸显出来，从而达到认识对象的特殊性质的目的。1956 年杨振宁和李政道提出弱相互作用下宇宙不守恒假说。为了检验这个假说，吴健雄用了钴-60 作为实验材料进行实验。可是，在常温下钴-60 本身的热运动和自旋方向杂乱无章，无法进行实验。于是吴健雄把钴-60 冷却到 0.01K，使钴核的热运动停止，实验便达到了预期效果。

③ 有可重复性。任何一个实验事实，应该能被重复进行，否则便不能成立，这是科学活动的一个规律。例如，1974 年 10 月初，丁肇中在美国通过实验证明了 1/4 粒子的存在，同年 10 月 15 日在西欧重复了这个实验，马上找到了 1/4 粒子，这就证明了丁肇中的实验是成功的。

2. 归纳法的整理方法

通过观察、实验等方法得到的经验材料，需要经过加工整理，才能形成科学的结论。整理经验材料的方法有比较，归类，分析、综合以及抽象与概括等。

(1) 比较。比较是确定对象共同点和差异点的方法。通过比较，既可以认识对象之间的相似之处，也可以了解对象之间的差异，从而为进一步的科学分类提供基础。运用比较方法，重要的是在表面上差异极大的对象中识"同"，或在表面上相同或相似的对象中辨"异"。正如黑格尔所说："假如一个人能看出当前即显而易见的差别，譬如，能区别一支笔和一头骆驼，我们不会说这人有了不起的聪明。同样，另一方面，一个人能比较两个近似的东西，如橡树和槐树，或寺院与教堂，而知其相似，我们也不能说他有很高的比较能力。我们所要求的，是要能看出异中之同和同中之异。"

在进行比较时必须注意以下几点：①要在同一关系下进行比较。也就是说，对象之间是可比的。如果拿不能相比的东西来勉强相比，就会犯"比附"的错误。比如，木之长是空间的长度，夜之长是时间的长度，二者不能比长短。②选择与制定精确的、稳定的比较标准。比如，在生物学中广泛使用生物标本，地质学中广泛使用矿石标本，用它们来认证不同品种的生物和矿石。这些标本就是比较的标准。现在研究陨石或登月采集的月岩物质，也是将它们同地球上的矿石标本进行比较。③要在对象的实质方面进行比较。例如比较两位大学生谁更优秀，必须就他们的思想品德、学习成绩、实践能力等实质方面进行比较，而不是就性别、籍贯、家庭贫富等方面进行比较。

(2) 归类。归类是根据对象的共同点和差异点，把对象按类区分开来的方法。通过归类，可以使杂乱无章的现象条理化，使大量的事实材料系统化。归类是在比较的基础上进行的。通过比较，找出事物间的相同点和差异点，然后把具有相同点的事实材料归为同一类，把具有差异点的事实材料分成不同的类。如全世界 40 多万种植物，可把它们归为四大类(门)：藻菌植物门，苔藓植物门，蕨类植物门和种子植物门。由门再往下分可以得出纲，目，科，属，种各级单位。

归类与词项的划分是有区别的。①思维进程的方向不同。词项的划分是从较大的类，划分出较小的类。而归类则相反，它是从个体开始，上升到类，再上升到一般性更大的类。②作用不同。词项的划分是为了明确词项。归类则是把占有的材料系统化的方法。更为重要的是，由于正确的分类系统反映了事物的本质特征和内部规律性的联系，因而具有科学的预见性，能够指导人们寻找或认识新的具体事物。例如，以达尔文生物进化论为基础建立起来的生物自然分类系统，曾预言了许多当时尚未发现的过渡性生物。始祖鸟就是达尔文所预言并被人找到的一种。始祖鸟是介于爬虫类和鸟类之间的中间类型。它把这两类动物之间的空隙填补起来了，说明鸟类是由爬虫类演变而来的。

(3) 分析与综合。分析就是将事物"分解成简单要素"。综合就是"组合，结合，凑合在一起"。也就是说，将事物分解成组成部分——要素，研究清楚了再凑合起来，使事物以新的形象展示出来。这就是采用了分析与综合的方法。如，分析一篇英文文章的结构，先是得到句子，单词，最后得到 26 个字母；反过来，综合是由字母组成单词，句子，再由句子组成文章，这些是文法所要研究的题材。再如，白色的光经过三棱镜，分解成红橙黄绿青蓝紫七色光；反过来，七色光又合成白色光。这就是光谱的分析与综合，由此可以解释彩虹的成因。分析和综合是两种不同的方法，它们在认识方向上是相反的。但它们又是密切结合，相辅相成的。一方面，分析是综合的基础；另一方面，分析也依赖于综合，没有一定的综合为指导，就无从对事物作深入分析。

(4) 抽象与概括。抽象是人在研究活动中，应用思维能力，排除对象次要的、非本质的因素，抽出其主要的、本质的因素，从而达到认识对象本质的方法。

概括是在思维中把对象本质的、规律性的认识，推广到所有同类的其他事物上去的方法。如发现"能导电"这一"金属"的共同本质后，可把这种共同的本质推广到全部金属上去，概括出全部金属都具有"能导电"的本质属性。

四、归纳法的应用

归纳创造的方法主要有求同法、求异法、求同求异共用法、共变法、剩余法。

(一)求同法

求同法是通过分析现象发生的不同个别场合，利用异中求同和从个别到一般的推理来判断事物因果联系的操作技巧。操作规则：如果在研究对象出现的两个或两个以上的场合中，只有一个属性是共同的，则该属性便是这种现象的原因或结果。例如，有位医生看到儿子睡觉时眼珠有时转动，他感到奇怪，连忙叫醒儿子，儿子说你打断了我的梦，医生想：眼珠转动和做梦有什么联系吗？于是，他又观察了妻子和一些病人做梦时的变化，然后进行了归纳推理并得到结论：

有关因素	被研究内容
儿子、好动、做梦	眼珠转动
妻子、好静、做梦	眼珠传动
病人、瘫痪、做梦	眼珠转动

结论：做梦是睡眠时眼珠转动的原因。

求同法用于科学研究的初级阶段越多，得到的结论越可靠。

(二)求异法

求异法是利用同中求异和从个别到一般的推理来判断事物因果联系的创造技法。

操作规则：如果研究对象出现的场合和不出现的场合之间，只有一点不同，则这个属性便是该现象的结果或原因。

求异法常用于自然科学实验和社会科学的调查研究之中，对于被研究对象产生的原因只有一个时，推理得到的结论是可靠的，如果涉及多种原因，则结论只能作参考。

例如，蚕能吐丝，这引起人们的思考：人类能否制造出蚕丝来呢？这个世人的希望成为许多科学家和发明家研究的目标。

化学家们开始研究，经过分析桑叶和蚕丝的成分中的元素，发现只有蚕丝中含有氮。科学家们抓住这一发现思路。其归纳推理过程如下。

蚕丝：含有 C、H、O、N，具有丝的一般特性；

桑叶：含有 C、H、O，不具有丝的一般特性；

结论：N 有可能是形成丝的一个重要原因。因为二者组成中都含有碳、氢、氧，通过差异归纳形成了研制人造丝的新思路。

据此，1855 年，瑞士人奥蒂玛斯用含氨的硝酸处理纤维，制成了硝酸纤维，抽出了丝。可惜用这种方法制成的丝并不理想，不具备实用价值。1884 年，法国人也根据这个归纳推理的启示，首先制造出硝酸纤维，再把它溶解在酒精中，通过细孔压出一股股直径很小的细流，待溶液中的酒精蒸发后。就变成了一根根细丝。这就是最初发明的人造丝。

(三)求同求异共用法

这是求同法和求异法共向使用的创造技法。

操作规则：在研究对象出现的几个场合中，都存在一个共同属性，而在研究对象不出现的几个场合中，又都没有这种属性，则这种属性就是该研究对象的结果或原因，或是原因的重要组成部分：

可进一步分析：

第一步，用求同法确定各正面场合出现的共同属性；

第二步，用求同法确定各反面场合不出现的共同属性；

第三步，用求异法通过比较确定所研究对象的因果关系。

例如，农业种植时，人们早就发现种植豆类植物时，不仅不需要给土壤里施氮肥还可使土壤增氮，如果在种过豆类植物的土地上种植其他农作物，还能提高作物的产量吗？

经过仔细观察、分析、比较，得到：

各种豆类植物的根部有根瘤，不需施氮肥；

各种非豆类植物都没有根瘤，需要施氮肥。

比较上述两步所得的结果：豆类植物不需施氮肥的原因是有根瘤。

求同求异共用法比单独的求同法或求异法应用更广泛，对于自然界和社会生活进行调查。研究时常常用到它。但要注意当被研究对象具有多种原因时，所归纳得到的结论可能不是根本的因果关系。

(四)共变法

如果某种情况发生一定变化时，被研究对象也随之发生相应的变化，则该变化就是被研究对象的结果或原因。共变法广泛应用于科学研究与日常生活实践中，不仅可以确定因果关系，还可以用来否定事物之间存在因果关系，比如能证明假定的原因及其变化并不引起相应的预期结果的变化，从而可以否定假定的因果关系。

如果研究对象的变化是源于多个因素，那么，用共变法所得出的结论未必可靠。

例如，国外科学家在研究各种房间颜色对人的心脏的影响时，曾经运用了共变法。首先，他们让受试者走进涂有不同颜色的房间，然后测量脉搏的跳动情况。测量结果发现，在黄色房间里脉搏正常，在浅蓝色房间里脉搏减慢，在红色房间里脉搏加快。据此，研究者用共变法进行归纳。

场合	有关因素	研究内容
1	黄色房间	脉搏正常
2	浅蓝色房间	脉搏减慢
3	红色房间	脉搏加快

结论：房间颜色不同是脉搏快慢变化的原因。

(五)剩余法

被研究的某一复杂现象是另一复杂现象的原因，那么剩余部分一定有因果关系。把其中已判明有因果关系的部分减去。

操作规则为：已知研究对象包含 a、b、c、d 现象，其原因是 A、B、C、D，其中 A 是 a 的原因、B 是 b 的原因、C 是 c 的原因，那么，D 就是 d 的原因。

例如，1781 年发现天王星后，人们注意到它的位置总和万有引力定律的计算不符。分析原因：已知天王星在轨道运行时有各种偏差 a、b、c、d，已知行星 A、B、C 的引力是天王星发生 a、b、c 偏斜的原因，只有发生 d 偏斜的原因不知道。天文学家于是就认为 d 偏斜的原因是受另外一颗还未发现的新行星 D 的引力所影响。果然，柏林天文台于 1846 年 9 月 23 日晚，观测到了那颗新星，并命名为海王星。

剩余法比前 4 种方法更为复杂，它研究复杂对象的复杂原因。而这复杂原因是由多个原因复合起来的。在用剩余法之前，总要先用前面的某种方法确定 A 是 a 的原因、B 是 b 的原因，在此基础上才能顺利地运用剩余法。因此，它是深入而细致地寻找复杂因果关系的方法。剩余法有助于人创造性地研究自然科学与社会科学的问题，它的结论常常可提供有科学价值的新发现。

五、归纳法的案例

【案例】

酸性的检验方法

人们发现，醋、柠檬汁、盐酸及碳酸矿水，都会使石蕊试纸变成红色。这 4 种物质的具体化学性质极不相同，前两种是有机物，后两种是无机化合物。然而，这 4 种物质有一共同点，即属酸性物质。据此，人们从中归纳出一个结论：酸性可使石蕊试纸变红。在化学试验中，人们采用这种方法可以方便地进行物质的酸性检验。

(资料来源：杨乃定. 创造学教程[M]. 西安：西北工业大学出版社，2004.)

【案例】

产品的轻薄短小化

1981 年末，《日经流通新闻》排列出该年度市场畅销产品名单，如便携式收录机、"阿鲁特"小汽车、FACOM-200 型微机、超薄手表、快餐食品等。日本学者在此基础上归纳出这些畅销品在形态上的共同特点，即重量上的"轻"，厚度上的"薄"、长度上的"短"及体积上的"小"，并从理论上阐述了产品的"轻、薄、短、小"化是经济稳定时期畅销产品在形态上的基本特征。这种见解对新产品的工业设计具有重要的指导意义。

(资料来源：杨乃定. 创造学教程[M]. 西安：西北工业大学出版社，2004.)

第四节　演绎创造法

一、演绎法的定义

所谓演绎推理，就是从一般性的前提出发，通过推导即"演绎"，得出具体陈述或个别结论的过程。演绎推理的逻辑形式对于理性的重要意义在于，它对人的思维保持严密性、一贯性有着不可替代的校正作用。关于演绎推理，还存在以下几种定义：

(1) 演绎推理是从一般到特殊的推理；

(2) 它是前提蕴含结论的推理；

(3) 它是前提和结论之间具有必然联系的推理；

(4) 演绎推理就是前提与结论之间具有充分条件或充分必要条件联系的必然性推理。

演绎推理的逻辑形式对于理性的重要意义在于，它对人的思维保持严密性、一贯性有着不可替代的校正作用。这是因为演绎推理保证推理有效的根据并不在于它的内容，而在于它的形式。演绎推理最典型、最重要的应用，通常存在于逻辑和数学证明中。

二、演绎法的原理

建立在演绎推理基础上的创造技法，就是演绎创造法。所谓演绎，简单说就是从一般到特殊。比如说，从"凡金属都能导电"这个已知的知识出发，结合"铝是金属"这一个别现象，便可推演出"铝也能导电"的结论，这里便运用了演绎推理。演绎推理若能从现有的知识出发得出鲜为人知的新知识，便意味着创造。事实上，有许多创造成果可以说是演绎创造法成功运用的产物。

三、演绎法的基本方法

演绎推理有三段论、假言推理、选言推理、关系推理等形式。

(一)三段论

是由两个含有一个共同项的性质判断作前提，得出一个新的性质判断为结论的演绎推理。三段论是演绎推理的一般模式，包含三个部分：大前提——已知的一般原理，小前提——所研究的特殊情况，结论——根据一般原理，对特殊情况作出判断。

例如：知识分子都是应该受到尊重的，人民教师都是知识分子，所以，人民教师都是应该受到尊重的。

其中，结论中的主项叫作小项，用"S"表示，如上例中的"人民教师"；结论中的谓项叫作大项，用"P"表示，如上例中的"应该受到尊重"；两个前提中共有的项叫作中项，用"M"表示，如上例中的"知识分子"。在三段论中，含有大项的前提叫大前提，如上例中的"知识分子都是应该受到尊重的"；含有小项的前提叫小前提，如上例中的"人民教师是知识分子"。三段论推理是根据两个前提所表明的中项 M 与大项 P 和小项 S 之间的关系，通过中项 M 的媒介作用，从而推导出确定小项 S 与大项 P 之间关系的结论。

(二)假言推理

是以假言判断为前提的推理。假言推理可分为充分条件假言推理和必要条件假言推理两种。

1. 充分条件假言推理的基本原则

小前提肯定大前提的前件，结论就肯定大前提的后件；小前提否定大前提的后件，结论就否定大前提的前件。如下面的两个例子：

(1) 如果一个数的末位是 0，那么这个数能被 5 整除；这个数的末位是 0，所以这个数能被 5 整除；

(2) 如果一个图形是正方形，那么它的四边相等；这个图形四边不相等，所以，它不是正方形。

两个例子中的大前提都是一个假言判断，所以这种推理尽管与三段论有相似的地方，但它不是三段论。

2. 必要条件假言推理的基本原则

小前提肯定大前提的后件，结论就要肯定大前提的前件；小前提否定大前提的前件，结论就要否定大前提的后件。如下面的两个例子：

(1) 只有肥料足，菜才长得好；这块地的菜长得好，所以，这块地肥料足。

(2) 育种时，只有达到一定的温度，种子才能发芽；这次育种没有达到一定的温度，所以种子没有发芽。

(三)选言推理

是以选言判断为前提的推理。选言推理分为相容的选言推理和不相容的选言推理两种。

1. 相容的选言推理的基本原则

大前提是一个相容的选言判断，小前提否定了其中一个(或一部分)选言支，结论就要肯定剩下的一个选言支。

例如，这个三段论的错误，或者是前提不正确，或者是推理不符合规则；这个三段论的前提是正确的，所以，这个三段论的错误是推理不符合规则。

2. 不相容的选言推理的基本原则

大前提是个不相容的选言判断，小前提肯定其中的一个选言支，结论则否定其他选言支；小前提否定除其中一个以外的选言支，结论则肯定剩下的那个选言支。例如下面的两个例子：

(1) 一个词，要么是褒义的、要么是贬义的、要么是中性的。"结果"是个中性词，所以，"结果"不是褒义词，也不是贬义词。

(2) 一个三角形，要么是锐角三角形、要么是钝角三角形、要么是直角三角形。这个三角形不是锐角三角形和直角三角形，所以，它是个钝角三角形。

(四)关系推理

关系推理是前提中至少有一个是关系命题的推理。

下面简单举例说明几种常用的关系推理：

(1) 对称性关系推理，如 1 米=100 厘米，所以 100 厘米=1 米；

(2) 反对称性关系推理，a 大于 b，所以 b 小于 a；

(3) 传递性关系推理，a>b，b>c，所以 a>c。

四、演绎法的应用

亚里士多德是古代知识的集大成者。在现代欧洲学术上的文艺复兴以前，虽然也有一些人在促进人类对自然界特殊部分的认识方面取得可观的成绩，但是，在亚里士多德死后的数百年间从来没有一个人像他那样对知识有过那样系统的考察和全面的把握，所以，他在科学史上占有很高的地位。是主张进行有组织地研究演绎推理的第一人。

作为自然科学史上第一个思想体系的光辉例子是欧几里得几何学。古希腊的数学家欧几里得是以他的《几何原本》而著称于世的。欧几里得的巨大历史功勋不仅在于建立了一种几何学，而且在于首创了一种科研方法。这种方法的影响，甚至超过了几何学本身。欧几里得是第一个将亚里士多德用三段论形式表述的演绎法用于构建实际知识体系的人，欧几里得的几何学正是一门严密的演绎体系，它从为数不多的公理出发推导出众多的定理，再用这些定理去解决实际问题。比起欧几里得几何学中的几何知识而言，它所蕴含的方法论意义更重大。事实上，欧几里得本人对他的几何学的实际应用并不关心，他关心的是他的几何体系内在逻辑的严密性。欧几里得的几何学是人类知识史上的一座丰碑，它为人类知识的整理、系统阐述提供了一种模式。从此以后，将人类的知识整理为从基本概念、公理或定律出发的严密的演绎体系成为人类的梦想。斯宾诺莎(Benedict de Spinoza, 1632—1677)的伦理学就是按这种模式阐述的，牛顿(Isaac Newton 1642—1727)的《自然哲学的数学原理》同样如此。其实，欧几里得的这部巨著的主要内容都是前人经验的积累，欧氏的贡献在于他从公理和公设出发，用演绎法把几何学的知识贯穿起来，揭示了一个知识系统的整体结构。他破天荒地开辟另一条大路，即建立了一个演绎法的思想体系。直到今天，他所创建的这种演绎系统和公理化方法，仍然是科学工作者不可须臾离开的东西。后来的科学巨人、英国物理学家、经典电磁理论的奠基人麦克斯韦(James Clerk Maxwell, 1831—1879)及牛顿、爱因斯坦(Albert Einstein 1879—1955)等，在创建自己的科学体系时，无不是对这种方法的成功运用。

西方欧几里得几何方法，由公理到定理再到证明；笛卡儿(Réné Descartes 1596—1650)的演绎推理成为西方近代科学发展的重要推理形式，牛顿力学就是例子。牛顿虽然声明过"我不需要假设"，但实际上，他仍然需要假设。不用假设，他就无法得到"万有引力"这样的普遍命题和普遍规律。麦克斯韦则在得到 maxwekk 方程同时应用了三种方法，他在 1865 年写了三篇文章：第一篇用归纳法，第二篇用类比法，第三篇用演绎法，推出电磁波存在，并预言了光是电磁波。再例如，古希腊的原子概念、原子论，"它的价值不仅在于提出了一切物质由'原子'构成的想法，更重要的可能还在于：它隐含了一种假设—演绎推理模式"。

爱因斯坦说：理论家的工作可分成两步，首先是发现公理，其次是从公理推出结论。哪一步更难些呢？如果科研人员在学生时代已经得到很好的基本理论、逻辑推理和数学的训练，那么，他走第二步时，只要有"相当勤奋和聪明，就一定能够成功"。至于第一步，如何找出演绎出发点的公理，则具有完全不同的性质。这里没有一般的方法，"科学家必须在庞杂的经验事实中间抓住某些可用精密公式来表示的普遍特性，由此探求自然界的普遍原理"，请注意"经验事实"这几个字，它们表明了爱因斯坦方法论中的主流是唯物主义。公理必须来自客观实际，而不能主观臆造，否则就有陷进唯心主义泥潭的危险。爱因斯坦还说："适用于科学幼年时代以归纳为主的方法，正让位于探索性的演绎法。"爱因斯坦的方法既然主要是演绎的，所以他特别强调思维的作用，尤其是想象力的作用与数学才能，这是演绎法所必不可少的。

演绎推理是严格的逻辑推理，一般表现为大前提、小前提、结论的三段论模式：即从两个反映客观世界对象的联系和关系的判断中得出新的结论的推理形式。如："自然界一切物质都是可分的，基本粒子是自然界的物质，因此，基本粒子是可分的。"演绎推理的基本要求是：一是大、小前提的判断必须是真实的；二是推理过程必须符合正确的逻辑形式和规则。演绎推理的正确与否首先取决于大前提的正确与否，如果大前提错了，结论自然不会正确。

五、演绎法的案例

【案例】

地球是扁球体

人们早就知道，地球是球形的，然而地球究竟是什么样的球形呢？科学家牛顿在人们准确地实测地球之前就断定地球是扁圆形的。他的这种新发现是怎样得出来的呢？原来他运用了演绎创造法。牛顿的演绎推理思路是这样的：

凡自转的球，球上的物质都受离心力的作用而有沿切线方向运动的趋势，离心力的大小与半径成正比；

地球是自转的球体；

所以地球赤道附近的离心力最大，地球有形成扁圆体的趋势和表现。

此外，麦克斯韦预言电磁波，泡利预言中微子，爱因斯坦预言光在引力场会弯曲，化学家发明普鲁卡因等，都运用了演绎创造法。

(资料来源：杨乃定. 创造学教程[M]. 西安：西北工业大学出版社，2004.)

复习思考题

1. 类比法在应用过程中有哪些原则？

2. 类比创造法有哪些特点？

3. 请举一个使用类比法进行创新的例子。

4. 移植法的基本方法有哪些？

5. 请举一个使用移植法进行创新的例子。

6. 什么情况下适合使用完全归纳法，请举例。

7. 什么情况下适合使用不完全归纳法，请举例。

8. 演绎法的基本方法有哪些？

9. 请举一个使用演绎法进行创新的例子。

10. 简述归纳法和演绎法的区别和联系。

案 例 讨 论

案例 1

唐代大画家吴道子得意之作《佛香图》线条流畅、气象万千，就是他观察裴旻将军静如处子、动如脱兔、转似游龙的剑舞而画出的；唐书法家张旭从公孙大娘健美的舞姿中深受启发，提高了他草书的艺术水平，使他的草书达到了"龙飞凤舞"的境界；王羲之从"白毛浮绿水"的白鹅戏水中，发现了"红掌拨清波"的美姿与自己的运笔姿势有关，从而创造出新的书法技巧。

外国美术史上也不乏同样的事例。大画家米开朗基罗受命罗马教皇以圣经故事绘制教堂壁画。他为了要用奇伟壮观的布局显示上帝创世时的景象而苦思冥想，废寝忘食，几乎到了才思枯竭的地步，没办法只好暂时放下工作，到深山旷野去放松一下。一天早上，狂风暴雨过后，云开雾散，旭日东升。他看到了两朵白云，有如勇士一般，从两边奔向初升的太阳，顿时大悟，立即跑回去，把所见景观作为创世纪之布局，绘成了杰作。

凯库勒用"环形"表示苯分子结构；麦克斯韦用数学公式表示法拉第的电磁变化理论；马克思把"暴利"比作"孕育着新社会的旧社会的产婆"；毕加索用"鸽子"象征和平。所有这些都是用形象和符号间接地反映了事物的本质。

（资料来源：类比系列创意设计技法，http://www.795.com.cn/dz/dzxt/1005.html。）

讨论题:

1. 以上案例中都用到了一个共同的创新方法,请问是什么创新方法?

2. 这种创新方法的特点是什么?

3. 你还能想到哪些创新活动应用了该种创新方法?

案例2

拉哀纳克医生很想发明一种能够诊断胸腔里健康状况的听诊设备,有一天他到公园里去散步,看到两个小孩在玩跷跷板,一个小孩在一头轻轻地敲打跷跷板,还有一个小孩在另一头贴耳听,虽然敲的人用力很轻,可是听的人却听得极为清晰。他把要创造的听诊器与这一现象进行了比较,终于获得了设计听诊器的创意方案,世界上的第一个听诊器就这样诞生了。

工程师布鲁内尔为解决水下施工大伤脑筋,有一次他观察到蛀木虫进入木材的方法,即造一个管子作为前进的通道。于是通过类比,他想出了用空心钢柱打入河底,以此为"构盾",边掘进边延伸,在构盾的保护下施工,这就是著名的"构盾施工法"。

(资料来源:创意方法总概括,http://3y.uu456.com/bp_6f1kr2tv6s3gznb0fxdc_3.html。)

讨论题:

1. "听诊器"和"构盾施工法"的发明有什么共同之处?

2. 案例2中所用的类比法和案例1中的有什么不同?

案例3

1912 年,工程师凯特林想改进汽油在汽车发动机内的使用效率,难题是汽车的"爆震",关键是使油在汽缸里提早燃烧。如何提早呢?他想起了一种蔓生的杨梅。它在冬天开花,比其他植物提早。杨梅当然不能解决汽车问题,但他对"提早"开花的这个植物极偏爱,就继续展开联想。杨梅的红叶使他联想到可能是红颜色引起杨梅提早开花,他想也许汽油里加入红色染料就会提早燃烧。他一时没找到红色染料,却找到一些碘,于是他把碘放在汽油里,发动机居然不发生爆炸了,问题解决了!在这个发现过程中,联想到杨梅以后是"增值联想"起到了"承前启后"的导引作用。

1893 年芝加哥博览会上首次展出了吉特逊发明的拉链,用在鞋上。后来欧加制成了自动拉链生产机,拉链可以大量生产,但无销路,欧加破产。后来一个服装店店主看到这个新奇的小玩意儿价廉物美,便想它有没有其他用途呢?比如在钱包上用它一定又安全又方便。由于在功能上的这个新创意拉链一时成了市场上的热门货。

后来,他又把拉链缝在海军制服上,结果该店主发了大财。1921 年美国富善公司首先在夹克上用拉链,称为"Zipper"夹克,一时流行全美,它由一个小企业一跃成为著名的大公司。1930 年法国一时装设计师在妇女睡衣上采用拉链，也获得了巨额利润。

（资料来源：创意设计，http://blog.sina.com.cn/s/blog_553dfdb10100031r.html。）

讨论题：

1. 本案例中所用到的创新方法是什么？

2. 移植法和类比法有什么区别和联系？

3. 吉特逊、欧加没能利用自己的创新获利的原因是什么？

训练与活动

以小组为单位，使用任意一种逻辑推理型创新方法，构思一个创新项目。

第七章　组合型创新方法

【学习目标】

● 了解组合的含义，领会组合的内涵，分析说明组合在不同生活领域的表现形式及作用。

● 学会区分不同组合类型的实用特点。

● 了解形态分析法、信息交合法、焦点法等的具体内容、特点和实施步骤。

第一节　组合及其训练

组合是客观世界中十分普遍的现象，小至微观世界的原子、分子，大至宇宙中的天体、星系，到处都存在形形色色的组合现象。组合不仅处处有，它还创造了千姿百态的世界以及人类丰富多彩的生活。组合是无穷无尽、纷繁复杂的。组合的类型也是多种多样的。组合创新能够涵盖人类生活的方方面面，人类巨大的创新潜力就包含在组合里。以组合为基础的创新活动，在所有创新实践中都占据着主导地位。

【案例】

中国龙的形象

自古以来，龙一直是中华民族的图腾和象征，我们常常以自己是龙的传人而自豪。然而，龙的形象也一直是中国文化最古老的一个难解之谜。学者们经过千百年的考证研究认为，龙是古代人想象的，将种种象征美好生活的动物加以组合而形成的神物。闻一多认为，今天所见到的龙的形象，是由大蛇演变而来的，是蛇加上各种动物而形成的。它以蛇身为主体，"接受了兽类的四脚、马的头、鬣的尾、鹿的角、狗的爪、鱼的鳞和须，便成为我们现在所知道的龙了。这样看来，龙与蛇实在是可分而又不可分。"龙的形象经过历代人的不断美化和神化，终于演化成为中华民族独特的徽记。

（资料来源：就爱阅读网，http://www.92to.com。）

运用组合进行创新，是人类很早就已经自觉进行的实践活动。中国龙的形象，就是最典型的例子。我们从龙的形象可以看出，中华民族是一个富于创新精神、想象力和善于组合的民族。在龙的形象背后，我们可以发现这样一个本质特征，就是把不同的事物大胆组合在一起，可以形成我们想要创新的事物。

一、关于组合

(一)组合的含义

组合是一个多义的概念："组合"在辞海中被解释为"组织成整体"；在数学中"组合"是从 m 个不同的元素中任取 n 个成一组，即成为一个组合；逻辑学中也有组合逻辑、组合运算。我们这里所谓的组合。就是把多项貌似不相关的事物、思想或观念的部分或全部，通过想象加以连接，进行有机地组合、变革、重组，使之变成彼此不可分割的、新颖的、有价值的整体。组合的最基本要求是：整体的各组成事物之间必须建立某种紧密关系，成为一个新生事物。一堆砖头放在一起只是一堆砖，只能算作杂乱堆放的混合物。一堆砖头若是按照一定的关系砌起来，就组合成一座建筑物。这就是说，不能产生有价值新生事物的胡乱拼凑、混合不叫组合。例如：自行车+自行车=双人自行车、数据+文字+图像+声音=多媒体、牙膏+中草药=中草药牙膏、飞机+飞机库+军舰=航空母舰、中医+西医=中西医结合、马克思主义哲学+马克思主义政治经济学+科学社会主义=马克思主义等，这些绝不是随意的凑合，而是属于我们所说的有机联系的创新组合。世界上的事物千姿百态，可以进行的组合也是无穷无尽的。在下述案例中，集成了蓝牙、U 盘等功能的瑞士军刀，同样非常受人欢迎。

【案例】

瑞士军刀的精彩组合

被世界各国人民视为珍品的瑞士军刀，被认为是迄今为止最精彩的组合。其中被称为"瑞士冠军"的款式最为难得，它由大刀、小刀、木塞拔、开堆器、螺丝刀、开瓶器、电线剥皮器、钻孔锥、剪刀、钩子、木锯、鱼鳞刷、凿子、钳子、放大镜、圆珠笔等 31 种工具组合而成。携刀一把等于带了一个工具箱，但整件长只有 9 厘米，重只有 185 克，完美得令人难以置信。正因为如此，素以苛刻著称的美国现代艺术博物馆也收藏了一把瑞士军刀中的极品。美国前总统约翰逊、里根、布什都特地订购瑞士军刀，作为赠送国宾的礼品。瑞士军刀的生产商在国际消费电子展上推出了一款数字版的瑞士军刀，这把军刀集成了一个 32GB 的 U 盘，可支持硬件 256bit 数据加密，并整合了指纹识别认证功能。除此之外，它还集成了蓝牙模块，在连接计算机后，用户可利用刀身上的两个按钮来控制幻灯片播放，并附带了一个演讲中常用的激光灯。当然，作为一把瑞士军刀，它依旧配备了主刀、指甲刀、螺丝刀、剪刀和钥匙圈等工具。

(资料来源：万晓. 市场营销[M]. 北京：北京交通大学出版社，2012.)

在微观世界中，同样是碳原子，由于组合构造不同，便有了异常坚硬的金刚石和脆弱的石墨。在文学中，组织好的语言就是千古美文。在音乐中，7 个基本音符能组合出无尽的美妙乐曲。在化学中，具有相同的分子式的物体，由于内部结构不同，而表现出不同的特性。在生物学中，苦涩的柿子枝嫁接上甘甜的柿子枝，长出来的就全是甜柿子。在日常生活中，更有众多我们大家熟悉的组合：组合贷款、组合音响、组合家具、有计数的跳绳、组合文具……多得数不胜数。

以组合为基础的组合类创新方法，已成为人们经常使用的主要创新方法之一。例如，住宅小区与花园组合成了花园小区；集商场、写字楼、酒楼、住宅楼于一体的都市大厦越来越多；陶艺与酒吧组合就是陶吧；生态与农业组合叫生态农业；生态与旅游组合叫生态旅游；洗发水与护发素组合就有了二合一洗发水，等等。经过这样的创新组合之后，它们都有了十分鲜明的增值效应，成为大受欢迎的创新成果：显而易见，以组合为核心的组合类创新方法，在创新活动中发挥着日益广泛的作用。

(二)无处不在的组合

组合现象无论在哪里都普遍存在，几乎覆盖了人类生活的各个领域。我们赖以生存的物质世界，说到底不过是由 100 多种元素、200 多种基本粒子，经过不同组合形成的。组合具有广泛性、形式多样的特点，在周围随处可见。

在文学艺术领域中，文学家、艺术家可以通过各种想象手法把现实中分立的因素(如品质、性格、形状、大小等)有机地组合在一起，形成新的形象，如阿 Q、祥林嫂、人面狮身的斯芬克斯、半截鱼身的美人鱼等。在语言表达中，人们可以把通常并不搭配的词组合起来，从而获得异乎寻常的表达效果，使语言更形象、更生动。如"山在欢笑，水在歌唱""网虫""寂寞的梧桐树"等；又如，人们赞美张海迪："失去双腿的功能却走出了一条光灿灿的大道。"词语的巧妙组合，道出了深刻的哲理，耐人寻味，给人以启迪，让人深思。

【案例】

小处不可随便

国民党元老于右任是大诗人、大书法家，当时许多人都以得到他的片纸只字为荣。有一天，于右任发现他家后院外面有人小便。于是便从自己的书房里随意找出一张宣纸，写上"不可随处小便"，贴在他家的院墙上以警示路人。但不一会儿，告示便不翼而飞。原来有人拿去经过剪裁、调整，装裱成"小处不可随便"的一帧条幅。于右任得知后惊讶不已，拍案叫绝。原来难登大雅之堂的六个字，经过重新组合后，竟然变成浑然一体、天衣无缝的警世格言。此事一时传为民间佳话。

(资料来源：朱凯. 影响现代中国的人物 无悔担当：于右任传[M]. 西安：陕西人民出版社，2016.)

在科技领域里，组合也很多见。组合在一定的整体目的下利用现成的事物，往往并不需要建立高深的理论基础和开发专门的高级技术。世界著名的思维训练大师爱德华·德·波诺博士说："组合是我们利用前人的经验和成果的最佳手段。"

【案例】

CT

如今人们去医院看病，医生有时会让病人做一个 CT 检查。CT 检查以它方便、直观、准确的特点，已经成为大中型医院临床的常规检查手段。CT 实际上是指电子计算机 X 射线断层扫描技术，CT 是它的英文缩写。CT 扫描技术是 20 世纪 70 年代在世界医学界引起轰动并被各国广泛用于临床的一种先进技术。这种仪器能使人体各个内脏器官的横断图像，在几秒钟内便显示于荧光屏上，一目了然，因而能准确地诊断许多病症，尤其是在诊断脑、脊髓、眼、肝、胰、肾上腺等器官的疾病中，CT 具有无比的优越性。CT 实际上就是电子计算机技术与 X 线扫描技术的结合。CT 的射线装置与计算机都是已有的成果，但是它们组合在一起后，就有了特殊的功能。

(资料来源：许乙凯，吴元魁，吕国士. CT诊断与鉴别诊断手册[M].

北京：北京大学医学出版社，2017.)

在思想文化领域，中西文化的融合是历史发展的必然，马克思主义哲学是辩证唯物主义和历史唯物主义两大部分的系统组合。世界上的事物是多种多样的，组合也是纷繁复杂、无穷无尽的。从原子、分子、电子等一些基本微粒到浩瀚无垠的宇宙，从一个简单的二极管到具有人工智能的电脑，从 C、H、O 原子到复杂的人体结构，从儿时的七巧板、积木到现今的变形金刚，正是由于许多不同的组合，才产生了千姿百态的奇巧世界。总的来说，组合是任意的，各种各样的事物都可以进行组合。例如，不同的组织或系统可以进行组合；不同的机构或结构可以进行组合；不同的物品可以进行组合；不同的材料可以进行组合；不同的技术或原理可以进行组合；不同的方法或步骤可以进行组合；不同的颜色、形状、声音或味道可以进行组合；不同的状态可以进行组合；不同领域、不同性能的东西可以进行组合；两种事物可以进行组合，多种事物也可以进行组合；可以是简单的联合、结合或混合，也可以是综合或化合，等等。

(三)巧妙的组合就是创新

"巧妙的组合就是创新"似有夸大其词之嫌，但却道出了组合的真谛。组合绝不是各种事物的简单凑合。组合的本质是想象和创新。某些组合看起来不合理，其实，在这不合理中却融入想象，在标新立异中开辟出一片新天地。在一定的目标下，把若干事物、元素等按照一定的原则进行组合，极有可能生成创新成果。其中，各个组成事物、元素相互协调，有机组合，相互作用。当然，组合创新的事物必须具有创新的特征，组合创新事物的功能之和应大于内部各组成事物、元素的单独功能之和。所以，进行组合创新，找到组合对象并不难，困难在于找到组合对象后，如何有机地把它们组合在一起。要做到这点，除了要有知识和经验之外，还需要有丰富的想象力。

组合能力是创新者的基本技能。爱因斯坦在 1929 年为苏联《发明家》杂志创刊号所作的题目为《集体代替个人》的文章中说："我认为，一个为了更经济地满足人类的需要而找出已知装备的新的组合的人就是发明家。"如今是一个以互联网为主要载体、以各种传媒融合为主要特征的时代，知识纵横成网，信息瞬息万变，组合在创新中的地位更为重要。美国科学家基文森在《发明的科学和艺术》一书中，把组合创新放在他概括出的 7 类创新方式的首位，并把组合法作为最重要、最有效的创新方法加以介绍。有人在统计 1900 年来的 480 项重大创新成果后发现：20 世纪四十年代的创新成果是以突破型为主而组合型成果为次；20 世纪五六十年代，两者大体相当；至 20 世纪 80 年代，突破型成果渐趋居次要地位，而组合型成果则占主导地位。据统计，在现代技术开发中，技术组合型的创新成果已占全部发明的 60%～70%。这一情况说明组合创新已经成为当前创新的主要方式。

有一部分学者甚至认为，所谓创新就是把人们认为不能组合在一起的东西组合到一起。日本创造学家菊池诚博士说过："我认为搞发明有两条路，第一条是全新的发现，第二条是把已知其原理的事实进行组合。"近年来也有人曾经预言，组合代表着技术发展的趋势。亨利·福特说："我没发明任何新东西，只是把他人几百年来的发明组装成了汽车。"晶体管发明者之一的美国发明家肖克莱也曾说："所谓创新，就是把以前独立的发明组合起来。"肖克莱和另外两位专家巴丁、布拉克一起获得了 1956 年度诺贝尔物理学奖。日本创造学家高桥浩指出："创造的原理，就是最终信息的截断和再结合。把集中起来的信息分散开，以新的观点再将其组合起来，就会产生新的事物或方法。这恰似孩子们玩的积木，把没有什么意义的七零八落的圆的、四角的、三角的积木垒起来，便建成了房子；把房子推倒改换一下堆积办法，这次船又出来了。"

【案例】

组合趣例

据说有一次，化学家阿伏伽德罗和著名的数学家高斯开了个玩笑：他在高斯面前把 2 升氢气放在 1 升氧气中燃烧，结果得到 2 升水蒸气。阿伏伽德罗对高斯说："只要化学愿意的话，它能使 2+1=2，而你们数学能做到这一点吗？"

(资料来源：沈永欢. 高斯数学王者科学巨人[M]. 哈尔滨:哈尔滨工业大学出版社，2015.)

尽管这只是一个名人趣事，但给了我们很大的启发：几种物质的组合会产生出人意料的结果，会导致新物质或新产品的诞生。比如，玻璃纤维和塑料组合，可以制成耐高温、高强度的玻璃钢。很多复合材料，都是这样组合而成的。这正应了《思维的革命》的作者戈登·德莱顿的一句话："一个想法是旧成分的新组合，没有新的成分，只有新的组合。"在各个领域中，组合得好就是创新。组合类创新方法是进行创新的有效手段和常用方法。

现在国外有许多企业，已把组合方法应用于扩大企业经营方面。例如，我们去大型超市买东西时会发现，那里不但购物非常方便，而且餐饮服务也能满足不同人的需求。日本的石油公司，一般都会在加油站兼办观光服务、生命保险、照片冲洗等业务，同时还销售汽车内的音响器材、蓄电池、轮胎等。这样把保险、音乐、照相、住宿、娱乐、维修等跟石油有关联性的许多业务组合起来经营，往往可以获得更好的经济效益。组合经商，并非一成不变，而是要随着环境、时机，随机应变地进行创新。只要你善于组合，就能创造出无数奇妙的经营新招。

关于"巧妙地组合就是创新"，要注意的问题是：第一，组合要有选择性。世界上的事物千千万万，把它一样一样不加选择地加以组合是不可能的，应该选择适当的物品进行组合，不能勉强凑合。第二，组合要有实用性。通过组合提高效益、增加功能，使事物相互补充，取长补短，和谐一致。例如，将普通卷笔刀、盛屑盒、橡皮、毛刷、小镜子组合起来的多功能卷笔刀，不仅能削铅笔，还可以盛废屑、擦掉铅笔写错的字、照镜子，大大增加了卷笔刀的功能，很有实用性。第三，组合应具创新性。通过组合要使产品内部协调，互相补充，相互适应，更加先进。组合必须具有突出的实质性特点和显著的进步，才具备创新性。

【案例】

音乐牙刷

研究发现，很多人的牙齿病并不是牙齿本身的原因造成的，而是由于不正确的刷牙方法导致的。怎样才能让人养成正确的刷牙方法呢？法国医生西阿胡为了帮助人掌握正确的刷牙方法，发明了音乐牙刷。当竖着刷时，牙刷内会奏出悦耳的乐曲声；当横着刷时，音乐声会立即停止。它能帮助人尤其是小朋友纠正错误的刷牙方式，有利于让人养成用正确方法刷牙的习惯。

(资料来源：侯光明，李存金，王俊鹏. 十六种典型创新方法[M].

北京：北京理工大学出版社，2015.)

组合是指将已知的若干事物合成一个新的事物，使其在性能和服务功能等方面发生变化，产生新的价值。人类的许多创新成果来源于组合。正如一位哲学家所说："组织得好的石头能成为建筑，组织得好的词汇能成为漂亮文章，组织得好的想象和激情能成为优美的诗篇。"事实上，任何美术作品都是色彩和图案的组合，任何一部电影都是大量镜头的有机组合。古人说："声不过五，五声之变不可胜听也。"有限音符的组合可以产生无尽的乐章。世间的事物又何止千万，它们的组合更会永无穷尽。这正如万花筒里的菱花，其实只是由有限的几个图形元素和色彩元素组合而成，但变化万千、永不重复，每次呈现的都是一个唯一。而我们要做的，就是让它旋转起来。

二、组合的类型

组合的类型多种多样。庄寿强等在《普通创造学》一书中，根据参与组合因子的性质、主次以及组合的方式，将组合类型大体分为 4 类。我们在此基础上，增加一类综合性组合。将组合类型分成 5 类。

(一)同类组合

同类组合也称同物组合，就是将若干相同的事物进行自组。比如，大家都知道的双层公共汽车、情侣伞、情侣衫、双向拉链、双色笔或多色笔、子母灯、霓虹灯、双层文具盒、多级火箭等。同类组合参与组合的对象与组合前相比，只是通过数量的变化来增加新事物的功能，其性质、结构没有发生根本变化。同类组合的模式是：a+a=N。简单的事物可以自组，复杂的事物也可以自组。

【案例】

可分可合的双体汽车

2010 年，吉利一款双体概念车完整曝光，其标新立异的外形和与众不同的内部结构，带来了一系列的概念突破。所谓的双体车包括两个左右并列的单体车，即主单体车和从单体车。主单体车和从单体车能够完全分离，且独立运行。两个单体车都由车体、前轮、后轮、主从电控系统组成。主单体车与从单体车之间通过一个机械连接机构固定在一起。固定后，主电控系统与从电控系统能通过一个电子连接机构，采用有线或无线通信方式相联系，由主电控系统控制从电控系统，实现整车运行。这种汽车有两套操作系统，若两位司机各自有事，去向不一，则可以脱离开来，"分道扬镳"，灵活穿行于众多汽车之中或窄街小巷。办完事或进入高速公路时又可合二为一。双体车在分体状态下，两辆单体车可以分别驾驶，使常规四轮车辆遇到的通道狭窄、交通堵塞、停车不便等一系列问题迎刃而解。当然，吉利的双体车结构原理并不像表面显示的那么简单，它的研发需要攻克一系列技术难关。虽然吉利双体车短期内不可能量产，取得经济效益，但吉利或许会利用相关的研发成果，开发三体车、四体车等，甚至进一步演化出更先进的串联式单体列车组，从而在主从控制和自动驾驶等前沿领域，独辟蹊径，有所成就。

(资料来源：闻邦椿，赵新军，刘树英. 科技创新方法论浅析[M]. 北京：科学出版社，2017.)

在同类组合中，参与组合的对象一般是两个或两个以上的同一事物；组合后与组合前相比，参与组合的事物，其基本原理和基本结构一般没有发生根本性的变化。同类组合是在保持事物原有的功能或原有意义的前提下，通过数量的增加以弥补功能的不足或求取新的功能和意义，而这种新功能和新意义是事物单独存在时不具备的。

同类组合的方法很简单，却很实用，将其应用于工业和生活产品的创新，常常可以产生意想不到的效果。

【案例】

个人电脑组合成超级计算机

随着现代科技的不断发展，运算速度达到每秒数十亿次乃至成百上千亿次的超级计算机越来越显示出巨大的威力，在气象预报、股市行情预测等领域有广泛的应用。但是，超级计算机的价格十分昂贵。

日本科学家北野红明领导的一个科研小组利用同物自组法把 33 台个人电脑连接起来，使用 Linux 操作系统或美国阿尔贡国家实验室开发的并行计算用的操作系统，构成运算能力可与超级计算机相匹敌的廉价超级并行计算机，其运算速度可达每秒 68 亿次。

（资料来源：闻邦椿，赵新军，刘树英. 科技创新方法论浅析[M]. 北京：科学出版社，2017.）

任何事物似乎都可以自组，设计难度不大，技术含量较低，但自组后的效果相差甚远，其关键是选择哪些事物进行自组能产生新的价值。在进行同物组合时，我们要多多观察那些单独存在的事物，设想单独的事物成双成对之后，其功能是否能够得到更好的发挥，或者带来新的功能。另外。还可以考虑同物组合之后，能否带来新的意义和价值。

【案例】

把订书机组合起来

用订书机装订书、本、文件等时，常常要订两到三个钉，需要按压订书机两三次。钉距、钉与纸的三个边距全凭肉眼定位。因此装订尺寸不统一，质量差。工效低。有人运用同物组合的方法，将两个相同规格的订书机组合到一起，通过控制和调节中间机构，就可以适应不同装订要求，每按压一次，既可以同时订出两个钉，也可以只订出一个钉，钉距还可以根据需要进行调节。这样的订书机既保证了装订质量，又提高了效率。

（资料来源：冯立杰，冯奕程. 创新方法研究[M]. 北京：科学出版社，2017.）

(二)异类组合

异类组合是指将两种或两种以上不同的事物、思想或观念进行组合，产生有价位的新整体。异类组合的模式是：a+b=N。例如，维生素、糖果两者都是客观存在的事物，但是雅客公司将其二者融合，摇身一变成了"维生素糖果"；超声波灭菌法与激光灭菌法组合，利用"声——光效应"几乎能杀灭水中的全部细菌，等等。

【案例】

超声波牙刷

在购物网站上，一种新的超声电动牙刷很受人们追捧。它结合了电动牙刷和超声波的功能，清洁效果优于一般的电动牙刷和普通牙刷。超声波牙刷在刷牙时，利用强力的摆动速度，通过流体动力来清洁牙齿，摆动频率每分钟可达 31000 转，利用共振的原理，产生动态流体强力清洁作用。由于超声波牙刷是利用超声波能量的空化效应达到清除牙周的病菌和不洁物的目的，其可以全方位深入手动刷牙根本无法到达的牙缝甚至牙根内。超声波能量通过刷头的刷毛传递到牙齿和牙龈表面，使菌斑、牙垢和细小的牙石松动，破坏在根袋及牙面各处隐藏的细菌的繁殖；同时，超声波能量通过触及牙刷的刷毛传递到牙根表面，并渗透到牙龈内部，作用于细胞膜后，可以加速血液循环，促进新陈代谢，从而抑制牙周炎症和牙龈出血，防止牙龈萎缩。

(资料来源：闻邦椿，赵新军，刘树英. 科技创新方法论浅析[M]，北京：科学出版社，2017.)

超声波与牙刷来自不同的领域，它们组合在一起就属于异类组合。异类组合绝不是简单的凑合。例如，狮身人面像是古埃及文明的遗迹，是"狮身"与"人面"的组合；收录机是收音机与录音机的组合；电吹风与熨斗组合成电吹风熨斗，等等。

异类组合的特点是：第一，被组合的事物来自不同的方面、领域，它们之间一般无明显的主次关系。第二，组合过程中，参与组合的事物从意义、原理、构造、成分、功能等方面可以互补和相互渗透，产生 1+1>2 的价值，整体变化显著。第三，异类组合实质上是一种异类求同，因此创新性较强。

【案例】

电子黑板的产生

电子黑板是由日本电气工业株式会社运用组合思考而发明的。他们的思路是：在演讲会或其他会议上，听讲者总要一个字一个字地对着黑板抄笔记，很麻烦。如果能把黑板和复印机组合在一起就好了。于是，他们就将两者组合起来，发明了"电子黑板"。在这种黑板上写上内容后，只要按一下右方的电钮，便全部会复印成一页页的笔记，方便极了。电子黑板很快风靡全日本，成为畅销产品。

(资料来源：闻邦椿，赵新军，刘树英. 科技创新方法论浅析[M]. 北京：科学出版社，2017.)

(三)主体附加组合

主体附加组合又称添加法、主体内插式法，是指以某一特定的事物为主体，通过补充、置换或插入新的事物，而得到新的有价值的整体。例如，最初的洗衣机只有搓洗功能，以后增加了喷淋、甩干装置，使洗衣机有了漂洗和烘干功能；电风扇开始也只有简单的吹风功能，后来逐渐增加了控制摇头、定时、变换风量等的装置后，才成为今天的样子；手机一开始叫大哥大，只有通话的功能，现在附加了短信、上网、照相等多种功能。

【案例】

磁化杯

杯子是日常生活用品，其基本用途就是用来盛水。那么，能对杯子进行革新吗？一位工程师就用主体附加组合发明了磁化杯。他在杯底及杯盖上各加一块磁铁，当旋转杯盖时，两块磁铁产生相时运动，使磁场发生变化。经磁化处理过的水，其溶解氧以及其他物质的性能均有所提高。这种微小的物理变化，造成水的浸润性和渗透性加强。人饮用磁化水，有利于体内各系统代谢废物的溶解和排出，促进人体新陈代谢，从而具有保健功能。磁化杯的发明人在申请专利后，利用 1 万元贷款，在 10 平方米的"厂房"内办起了哈尔滨磁化器厂，工厂迅速发展，终于成为全国闻名的企业。

(资料来源：闻邦椿，赵新军，刘树英. 科技创新方法论浅析[M]. 北京：科学出版社，2017.)

在主体附加组合中，主体事物的性能基本上保持不变，附加物只是对主体起补充、完善或充分利用主体功能的作用。附加物可以是已有的事物，也可以是为主体设计的附加事物。例如，在文化衫上印上旅游景点的标志和名字，就变成了具有纪念意义的旅游商品；同样，一本著作有了作者的亲笔签名，其意义也会不同。

主体附加组合有时非常简单，人们只要稍加动脑和动手就能实现。只要附加物选择得当，同样可以产生巨大的效益。智能手机不仅是现在人们追求的时尚产品，也是未来手机发展的新方向，其实智能手机就是安装了开放式操作系统的手机。

【案例】

智能手机

手机产品是大家极为关注的。随着科技的发展与进步以及人们在通信领域对手机要求的不断提高，手机已经成为大家生活中必不可少的一部分。最初，使用手机只为了打打电话，发发短信，现在，"智能手机"这个词汇频频出现在各大媒体里，不断冲击着消费者的神经。那么，到底什么是智能手机呢？专家们讲，智能手机就是一种安装了开放式操作系统的手机。智能手机实际上是结合了传统手机和 PDA(个人数字助理)的一种新兴的科技产品。它不仅具备普通手机的全部功能，而且像一部小型的电脑，比传统的手机具有更多的综合性处理功能。成为一部智能手机所必备的几个条件是：第一，具备普通手机的全部功能，能够进行正常通话、发短信等。第二，具备无线接入互联网的能力。即需要支持GSM 网络下的 GPRS，或者 CDMA 网络下的 CDMA1X，或者 3G 网络。第三，具备 PDA的功能，包括 PIM(个人信息管理)、日程记事、任务安排、多媒体应用、浏览网页。第四，具备一个开放性的操作系统，在这个操作系统平台上，可以安装更多的应用程序，从而使智能手机的功能可以得到无限扩展。其中，以最后一条最为关键，因为一个好的操作系统直接决定了可以在手机上应用的各种软件的数量和质量。事实上，智能手机的操作系统是为智能手机分类的主要标准。

(资料来源：闻邦椿，赵新军，刘树英. 科技创新方法论浅析[M]. 北京：科学出版社，2017.)

在运用主体附加组合时，首先，要确定主体附加的目的，可以先全面分析主体的缺点，然后围绕这些缺点提出解决方案，再通过增加附属物来达到改善主体功能的目的。其次，根据附加目的确定附加物。主体附加组合的创新性在很大程度上取决于对附加物的选择是否别开生面，能否使主体产生新的功能和价值，以增强其实用性，从而增强其竞争力。

在运用主体附加组合时需注意：第一，主体不变或变化不大，即原有的事物、技术、思想等基本保持不变。第二，附加的事物只是起到补充完善主体的作用，不会导致主体大的变化。第三，附加的事物有两种：第一种是已有的事物，第二种是根据主体的情况专门设计的新事物。第四，附加的事物都是为主体服务的，用于弥补主体的不足。因此，在运用主体附加组合时应该全面考虑，权衡利弊，否则会事与愿违，费力不讨好。比如，有的文具盒由于附加物过多，既价格昂贵，又容易分散学生注意力，以致不少老师禁止学生携带布满按键机关的文具盒到学校。

(四)重组组合

重组组合简称重组，是指在同一个事物的不同层次上分解原来的事物或组合，然后再以新的方式重新组合起来。重组组合只改变事物内部各组成部分之间相互位置，从而优化事物的性能，它是在同一事物上施行的，一般不增加新的内容。

任何事物都可以看作由若干要素构成的整体。各组成要素之间的有序结合，是确保事物整体功能和性能实现的必要条件。如果有目的地改变事物内部结构要素的次序，并按照新的方式进行重新组合，以促使事物的功能和性能发生变革，这就是重组组合。重组组合能引起事物属性的变化。

重组组合具有意想不到的魅力。在电影剪辑技术中，如果把镜头的次序改变，很可能产生完全不同的效果。请看以下三个镜头：

①一个人在笑；②枪口对准了他；③他一脸恐惧。

按上述顺序放映，观众看到的将是一个懦夫的形象。

如果将三个镜头重组，按照②、③、①的顺序放映，观众得到却是有人在开一场玩笑的印象。如果按照③、②、①的顺序重组，观众看到的将是一个逐渐坚强起来的勇士。

如果把现有事物重新组合，很可能得到新的事物。善于把各种事物进行重新组合，从而催生新物，产生新意，这种组合。被人们广泛运用。如传统玩具中的七巧板、积木，现在流行的拼板、变形金刚等，就是让孩子们通过一些固定板块、构件的重新组合，创造出千姿百态、形状各异的奇妙世界。组合玩具之所以很受儿童欢迎，是因为不同的组合方式可以得到不同的模型。由北京市某家具公司开发设计的新型构件家具，由 20 多种基本板件组成。通过不同的组合，能拼装出数百种款式的家具，使人们不仅可以随意改变家具的式样。还可以随意改变房间内的布局，充分体现主人的审美观念。重组组合作为一种创新手段，可以有效地挖掘和发挥现有事物的潜力，比如，企业的资产重组，说明重组可以引发质变。在下一案例中，飞机的螺旋桨装在尾部就是喷气式飞机，装在顶部就成为直升机。

【案例】

用重组组合法设计出头尾倒换的飞机

自从螺旋桨飞机发明以来，螺旋桨都是设计在机首，两翼从机身伸出，尾部安装稳定翼。美国著名飞机设计专家卡里格·卡图按照空气的浮力和气流推动原理，将螺旋桨放在了机尾，即像轮船一样推动飞机前进，把稳定翼放在机头处，设计出世界上第一架头尾倒换的飞机。重组后的飞机，有尖端悬浮系统，更趋合理化的流线型机体外形，这不仅提高了飞行速度，而且排除了失速和旋冲的可能性，提高了安全性。

(资料来源：闻邦椿，赵新军，刘树英. 科技创新方法论浅析[M]. 北京：科学出版社，2017.)

由此可见，重组组合也能创造杰出的成果。重组组合有三个特点：第一，重组组合是在一件事物上施行的。第二，在重组组合过程中，一般不增加新的东西。第三，重组组合主要是改变事物各组成部分之间的相互关系。在进行重组组合时，首先，要分析研究对象的现有结构特点。其次，要列举现有结构的缺点，考虑能否通过重组克服这些缺点。最后，确定选择什么样的重组方式，包括变位重组、变形重组、模块重组等。

(五)综合

综合是对大量先进事物、思想、观念等实行融合并用，而形成新的有价值整体。综合是各类组合的集大成者，是一种更高层次的组合，具有系统性、完整性、全面性和严密性的特点。牛顿说过：我是站在巨人的肩膀上。这绝不是谦虚，牛顿定律不是其匠心独运的结果，而是综合了天文学家开普勒的天体力学和物理学家伽利略的力学知识而提出来的。在管理领域，企业采用多种方法对资金、物流、人力资源等进行有效管理。项目管理、ERP 和 CRM、ISO 国际质量标准等管理方法综合并用，可创造出有自己特色的管理方法和模式，如 ABC 管理模式和海尔管理模式。综合不是杂乱无章的"大拼盘"，而是完美的有机结合。在艺术上的综合也不例外。比如，陈钢、何占豪将传统越剧优美的旋律与交响乐浑厚的表现方式完美结合，奏出了轰动世界的《梁祝》；徐悲鸿、蒋兆和将中西画功底与表现技巧巧妙结合，创造出丹青泼墨；等等。在文学艺术创作中，综合一些人的特点，然后集中到一个人的身上，便能创造出典型人物，使之形象鲜明，血肉丰满，这是作家塑造人物形象的重要手段。现代科学技术突飞猛进，边缘学科不断兴起，各种科学技术你中有我，我中有你。呈现出一种综合化的趋势。这种综合化的趋势，使人们认识到：那些大科学家，都是因为搞综合，才有了重大突破性的成功。

日本人特别重视综合，为此提出了"综合就是创造"的口号。比如，我们中国的豆腐被日本人引进之后，通过综合，不但创造出了许许多多的新品种，而且营养、味道也更好，使之"青出于蓝而胜于蓝"。他们从欧美引进的机械，通过综合便能把生产率提高到惊人的程度，所以，在国际市场上，模仿欧美的日本产品，比欧美产品享有更高的声誉。松下幸之助说："我的电视机拆开之后，没有一件是我自己发明的，但生产出来的'松下电视'却是世界没有的。"日本在战后短短的时间里，之所以能在经济上崛起，在技术上取得优势，综合创新是一条重要的成功经验。

【案例】

综合就是创新

在一次盛大的宴会上，中国人、德国人、俄国人、意大利人和法国人等争相夸耀自己民族的文化传统，只有美国人笑而不语。为了使自己的表述更加具有说服力，他们纷纷拿出能够体现本民族悠久历史的实物——酒，来彼此相敬。中国人拿出了香气袭人的茅台酒，德国人拿出了威士忌，俄国人拿出了伏特加，意大利人拿出葡萄酒，法国人拿出大香槟。轮到美国人时，只见他将各种酒兑在一起说道："这叫鸡尾酒，它体现了美国人的民族精神——综合就是创新。"

(资料来源：董俊华，谢晓轩，陈友莲. 创新方法实务[M]. 北京:化学工业出版社，2016.)

鸡尾酒的综合方式彰显的是美国的民族精神，这种民族精神的实质其实就是创新。中华民族作为龙的传人，无论是过去还是现在，也同样富于综合创新的传统：远在中国西周末年，思想家史伯就提出了"和实生物，同则不继"的观点。他在阐明这个道理时，引用了"先王以土与金、木、水、火杂，以成百物"的例子来加以论证、说明，所以，"和实生物"就是指把几种不同的事物综合起来创成新事物。综合创新，是一个新系统被创造的过程，新系统又赋予综合来的要素以新的生命力。

【案例】

汇通中西综合创新

张岱年(1909—2004 年)，中国著名哲学家、哲学史家。20 世纪 30 年代以来，张岱年力倡"综合创新"的文化观，其思路是"兼综东西两方之长，发扬中国固有的卓越的文化遗产，同时采纳西方的有价值的精良的贡献，融合为一，而创成一种新的文化，但不要平庸的调和，而要做一种创造的综合"，即一方面总结我国的传统文化，探索近代中国落后的原因，经过深入的反思，对其优点和缺点有一个明确的认识。另一方面要深入研究西方文化，对西方文化作具体分析，对其优点和缺点也要有一个明确的认识。根据我国国情，将上述两个方面的优点综合起来，创造出一种更高的文化。"张岱年界定说："创造的综合即对旧事物加以'拔夺'(扬弃)而生成的新事物。一面否定了旧事物，一面又保持旧事物中之好的东西，且不唯保持之，而且提高之，举扬之；同时更有所新创，以新的姿态出现。凡创造的综合，都不只综合，而是否定了旧事物后而出现的新整体。"综合创新的旗帜在中国的大地上树立起来了。

(资料来源：李存金，王兆华. 创新方法系统集成及应用[M]. 北京：科学出版社，2012.)

综合创新，从综合来说，是创新的综合；从创新来说，是综合的创新。这里的综合具有为创新提供基础和条件的意义。张岱年提出文化的综合创新，一个重要的意旨是对多重文化因素进行复杂的融合、汇通和综合工作而走向创新。通过文化综合而实现的文化创新，既能达到文化上的多样性和丰富性，又能实现文化上的主体性和精神价值上的凝聚性，实现中国文化体系的全面复兴。中国是世界文明古国之一，中华文化曾经是世界历史上具有代表性的文化体系之一。但是，现在我们还没有建立起对世界产生广泛影响的新文化体系。没有思想、理论和文化创新的民族和国家，很难成为伟大的国家。因此，中国不仅要成为经济大国，而且还要成为世界文化大国，成为思想和文化创新大国，为人类文化的新发展做出自己的独特贡献。

第二节　形态分析法

把几个独立存在的事物加以组合，往往可以产生新的事物。怎样才能找到更多的组合形式，形成大量的创新成果呢？形态分析法就是通过对研究对象相关形态要素的分列和重新组合，全面探求一切可能解决问题的方案的创新方法。它是由美籍瑞士天文物理学家茨维基于 1942 年在美国加利福尼亚大学提出的，为组合创新提供了形式化的科学手段。

【案例】

茨维基的 576 种方案

茨维基博士原是瑞士的一位天文学家，第二次世界大战期间来到美国工作。当时美国情报部门探听到法西斯德国正在研制一种新型巡航导弹，但费尽心机也难以获得有关技术情报。不甘落后的美国也集中了一批优秀的科学家进行火箭研制。茨维基在参与火箭的研制过程中，创设了形态分析法，他运用这种方法，在 1 周之内提交了 576 种火箭设计方案。其中就包含德国法西斯正在研制并严加保密的 F-1 型巡航导弹和 F-22 型火箭的方案。茨维基对美国火箭技术的发展做出了突出贡献，也使创新方法的声誉得到了提高。

(资料来源：李存金，王兆华. 创新方法系统集成及应用[M]. 北京：科学出版社，2012.)

一、形态分析法概述

所谓形态，就是指事物的形状或内外部状态，如事物的大小、形状、颜色、材料等。形态分析法又称形态方格法，就是把需要解决的问题分解成若干基本因素(构成此问题的基本组成部分，即"独立变项")，并分别列出解决每个基本因素的所有可能的参量(形态值或技术手段)，然后进行排列组合，以产生解决问题的系统方案或创新设想。形态分析法是这样进行排列组合的：每个基本因素(独立变项)由一个坐标轴(或直线)表示，若有 n 个基本因素，就可以构成 n 个坐标轴(直线)。将每个基本因素所包含的参量尽可能全地均列在坐标轴(直线)上，每个参量占据一个坐标点。从每个坐标轴上任取一个坐标点，进行组合，就是一个方案。每变换一个参量，就会产生一个新方案。这些方案，可以全面有序地显示在由各基本因素组合而成的立体交叉图上。

形态分析法认为，创新并非全是新的东西，可能是旧事物的创新组合。因而，若能对创新对象加以系统分析和组合，便可以大大提高创新成功的可能性；可见形态分析法是以组合、综合为基础的。

茨维基博士运用此法提出他的导弹方案时，先将导弹分解为若干相互独立的基本因素，这些基本因素的共同作用便构成任何一种导弹的设计方案，然后针对几种基本因素找出实现其功能要求的所有可能的参量。在此基础上进行排列组合，结果共得到 576 种不同的导弹方案。经过一一筛选分析，在排除了已有的、不可行的和不可靠的导弹方案后，他认为只有几种新方案值得人们开发研究，在这少数的几种方案中，就包含德国法西斯正在研制的方案。

形态分析法的基本理论是：一个事物的新颖程度与相关程度成反比，事物(观念、要素)越不相关，创新程度越高，越易产生更新的事物。具体做法是：将创新课题分解为若干相互独立的基本因素，找出实现每个因素功能所要求的技术手段或形态，然后加以排列组合得到多种解决问题的方案，最后筛选出最优方案。

二、形态分析法的实施步骤

形态分析法是将创新对象分解为相互独立的因素，找出每个独立因素各种可能的形态，然后将各因素和形态进行组合的创新方法。形态分析法的基本步骤就是对创新对象进行因素分解和形态组合，然后筛选求优，选择最佳解决方案。

(一)确定创新对象

确定创新对象即明确需要解决的问题和研究的目标。确定创新对象必须十分准确地表述所要解决的创新课题或所要实现的功能，包括该创新对象所要达到的目的等。

(二)基本因素分析

基本因素分析即确定创新对象有哪些基本因素(独立变项)，筛选出有助于解决问题的所有基本因素，给出每个基本因素尽可能多的选择值，编制形态特征表。这是应用形态分析法的重要环节，是确保获取创新设想的基础。在进行基本因素分析时，要使确定的因素满足两个基本要求：第一，确定的基本因素在功能上应是相对独立的和全面的，不要遗漏重要因素；第二，在数量上应该是适当的，数量大，会使系统过大，使下步工作难度增加，组合时过于繁杂，很不方便。

(三)形态分析

形态分析就是寻找每个基本因素(独立变项)的可能解决方案(形态)，分别列出与各基本因素相对应的形态。列出的形态要求尽量全面，尽可能列出无论是本专业领域的还是其他专业领域的所有具有这种功能特征的各种形态。在形式上，为便于分析和进行下一步的组合往往采取列矩阵表的形式，一般表格为二维的，每个因素的每个具体形态用符号 P_j 表示，其中 P 代表因素，j 代表具体形态。对较复杂的课题，也可用多维空间模式的形态矩阵。

(四)形态组合

根据对创新对象的总体功能要求，分别把各因素的各形态一一交叉组合，绘制形态图，形成解决方案的图解，以获得所有可能的组合设想。

(五)评价选择最合理的具体方案

由于形态分析法会产生多种方案，一般采用新颖性、先进性和实用性条件标准进行初选，选出少数较好的设想后，进行综合评价，通过进一步具体化，好中选优，最后选出最佳方案。

【案例】

公园小游船

为公园游人设计出新颖别致的小游船，具体步骤为：①确定创新对象——公园小游船的设计。②基本因素分析。对于小游船来说，可分解成三个独立要素：外形、动力、材料。③形态分析。找出每一独立要素的解决途径，即形态值，比如，材料可以选用木材、钢材、玻璃钢、塑料、水泥、铝合金、橡胶板等；动力可以采用划桨、脚踏螺旋桨、电动螺旋桨、明轮、喷水；外形可以用鸳鸯、天鹅、龙、画舫、鱼等。④形态组合。把上述三种因素的各种形态再进行组合，列出形态分析表(如表 7-1 所示)，按其行列进行组合，共可获得 210 种方案。例如：P12P21P35=鸳鸯划桨水泥船，P14P23P31=画舫电动螺旋桨玻璃钢船。⑤评价选择最合理的具体方案。

表 7-1 公园游船形态分析表

独立要素 j	外表 1	动力 2	材料 3
1	天鹅	划桨	玻璃钢
2	鸳鸯	脚踏螺旋桨	塑料
3	鱼	电动螺旋桨	木
4	画舫	明轮	钢
5	飞碟	喷水	水泥
6	龙		橡皮
7	荷花		铝合金

(资料来源：李存金，王兆华. 创新方法系统集成及应用[M]. 北京：科学出版社，2012.)

三、形态分析法的运用要点

用形态分析法对创新对象的基本因素进行处理，不仅扩大了可供组合并分析的余地，还使创新有了数量上和质量上的保证。在解决创新问题时，形态分析法可使设计人员的工作合理化、构思多样化，帮助设计人员从熟悉的解答因素中发现新的组合，避免任何先入为主的看法，也帮助设计人员克服单凭头脑思考、挂一漏万的不足，从而推动创新活动的发展。形态分析法的运用要点具体如下：

(1) 运用形态分析法的一个突出特点，就是所得方案具有全解性质。只要把创新课题的全部因素及各因素的所有可能形态都列出来，组合后的可能方案就是包罗万象的。

(2) 形态分析法的第二个特点，是具有形式化性质，它需要的主要不是创新者的直觉和想象，而是依靠创新者认真、细致、严谨的工作及精通与创新课题有关的专门知识。

(3) 该法有较高的实用价值，它不仅适用于创新，而且也适用于管理决策、科学研究等方面。此外，实施形态分析法时既可以小组运用，也可以个人使用，从而引起人们的普遍重视。

在进行创新时运用形态分析法，可以在对方案"一网打尽"中获得可行的新方案。它广泛应用于自然科学、社会科学以及技术预测、方案决策等领域，是创新活动中最为常用和最为有效的方法之一。由于形态分析法采用图解方式，因此可以使各种方案比较直观地显示，有利于产生大量创新程度较高的设想。

四、形态分析法的案例

形态分析法的发明者茨维基利用形态分析法解决了一系列重大技术问题，其中设计新功能喷气发动机是他的最大成就，也使形态分析法达到高峰。

【案例】

新功能喷气发动机

1. 确定创新对象：设计新功能喷气发动机。

2. 基本因素分析

选择了 11 项形态特征：

Pl——燃料来源(化学媒介体)；

P2——牵引力产生方式；

P3——牵引力调节类型；

P4——牵引力调节方式；

……

P10——动作状态；

P11——燃料性质。

3. 形态分析

将每一形态特征的可能变量，用矩阵表的形式列出：

P11P21——内部、外部化学媒介物；

P12P22——内源、外源牵引力；

P13P23P33——自身调节、外力调节、无调节；

P14P21——内部、外部调节；

P16P26P36P46——化学能转换为机械能的四种方式；

P17P27P37P47——发动机在无空气的空间、空中、水中、地下四种做功的能力；

P18P28P38P48——推进运动、旋转运动、振动运动或局部无运动；

P19P29P39——气体燃料、固体燃料、液体燃料；

P11P210——连续动作或非连续动作；

P111P211——自燃燃料、引燃燃料。

4. 形态组合

选择每种基本因素中的可能变量组合，如：

P11P12P13P14P15P16P17P918P19P110P111

共有方案数

N=2×2×3×2×2×4×4×4×3×2×2=36864

5. 评价选择最合理的具体方案

在 36864 种方案中评价筛选，最后选定的最佳解决方案是由 P21P12P23P14P15P16P27918919P10P11 组合而成的方案。

(资料来源：李存金、王兆华. 创新方法系统集成及应用 [M]，北京：科学出版社，2012.)

形态分析法具有系统求解的特点。只要能把现有科技提供的技术手段全部罗列，就可以把现存的可能方案"一网打尽"，这是形态分析方法的突出优点。但是，当问题比较复杂、因素及形态较多时，组合的数目便会激增，以致评价筛选的工作量很大。这就为形态分析法的应用带来了操作上的困难，如何在数目庞大的组合中筛选出可行的创新方案？如果选择不当，就可能使组合过程所付出的辛苦付诸东流。因此，在运用形态分析法过程中，要善于抓住主要矛盾，选取基本因素，一定要把握好基本因素分析和形态手段确定这两道关，还要具备敏锐、准确的评价能力。比如，在对洗衣机的基本因素进行分析时，应着重从其应具备的基本功能入手，对次要的辅助功能暂可忽视。在寻找实现功能要求的形态手段时，要按照先进、可行的原则进行考虑，不必将那些根本不可能采用的形态手段填入形态分析表中，以避免组合表过于庞大。当然，一旦形态分析法能结合电子计算机的应用，从庞大的组合表中进行最佳方案的探索也是可行的。

【案例】

形态分析法的趣例

针对中国历史上众多的爱情故事，台湾学者运用形态分析法分析后，发现这些故事虽然年代、地点和人物姓名各不相同，却有一个雷同的模式，即"书生落难、小姐搭救、后花园私订终身、应考及第、衣锦团圆。"此模式中独立可变的因素有书生、落难、小姐、搭救、后花园、私订终身、应考及第、衣锦团圆 8 个。再将这些因素分别列出形态若干个，每个因素的形态分别是：

(1) 书生

①旧式书生；②新式大学毕业生：③音乐家；④未成名的工程师；⑤画家；⑥中国书生；⑦外国书生；⑧老童生；⑨未成功的企业家；⑩到外国去的中国厨师；⑪青年科学家；⑫医生；⑬文学家；⑭女性书生。

(2) 落难

①没有路费；②被冻风雪之中；③途遇强盗；④患病；⑤游泳遇险；⑥车祸；⑦画卖不出去；⑧工程受到意外损失；⑨未婚妻变心；⑩从事科学研究心身疲惫；⑪开演奏会无

人光顾；⑫演奏时晕倒；⑬写完小说不能出版；⑭在国外洗盘子。

(3) 小姐

①大家闺秀；②酒吧女郎；③高中女学生；④山地女郎；⑤校花；⑥歌星；⑦外国女郎；⑧航空小姐；⑨游泳健将；⑩网球明星；⑪导游。

(4) 搭救

①赠款；②示爱；③鼓励用功；④恳求爸爸给他安排职业；⑤跳下水去营救他；⑥长年看护病人；⑦帮他补课；⑧拜托有钱的叔叔给他开演奏会；⑨赞助留学费用。

(5) 后花园

①东京；②台北；③伦敦；④咖啡馆；⑤书房；⑥邻家；⑦博物馆；⑧飞机上；⑨游泳池；⑩途中；⑪山中；⑫女郎家中；⑬河畔；⑭医院；⑮学校；⑯演奏大厅。

(6) 私订终身

①接吻；②默许；③送信物；④郊游；⑤给予鼓励；⑥通信；⑦互相研讨音乐艺术；⑧男弹琴女唱歌；⑨讨论学术问题。

(7) 应考及第

①旧时中状元；②中探花；③洋博士；④中国博士；⑤演奏会盛况空前；⑥一幅画被博物馆收藏了；⑦做生意发大财；⑧考取大学；⑨成名；⑩做官，⑪大病痊愈；⑫重大发明。

(8) 衣锦团圆

①结婚；②他或她变了心；③死掉；④一个人远走高飞；⑤家庭同意结婚；⑥母亲不同意；⑦私奔；⑧没有结局；⑨长相思；⑩环球旅行结婚。

从上面这些因素及其可变形态可以推知，由这些形态可组合出 4 亿多个故事来。如按(1)③——(2)④——(3)⑥——(4)⑥——(5)⑫——(6)⑤——(7)⑨——(8)⑨的组合选取，便可构造下述故事：一位小提琴手忽然患了严重的疾病，精神几乎崩溃。他的女朋友，现在已是歌星的她日夜看护着他。在女朋友家，他受到鼓励，恢复了练琴的勇气，终于在演奏会上一举成名。当他带着鲜花赶回女朋友家时，伊人竟不知去向，空留下永恒的怀念。如果将这一故事梗概再做些充实、修饰，就可成为一篇动人的小说。

(资料来源：辽宁省普通高等学校创新创业教育指导委员会. 创造性思维与创新方法[M].

北京：高等教育出版社，2013.)

五、形态分析法远程训练

本训练在学习论坛中非实时进行，具体步骤如下：

第一步，确定问题：用形态分析法提出一种饮料包装容器的创新方案。要求所设计的饮料包装容器携带方便、外观透明、成本低廉等。

第二步，教师宣布活动内容。

第三步，组织同学运用形态分析法进行解决，并提出创意设计方案。

第四步，评选 2～3 项最佳设计。

第五步，每位同学任选一项最佳创意设计，经过改进，自行设计或下载表格，书写饮料包装容器的创新方案。

第三节　信息交合法

信息交合法是由我国创造学研究者许国泰提出的。具体做法是：把若干种信息排列在各自的线性轴标上，将它们进行交合，形成"信息反应场"，每一轴标上的各信息依次与另一轴标各点上的信息交合而产生新的组合信息。信息交合法的实质就是将现有事物进行分解，然后借助于辐射状的标线重新组合成新事物，是一种在信息交合中进行创新的方法。这种方法在他所著的《产品构思畅想曲》(上海人民出版社，1985 年)一书中有较详细的介绍。

一、信息交合法的概念

信息交合法，又可以称为"要素标的发明法""魔球法"，或称为"信息反应场法"。所谓"魔球"是指由多维信息组成的全方位信息反应场，其中包含着信息、信息标和信息反应场三要素。所谓的信息标，是指用来串联信息要素的一条指向线段。在运用信息交合法时，可将一个信息设定为一个要素，对于同一类型或同一系统的信息则可按要素展开，然后依照信息展开的顺序用指向线段连接起来，以帮助人进行信息交合。

就本质而言，人的思维过程是一个动态过程，并且还是一个有向过程。因而，引进信息标概念，不仅有利于人进行科学思考，而且有利于人进行有序联想，在创新过程中，可以使信息群的展开更具有系列性、层次性、逻辑性和完整性。

信息反应场就是信息交合进行"反应"的场所。从本质上进行分析，任何新产品都是信息交合的产物。要想获得科学研究的成果，就必须进行信息交合，为实现这个目标，应提供一个可使信息在一起发生"反应"的场所，这个场所就是所谓的信息反应场。信息反应场最少由两维信息标相连而成。越是复杂的信息交合过程，所需要的信息标就越多。因此，为了构思结构复杂或功能完备的系统，可以多设置几个相互联系的信息标，为信息交合创造条件。

信息交合法基本内容可以表述如下：一切创造活动都是信息的运算、交合、复制和繁殖的活动。借用坐标方法，设一个信息为一个要素，同一类或同一系统信息按要素展开，用一根线串起来，这条线称为信息标。要使信息交合，就要提供一个能使信息"反应"的"场"，这个场称为"信息反应场"，最少由两维信息标相连而成，当然也可以是多维的。各信息标上的要素沿垂直于信息坐标的方向延伸，产生许许多多的交合点，即所谓信息交互所产生的信息，其中便可能有新的有价值的信息。

【案例】

许国泰的故事

1983 年 7 月，中国创造学第一届学术讨论会在南宁召开。除了国内诸多学者、名流参加外，日本专家村上幸雄也受邀与会。村上先生给大家做了精彩的演讲，演讲中他突然拿出一把曲别针说："请大家想一想，尽量放开思路来想，曲别针有多少种用途？"与会代表七嘴八舌议论开了："曲别针可用来别东西——别相片、别稿纸、别床单、别衣物。"有人想的要奇特一点："纽扣掉了，可将曲别针拉长，代替纽扣。""可将曲别针磨尖，去钓鱼。"……归纳起来，大家说出了 20 来种用途。在大家议论的时候，有代表问村上："先生，那你能讲出多少种？"村上故作神秘地莞尔一笑，然后伸出 3 个指头。代表问："30 种？"村上自豪地说："不，300 种！"人们一下子愣住了，真的！村上先生拿出早已准备好的幻灯片，展示了曲别针的诸种用途。

当时的与会代表中就有许国泰，看着村上先生颇为自负的神态，他心里泛起浪潮：在硬件方面，或许我们暂时还赶不上你们，但是，在软件上——在思维能力即聪慧上，咱们倒可以一试高低！参会期间，他对村上先生说："关于曲别针的用途，我能说出 3000 种、30000 种！"人们更惊诧了："这不是吹牛吗？"许国泰登上讲台，在黑板上画出了图，然后，他指着图说："村上先生讲的用途可用钩、挂、别、连 4 个字概括，要突破这种格局，就要借助一种新思维工具——信息标与信息反应场。"他首先把曲别针的若干信息加以排序：如材质、重量、体积、长度、截面、韧性、颜色、弹性、硬度、直边、弧等，这些信息组成了信息标 X 轴。然后，他又把与曲别针相关的人类实践加以排序：如数学、文字、物理化学、磁、电、音乐、美术等，并将它们连成信息标 Y 轴。两轴相交并垂直延伸，就组成了"信息反应场"。(如图 7-1 所示)只要将两轴各点上的要素依次"相交合"，就会产生出人们意想不到的无数的新信息。比如，将 Y 轴的数学点，与 X 轴上的材质相交，曲别针可弯成 1、2、3、4、5、6 以及+、-、×、÷等数字和符号，用来进行四则运算。同理，Y 轴上的文字点与 X 轴上材质、直边、弧等点相交，曲别针可做成英、俄、法等各国语言的字母。再比如，Y 轴上的电与 X 轴上的长度相交，曲别针就可以变成导线、开关、铁绳等。

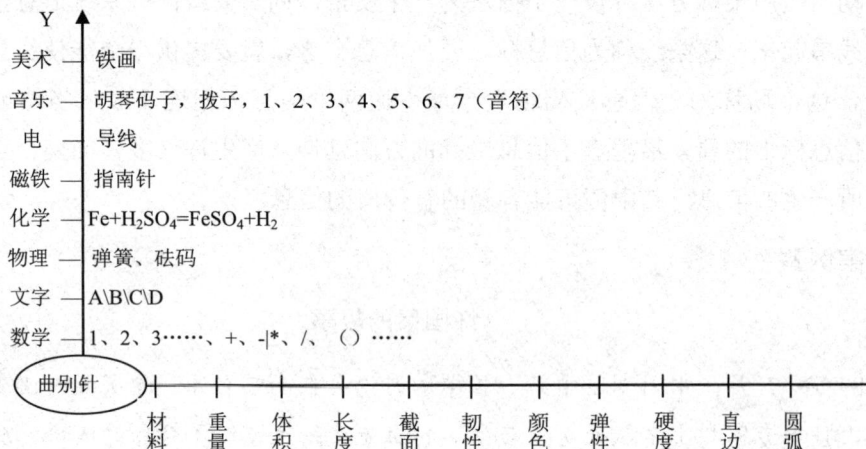

图 7-1　"曲别针"信息反应场

（资料来源：价值中国，http://www.chinavalue.net/。）

信息交合法的要点。就是创新者把物体的总体信息分解成若干个要素，然后把这种物体与人类各种实践活动相关的用途进行要素分解，把两种信息要素用坐标法连成信息坐标 X 轴与 Y 轴，两轴垂直相交，构成信息反应场：每轴各点上的信息依次与另一轴各点上的信息交合，而产生一种新的信息，这种创新方法就叫作信息交合法。信息交合法是建立在信息交合论基础上的一种组合类创新方法。

二、信息交合原理

信息交合法由两个公理、信息的增殖现象和两个定理构成。

(一)信息交合法的公理

公理一：不同信息的交合可以产生新信息。

公理二：不同联系的交合，可以产生新联系。

两个公理告诉我们，世界是相互联系的，信息是事物间本质属性及联系的印记。在联系的相互作用中，不断地产生着新信息、新联系。人类认识事物，必须而且只能通过信息才能实现。

(二)信息的增殖现象

1. 自体增殖

指信息的复制现象，如录音、录像、复写、复印、基因复制等。

2. 异体增殖

指不同质的信息交合导致新信息产生的现象。新产生的信息成为子信息，产生子信息的信息被称为父本信息和母本信息。比如，"钢笔"做母本信息，"望远镜"做父本信息，两者交合，即产生子信息"钢笔式单桶望远镜"；"沙发"为父本信息，"床"为母本信息，相交合后，产生子信息"沙发床"。

(三)信息交合法的定理

定理一：心理世界的构象即为人脑中勾勒的映像，由信息和联系组成。

定理二：新信息、新联系在相互作用中产生。

定理三：具体的信息和联系均有区域性，也就是有特定的范围和相对的区域与界限。

定理一表明：其一，不同信息、相同联系产生构象。比如，轮子与喇叭是两个不同信息，但交合在一起组成了汽车，轮子可行走，喇叭则可发出声音表示警告。其二，相同信息、不同联系产生构象。比如，同样是"灯"，可吊、可挂、可随身携带(手电)，也可做成无影灯。其三，不同信息、不同联系产生构象。比如，独轮自行车本来与盒、碗、勺没有必然联系，但杂技演员将它们联系在一起，表演出惊险生动的节目。以上表明，心理活动是大脑中信息与联系的输入反应、运演过程和结果表达。

定理二表明：没有相互作用，就不能产生新信息和新联系，相互作用是中介。在一定条件下，任何信息之间、任何联系之间，都能发生不同程度的相互作用。比如，钢笔与枪是风马牛不相及的不同信息，但是在战争范畴(条件)内，则可以交合，有"钢笔式手枪"问世。

定理三表明：任何具体事物都在一定的时空范围内活动。人的局限性、地区的局限性、人的认识与思维的局限性等都是客观存在的，信息交合论的应用也只能局限在研究心理信息运演的范围之内。

三、信息交合法的三原则

许国泰着重指出：信息交合法作为一种科学实用的创新方法，其运用不是随心所欲，瞎拼乱凑，要遵循一定的原则。

(一)整体分解原则

先把对象及其相关条件整体加以分解，按序列得出要素。

(二)信息交合原则

以一信息标上的要素信息为母本，以另一信息标上的要素信息为父本，相交合后可产生新信息。各个信息标上的1个要素都要逐一与另一信息标上的各个要素相交合。

(三)结晶筛选原则

通过对方案的筛选，找出更好的方案。如果研究的是新产品开发问题，那么，在筛选时应注意新产品的实用性、经济性、易生产性、市场可接受性等。

信息交合法是一种运用信息概念和灵活的手法进行多渠道、多层次的推测、想象和创新的方法。应用它进行创新，把某些看来似乎是孤立、零散的信息，通过相似、接近、因果、对比等联想手段搭起微妙的桥，使之曲径通幽，将信息交合成一项新的概括，它有着自己独特的特点，并具有系统性和实用性。

四、信息交合法的实施步骤

许国泰认为：人的思维活动的实质，是大脑对信息及其联系的输入反映、运行过程和结果表达，一切创新活动都是创新者对自己掌握的信息进行重新认识、联系的组合过程。把信息元素有意识地组成信息标系统，使它们在信息反应场中交合，就会引出系列的新信息组合(信息组合的物化是产品，信息组合及推导即构思)，导出创新成果。因此，信息交合法在确立一个聚集点后，以此为中心，拉出许多不同的各种分解变量坐标，而每一变量坐标又可以不断分解设置，然后用线线相交或面面相交的办法，以求寻找新的创意。其具体步骤如下：

(一)定中心

确定立体信息场的聚集原点。确定一个中心，即零坐标。如研究"笔"的革新，就应以"笔"为中心。

(二)画标线

根据信息基点的需要画几条坐标线。给出若干标线(信息标)，即串起来的信息序列。如研究"肠"，则在"肠"的中心点画出水果类、肉禽类、水产类等坐标线。

(三)注标点

在各信息坐标线上注明有关信息点。如在水产类坐标上注明虾类、鱿鱼、海米等。

(四)相交合

若干信息标形成信息反应场，信息在信息反应场中交合，以一个坐标线上的信息为"母本"，另一个坐标线上的信息为"父本"，彼此相交后即产生新信息。从这些新信息中可以发现某些有价值的新设想。

通过上述四步，信息相交就能够产生出无数新信息，然后，根据市场需要和生产条件，可以连续不断地开发、设计、制造出一系列新产品，甚至可以创新出不少能激发顾客购买欲的各种各样的稀奇古怪的新产品。

五、信息交合法的案例

(一)信息交合法与新产品开发

信息交合法不仅开拓思路简便易行，而且实用价值很高，应用范围十分广泛。1985年，许国泰发表著作《产品构思畅想曲》，首次对信息交合论思想做了明确的阐述：信息交合法尤其是对于新产品的构思具有极强启发性，为企业新产品的开发做出了突出的贡献。北京京钟食品厂的厂长李平甲在该厂亏损数万元的情况下走马上任，依靠信息交合法开发出肠类系列新产品，并以其创意新颖、质量上乘、方便食用等特点誉满京城，在一年内使企业扭亏为盈。

【案例】

肠类新食品的系列创新

肠类新食品的系列创新，其构思设想的过程为：

(1) 以肠为零坐标。

(2) 取肉禽类、水产类、水果类、药材类、肠衣原料类和形状类六根信息标线。

(3) 在每根信息标线上标出信息点，组成信息反应场(见图 7-2)。

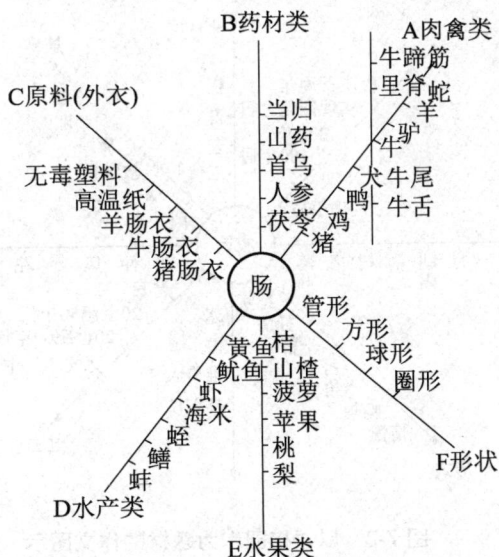

图 7-2 信息反应场

继肠类新产品开发后，李平甲又运用信息交合法搞设备开发，研制了多管径灌肠机，使设备功能交合，一机多用。然后，又进行管理开发、人事开发，对奖金制度进行分解，分为具体性、即时性、广泛性、经常性、公开性、合理性、激励性等，然后与别的信息标进行交合，制订出具体细则。李平甲还总结运用信息交合法的经验出版了《企业发展快速构思法》(北京大学出版社，1989年)一书。

(资料来源：李存金，王兆华. 创新方法系统集成及应用[M]. 北京：科学出版社，2012.)

(二)信息交合法与写作

现代信息社会要求对于接收到的信息迅速地进行分析与综合，做出决策，高效率地完成任务，达到目的。对于写作的要求也是如此。如果把信息交合法应用于写作，就可以依据各种信息，开拓思路，快速选题和构思，在短时间内写出高质量的文章。天津南开中学语文教师田家骅，运用信息交合法，通过自己的实验，概括总结，创造出"快速作文法"，用以指导学生作文，取得了良好效果，大面积提高了学生的作文水平。他的专著《快速作文法及实例》(中国国际广播出版社，1988年)就是运用信息交合法的成果之一。

【案例】

信息交合法写作文

以"校园"为题材，简单介绍一下运用信息交合法选题作文。首先，用信息交合法画出如图7-3所示构思图。

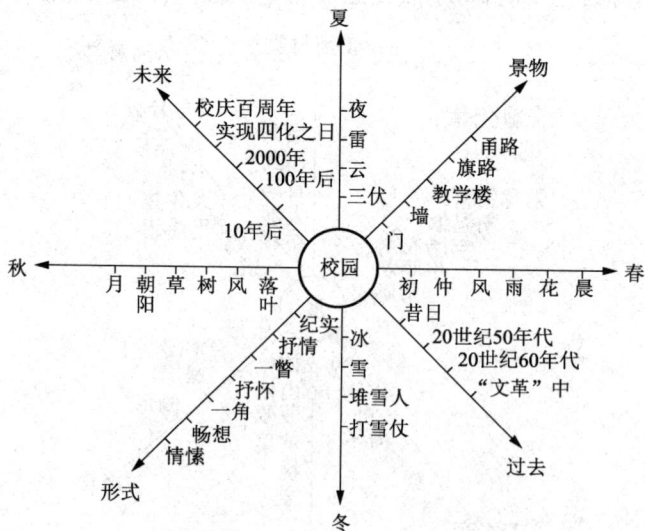

图7-3 以"校园"为题材的作文图示

例如，在"春"线上，即可交合出《校园之春》《校园春雨沙沙沙》等题目。在其他标线上，可交合的题目也是非常多的。比如，在夏、秋、冬等各线上，又可交合出许多题目，其数量呈几何级数增加。所谓"题好一半文"，有了好题目，写起文章来就顺手得多。然后以题目为中心，再运用信息交合法列出几条标线，选好开头点、正文点和结尾，即可迅速成文。如以《校园春意浓》这个题目为例，可分以下三步构思。

(1) 点题：描写春天校园的景色。

(2) 正文：先写春景，如晨、午、黄昏、花、树、风等。再写春意，比如，可写表现师生生活的情景，老、中、青教师对学生如"春风""春光""春雨"。运用比喻象征，使主题深化。

(3) 结尾：点题，照应开头。

由此可见，以信息交合法为基础的"快速作文法"为作文教学开拓了一条新思路，可以大大提高学生作文的速度和质量。若干年来，这种方法在全国许多中学推广，已取得了良好的社会效果。

(资料来源：李存金，王兆华. 创新方法系统集成及应用[M]. 北京：科学出版社，2012.)

第四节　组合类其他创新方法

一、焦点法

焦点法是美国惠廷创立的一种创新方法；焦点法就是要将解决的问题作为焦点事物，随便选择几个偶然事物作刺激物，通过焦点事物和偶然事物的组合，获得新设想、新方案的创新方法。这种创新方法既以组合为基础，又充分地运用了联想机制，简单易学，富于想象力。应用这种方法，能在较短时间内获得较多的新颖构思。

(一)焦点法的基本原理

焦点法是根据综合的原理，以一预定事物为中心、为焦点，依次与罗列的各事物构成联想点寻求组合创新的方法。这一方法与任选两个事物进行组合不同，它是指定一个事物，任选另一个事物。也就是说，焦点法是就特定的事物寻求各种创新构思的方法，从而使产生的创新设想更加具体化。日本人就是通过焦点法，成功搜集了大庆油田的情报。

【案例】

焦点法搜集情报

关于大庆油田，曾流传着这样一个"情报故事"。在我国大庆油田开发初期，日本人就设法搜集大庆油田的情报。当时我国正处于国家困难时期，因此石油会战对外实行保密。日本人看到画报上刊登的"王铁人"的照片，天上下着鹅毛大雪，"铁人"穿着大皮袄，于是分析大庆可能在东三省，否则不会有这么大的雪。看到《人民日报》一条新闻报道：王进喜到了马家窑说了一声："好大的油田呀，我们要把'石油落后'的帽子甩到太平洋去！"日本人说："找到了，马家窑就是大庆的中心。"接着，日本人又看到《人民中国》报道大庆的设备不用马拉车推，完全是靠肩扛人抬，他们就判定了马家窑离车站不会远，远了就扛不动。1966 年王进喜参加全国人民代表大会，日本人则想到：井出油了，不然王进喜当不了人大代表。日本人聚焦在大庆石油上的分析，其准确度合乎逻辑。运用联想来思考问题，由于思考的过程好比照相时必须对准镜头的焦点一样，所以称为"焦点法"。

(资料来源：辽宁省普通高等学校创新创业教育指导委员会. 创造性思维与创新方法[M].

北京：高等教育出版社，2013.)

(二)焦点法的实施步骤

(1) 选择焦点事物，确定目标。焦点就是希望创新的事物，或者是准备改善的思想、技术，将其填入中心圆圈内。

(2) 随意挑选与焦点事物风马牛不相及的事物或技术若干个，可以称为选择偶然事物若干。

选择与焦点事物无关的偶然事物的要点是：可以从多角度、多方面罗列，尽量避免寻找与焦点事物相近的东西，甚至可借助购物指南、技术手册等随意摘录。将所选的偶然事物的内容逐一填入环绕焦点四周的小圆圈内。

(3) 列举偶然事物的特征，强行将中心圆的焦点事物与周围小圆圈中的偶然事物的特征，一一结合，得到多种组合方案。

(4) 充分运用想象，对每种组合提出创新设想。

(5) 评价所有的创新设想方案，筛选出新颖实用的最佳方案。

【案例】

用焦点法设计新式椅子

下面以椅子创新设计为例，对焦点法的实施步骤进行进一步说明。

(1) 焦点事物是椅子，椅子即为思考的焦点，它是不变项，将其填入中心圆圈内。

(2) 另外几个偶然事物选什么都行，如面包、铁路、大楼和灯泡等，逐一填入环绕焦点四周的小圆圈内，如图 7-4 所示。

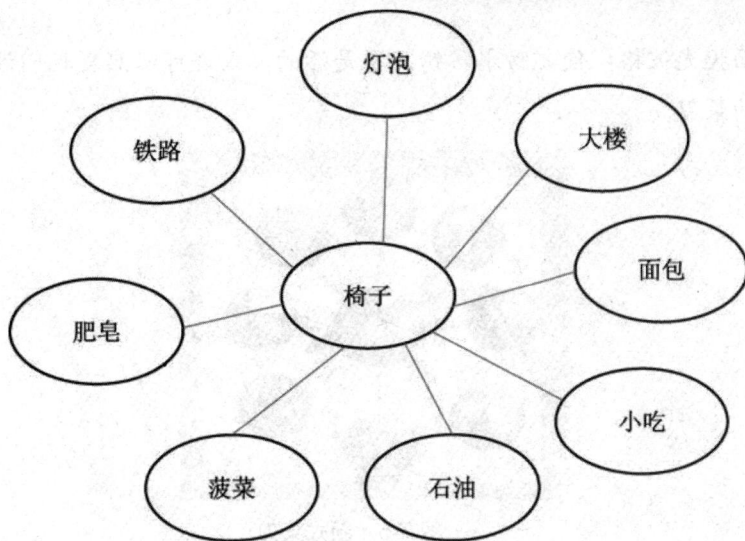

图 7-4 新式椅子

(3) 将一个偶然事物的特征一一列举。例如，我们选常见的灯泡。灯泡的特征有：玻璃、薄、球形、螺旋式、有电等。然后将椅子与灯泡的特征联系起来一一组合，考虑设计各种椅子：①玻璃制的椅子；②薄的椅子；③球形椅子；④螺旋式插入组合椅；⑤电动椅；⑥遥控椅，等等。

(4) 充分运用想象，上述想法可进一步发展，比如，上面第 3 个设想"球形椅子"，分别以"球"和"形"为中心进一步想象。球→球根→花(花式样椅子)→花之香(香水椅子)→花之茎和叶(用花的茎和叶点缀椅子腿)→花之色(各种花颜色的椅子)→……

(5) 从上述设计方案中选出有市场竞争力的椅子进行试制。

(资料来源：辽宁省普通高等学校创新创业教育指导委员会. 创造性思维与创新方法[M].

北京：高等教育出版社，2013.)

(三)焦点法的应用示例

自然界的一些现象看上去似乎与我们要解决的问题风马牛不相及，但是将它们联系组合起来，往往可以激发出许多耐人寻味、不同寻常的见解，有助于我们从困境中解脱出来。一片草叶与一把菜刀有什么联系？能带给我们创新设想吗？

【案例】

设计一种新式菜刀能从一片草叶身上得到什么启迪？草叶呈墨绿色，有根须，雨水落在上面就会滚下(不透水)，并且还是生长的、活的，等等。草有颜色，或许启发我们设计一把彩色菜刀。草有根须，或许启发我们设计刀架、钩扣或皮带连在菜刀上，使菜刀"植根"于厨房这片"沃土"，以免丢失或被孩子拿着玩。水珠总是从草叶上滚落这一属性，启发我们将刀面抛光拔格，使之防水防锈。草是活的，或许可以启发我们设计一种可以伸缩或可以折叠的菜刀。

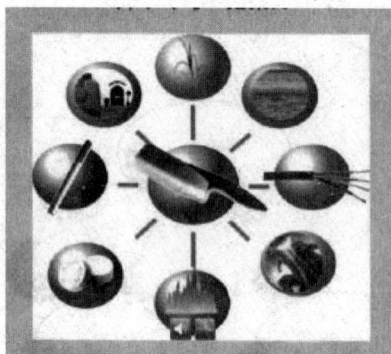

图 7-5　新式菜刀

(资料来源：辽宁省普通高等学校创新创业教育指导委员会. 创造性思维与创新方法[M].
北京：高等教育出版社，2013。)

从上述案例中，我们可以看到，运用焦点法，在组合的同时，必须发挥我们的想象力。一个富于创新能力的人，不仅能从随处可见的各式各样的事物中获得灵感，甚至也能从看上去与问题完全无关的事物上得到刺激；不仅能够想象出互不相关的事物之间的组合，而且能够想出它们之间的新颖的、富于独创性的组合，从而导致问题的解决。焦点法除了用于新产品的开发，还可用于新产品、新技术、新思想的推广应用，并且还可以用来寻求某一问题的解决途径。

二、二元坐标法

二元坐标法在实践中使用起来要简单得多，也非常实用。

(一)二元坐标法的基本原理

二元坐标法，就是建立平面二元直角坐标系，把不同的信息(联想元素)分别列在二元坐标上，按序轮番地进行两两组合，然后选出有意义的组合物的创新方法。下面以最简单的例子进行说明：

【案例】

二元坐标法

利用二元坐标法选择创立联想元素：扇子、日历、灯、杯以及纸、笔筒、车、玻璃。在二维坐标上分别列出扇子、日历、灯、杯(Y 轴)以及纸、笔筒、车、玻璃(X 轴)，如

图 7-6 所示。然后用联想线沟通各个联想元素绘制联想图。下面就可以进行组合和判断了。比如，扇子与玻璃进行组合，可以考虑有透明扇、水晶扇、折叠玻璃等。然后从组合中摘出有意义的组合，对有意义的组合进行可行性分析。

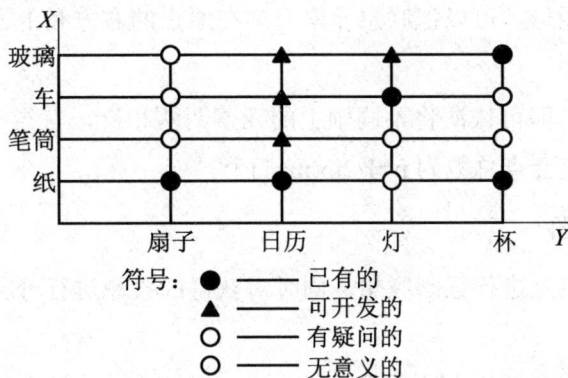

图 7-6 二元坐标

(资料来源：辽宁省普通高等学校创新创业教育指导委员会. 创造性思维与创新方法[M].

北京：高等教育出版社，2013.)

作为二元坐标法的坐标元素所代表的事物，可以是具体的人造产品，如衣服、床、灯具、机枪、蛋糕、汽车之类；也可以是非人造物，如风、雨、云、泉水、老虎、太空等；还可以是一些概念术语，如锹形、旋转、变色、空心、闪光、卧式等。对此，通过"拉郎配"式的组合，可以突破习惯观念，克服惰性意识，促进标新立异。二元坐标法形式简捷而不单调，运用时不受任何限制，适宜二个人或集体的创造活动。但应注意的是，此法仅适用于技术创造活动的选题阶段，可行的课题一经确定，二元坐标法就完成了使命。至于课题的下一步做法，则须另行研究探讨了。

(二)二元坐标法的实施步骤

1. 提出联想元素

联想元素就是通过二元坐标相互交会并强制产生联想的各个信息点。联想元素可以是具体的事物或物质(如钢笔、汽车、塑料、铝合金等)，也可以是抽象的概念(如液体、圆形、彩色等)，还可以是各种现象(如发光、变形、发声等)。为了使联想产生良好的效果，应注意联想元素的广泛性、差异性，切忌同类事物组合。另外，数量也必须足够多，以保证在获取大量设想的基础上诱发创造性设想。

在没有预期目标的情况下使用二元坐标法时，联想元素可以是随意的，不必有所限制。假如已经确定了总体目标，如开发某一种新产品，则应将与该产品有关的若干信息(如外形、结构、材料、功能等)也列入联想元素，然后再随意提出若干其他元素。

2. 建立坐标体系

建立由两条垂直相交的坐标轴组成的坐标系，将提出的所有联想元素在每根轴上分别列出一次。为了简化图形，可以把联想元素只列在原点的右方和上方，即只考虑在第一象限交会。

建立坐标体系后。即可依次将不同轴上的元素两两相交，获得一系列信息交会点。m个联想元素能获得的交会点总数为 $n=1/2m(m-1)$ 个。

3. 完成组合联想图

在每个信息交会点上进行强制联想，同时对获得的设想进行分类，并用相应的符号在图上表示出来。

设想的分类可根据前面的方法完成，即分为一般性、奇特性和实用性三类。另外，由联想图本身的特点所决定，每一联想元素也会同自己交会一次。这种交会是没有意义的，因此，还要标出这一类无意义的交会点。

4. 设想处理

设想处理的前半部分工作——设想分类，已在制作组合联想图的过程中完成，接下来的工作是设想开发。可选择实用类设想编制实施方案，或选择奇特类设想进行二次开发。一般都应该写出文字说明。

设想处理工作可以集体进行，也可以先由各人分别做出联想图，然后交换，以便相互得到启发，促进思维扩散。个人与集体联想相结合的做法可望获得较好的效果。

【案例】

二元坐标法实例

如图 7-7 所示，选择联想元素如下：

8								8-8
7							7-7	7-8
6						6-6	6-7	6-8
5					5-5	5-6	5-7	5-8
4				4-4	4-5	4-6	4-7	4-8
3			3-3	3-4	3-5	3-6	3-7	3-8
2		2-2	2-3	2-4	2-5	2-6	2-7	2-8
1	1-1	1-2	1-3	1-4	1-5	1-6	1-7	1-8
	1	2	3	4	5	6	7	8

图 7-7 二元坐标联想图

1 钢笔，2 汽车，3 塑料，4 铝合金，5 液体，6 彩色，7 发光，8 变形

选用不同的符号在图上表示各种设想。比如，一般性类用 "+" 表示，奇特性类用 "△" 表示，实用性类用 "√" 表示，另外，用 "×" 表示无意义的点。表示完毕后，联想图即已完成。

对组合联想结果进行分类，从中找出有意义的联想。

(1) 无意义的联想(×)：在二元坐标联想图对角线上的联想，即联想元素自身的联想，如 1-1、2-2、……8-8。

(2) 一般性联想(+)：1-3 塑料钢笔、3-6 彩色塑料、8-3 变形塑料等。

(3) 实用性联想(√)：4-6 彩色铝合金、7-2 发光汽车、7-1 发光钢笔等。

(4) 奇特性联想(△)：2-3 塑料汽车飞、5-2 液体汽车、5-3 液体塑料等。

(资料来源：辽宁省普通高等学校创新创业教育指导委员会. 创造性思维与创新方法[M].

北京：高等教育出版社，2013.)

对有意义的联想进行可行性分析，具体如下。

(1) 有无类似的事物，若有，看它们之间有何不同(从原理、结构、性能、制造工艺、材料、用途、能源、价格、寿命、经济效益等方面进行对比)。

(2) 发明革新成功或合理化建议被采纳后，有哪些价值和进步意义。

(3) 完成发明和革新需要涉及哪些方面的知识和技术，哪些技术是关键(主要思考原理、结构和工艺)。

(4) 对于产品的发明和革新，当地现实的生产条件和技术水平是否适用。

(5) 确定近期的和长期的研究课题。

经过可行性分析，联想进一步深化，创新的对象逐渐明确。对不可行的发明和革新要果断摒弃，对可行而自己无力承担的课题要忍痛割爱。

(三)集体创新时二元坐标法的实施步骤

(1) 参加人员以 11 人左右为宜，大家坐成一圈，桌上备好统一的纸张。活动过程由指定的主持人负责。

(2) 各自列举联想元素，编制联想图，分析判断和摘取有意义的联想点。

(3) 依次互换联想图，用自己的认识和观点分析别人的联想图。将别人认为无意义或有疑问，而自己认为有意义的联想点直接摘取出来，但不要在别人的联想图上标记号。之后，依次轮换，直到循环一圈。

(4) 各自独立对有意义的联想点进行可行性分析，列出可行的联想点。此时环境应安静，不要喧哗。

(5) 主持人收集所有可行的联想方案。

(6) 由主持人逐项公布可行性联想，请原分析者(不一定是联想图的编制者)向大家说明分析理由，集体展开评议。

三、一对关联法

一般认为，所谓"设想"就是把不同性质的信息组合在一起，并加以综合的思维过程，而"一对关联法"就是直接把这种思维方式变成创新方法的产物。假如能够掌握该方法，就可以得到意料之外的创新设想。因为它是一种朴素的创新方法，所以使用时十分便利。日本创造学家高桥诚在《创造技法手册》中收录了这一创新方法。

简言之，一对关联法的要点在于，首先选择两个要素(人、物或自然现象)。任凭思路发展，对它们进行各种自由的联想。接着，依次把联想到的若干项目结合在一起，从中得出与设想有关的启示或获得茅塞顿开的效果。

一对关联法在软课题的领域，如广告设计和复制、开发销售渠道以及推销等方面，所能起到的作用更超过硬课题领域。在苦于得不到好的创新设想时，或是在某一想法萦绕脑际时，使用该创新方法，不仅可以对各种想法进行归纳整理，还可以使人意外地获得灵感。

下面以高桥诚所举的例子，来说明一对关联法的实施步骤：

大阪的储蓄促进会，决定以大阪市民为对象，进行关于储蓄的宣传，为此，可以假定把"大阪"和"储蓄"这两个要素联系起来进行设想。

首先针对"大阪"进行联想：①大城市；②商业城市；③有利就干；④丰臣秀吉；⑤万国博览；⑥港口；⑦绿色少；⑧相声……

然后，同样地对"储蓄"进行联想：①积蓄；②利息；③晚年生活；④积少成多；⑤良好习惯、美德；⑥信用卡……

如上所述，针对两个事物随意地进行想象，扩大联想的范围，并把它们写出来，然后并列地记录，如图 7-8 所示。

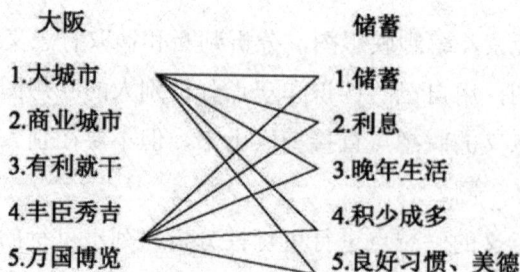

大阪	储蓄
1.大城市	1.储蓄
2.商业城市	2.利息
3.有利就干	3.晚年生活
4.丰臣秀吉	4.积少成多
5.万国博览	5.良好习惯、美德

图 7-8 一对联想法实例

在并列记录的同时，把两个项目结合起来，考虑是否可以得出创新设想。

考虑一下："大阪"中的第 3 项"有利就干"与"储蓄"中的第 5 项"良好习惯、美德"相结合，情况如何？是否能构成引人注意的宣传储蓄的短语呢？如："有利就干是一种值得珍视的美德。"

再考虑一下，"大阪"中的第 3 项"有利就干"与"'储蓄"中的第 3 项"晚年生活"相结合，情况如何？是否也能构成引人注意的宣传储蓄的短语呢？如："只有有利就干才能使你的生活衣食无忧。"

"大阪"中的第 4 项"丰臣秀吉"与"储蓄"中的第 4 项"积少成多"相结合，情况如何呢？"丰臣秀吉非常厌恶浪费行为。"

"因为他懂得，如果不积聚很多金钱，就将一事无成。"

"要勤俭持家就要尽力储蓄……"

这些行为是"积少成多"的具体表现。

按照这一要领把两个项目结合起来寻求创新设想，这就是一对关联法。

四、格子分析法

格子分析法是由茨维基创立的方法。格子分析法首先在横坐标轴和竖坐标轴上列出问题的主要变数，然后对所有可能的组合利用头脑风暴法进行思考，并对所提出的各种提案一一进行评价，最后从中找出解决方案。

下面以设计一个建筑物为例，分析格子分析法的步骤：

第一步，把各种材料和各种形式的建筑物分别列举在格子的横坐标轴和竖坐标轴上，如图 7-9 所示。

图 7-9　格子分析法实例

第二步，研究所有组合，例如，图中 J4 组合成"塑料装配式房屋"，并采用头脑风暴法提出与此有关的所有方案。

第三步，每格也都同样采用头脑风暴法提出所有方案。

第四步，对所提出的各种方案一一加以评价，找出最优解决方案。

五、列表法

列表法是事先将考虑到的所有事物或想法依次列举出来，然后任意选择两个组合起来从中获得独创性的事物或想法。

下面以一个办公用具生产厂采用列表法开发新产品为例作一说明：

首先，依次列举出办公室所使用的各种办公用具，并记上号码。

例如：①桌子；②椅子；③台灯；④书架；⑤书柜。

其次，首先把①号桌子和②号椅子拿出来，从新产品开发的角度进行自由想象。比如，考虑设计组合系统或带椅子的桌子并画出草图。

再次，再将①号桌子和③号台灯组合起来，考虑设计与桌子相称的台灯样式，或者考虑设计嵌入式台灯和可用控制按钮调节的台灯等，同样，也画出草图。

最后，全体人员对所提出的所有想法和草图进行评价，找出哪种设计具有进一步考虑的余地。

复习思考题

1. 什么是形态分析法，如何利用？

2. 什么是信息交合法，如何利用？

3. 如何利用焦点法进行创新，请举例说明。

案 例 讨 论

王村浩美与千姿百态的文具盒

日本有一家名叫普拉斯的经营文化用品的小企业，曾经一度面临倒闭的危险，老板号召全体员工共同想办法渡过难关，刚刚参加工作的年轻女职员王村浩美，对老板讲的话时刻铭记在心，很想为公司的生存和发展出一份力。王村浩美是门市部的营业员，负责销售常用的一些小文具。她在销售工作中发现，许多人来买文具，特别是在一个学期开学前的一段时间，家长带着学生或者学生们自己单独来买文具时，很少是只买一种的，大都是几种文具一起买；而且还常常会发生这样的现象：不少来买文具的人，一时记不全该买的各种文具，不是忘了这样就是忘了那样，只好一趟一趟地再来买。既费力费时，又平添烦恼。她一次又一次地想到这件事，头脑里便渐渐出现了把多种文具组合在一起来卖的想法。这样的念头在她的头脑里出现得越来越多，设想也就越来越具体而清晰：设计一种长方形的塑料盒，里面放进铅笔、圆珠笔、橡皮擦、小刀、圆规、三角板、直尺一类的文具；并且在盒子的外面印上色彩鲜艳和形象优美的图画，把它们一起同时向顾客出售。她把这个设想向公司提出后，老板感到这是一个很有价值、很值得一试的好主意，立即采纳了她的建议。

这一新产品投入市场后，大受顾客的欢迎。王村浩美提出生产"组合文具盒"这一设想，并没有什么复杂的构思和设计过程，她主要是在长时间亲身参与的实际工作中发现了问题，又经过反复酝酿思考而逐渐形成的，靠在头脑中突破了文具从来都是分别出售这一思维定式的束缚，通过一番组合想象，将一些现成的文具组合在一起，这样便有了"组合文具盒"的新设想。这一产品既是新颖的、前所未见的；又是简单、方便和廉价的。

尽管其售价比盒内各种文具的单价总和要高出一倍多，人们却还是乐意购买。上市的第一年，销售量即达300多万盒，普拉斯公司不仅度过了困境，而且获得了巨额利润，并成为世界闻名的大企业之一。最初的组合文具盒不免品种稀少、式样单调，现在风行于全世界的组合文具盒，早已是五花八门、千姿百态了。

(资料来源：辽宁省普通高等学校创新创业教育指导委员会. 创造性思维与创新方法[M].
北京：高等教育出版社，2013.)

讨论题：

根据以上内容，讨论王村浩美采用了什么创新方法，结果如何。

训练与活动

训练与活动1：组合训练

活动目标：学会运用各种类型的组合创新。

活动时间：30分钟。

活动步骤。

步骤一，分组活动第一次。

按课堂座位，就近6～8人为1组，推出1位同学做组长，1位同学做秘书，1位发言人。组长主持讨论，秘书记录。讨论内容如下：

(1) 畅谈几年来运用组合进行创新的事物(请不要对同学的发言做任何评价和判断，时间为 5 分钟)。

(2) 对畅谈中的例子进行甄别，删除不属于组合创新的例子。

步骤二，全班活动第一次。

(1) 由秘书代表本组，向全班同学汇报，共同分享各组的讨论成果。

(2) 把记录每项成果的关键词写在黑板上。

步骤三，分组活动第二次。

用刚才大会发言中各组所提及的事物(不超出刚才提及的事物的范围)，重新进行组合创新讨论，看哪个组创新点子多。然后回到原组，组长继续组织讨论，秘书记录。讨论内容如下：

(1) 用刚才各组汇报中所说的关键词，进行新的组合创新。可以异想天开，不考虑是否能做出来(不要对同学的发言做任何评价和判断，时间为 10 分钟)。

(2) 对畅谈中的创新进行讨论，推出最能代表本组创新的 3～5 个例子。

步骤四，全班活动第二次。

(1) 发言人代表本组向全班汇报本组最佳组合创新。

(2) 班长组织全班同学的"最佳创意汇报会"。

(3) 全班每位同学选取一项自己最感兴趣的最佳创意，填写创新方案登记表。

活动提示。

创造学研究者认为，创新的实质是信息的截取和处理后的再次结合。在组合创新实践中，把聚集的信息分离开，以新的方式进行组合，就会产生新的事物。组合是对事物的创造性综合，综合的结果是创新出新思想、新概念、新技术、新产品等。参与组合的事物，相辅相成，优势互补，共同发挥作用。组合后不仅是量的叠加，更是质的突变。

训练与活动 2：形态分析法初级训练

活动目标：学会形态分析法的形态分析，为应用形态分析法做好准备。

活动时间：20 分钟。

活动步骤。

步骤一，主持人宣布活动主题：一种新款椅子的设计形态分析。

步骤二，请同学们进行一种新款椅子的设计形态分析，并写下来。

步骤三，请同学汇报自己的形态分析结果。

步骤四，评选出"最佳形态分析"3 项，进行奖励。

活动提示。

主持人提醒同学，形态分析时态度必须认真，思考必须严谨，要按照形态分析法的步骤严格进行。进行分析时必须注意：①尽可能全面，不遗漏关键因素；②在功能上或逻辑上应相互独立；③数量适当，一般 3～7 个为宜。进行形态分析时，要运用发散思维，列出的形态越多越好，范围越广越好。假如在此次教学活动中，活动目标的实现并不理想，主持人可以继续选择其他活动主题，继续训练，务必让学生掌握好基本因素分析和形态分析两个步骤，这是实施好形态分析法的基本要求。

训练与活动 3：形态分析法实训

活动目标：学会形态分析法，应用于形态分析法进行创新实践活动。

活动时间：20 分钟。

活动步骤。

步骤一，主持人宣布活动主题：饮料包装容器的创新方案。要求所设计的饮料包装容器携带方便、外观透明、成本低廉等。

步骤二，请同学们进行饮料包装容器创新设计的形态分析，并写下来。

步骤三，请同学汇报自己的形态分析结果。

步骤四，评选出"最佳形态分析"3～5 项。

步骤五，请同学选取一项"最佳形态分析"进行改进。

步骤六，进行形态分析法的"形态组合"步骤。进行"评价选择最合理的具体方案"步骤。筛选出创新设计方案 3 种以上。

步骤七，汇报评选出"最佳创新设计"3～5 项。

步骤八，每人任选一项，进行进一步改进后，书写饮料包装容器的创新方案。

活动提示。

因为形态分析法具有全解性质，因而形态分析法的"形态组合"步骤常常比较烦琐。主持人可以先引导学生从简单的练习开始，熟悉后逐渐增加难度。在"评价选择最合理的具体方案"时，主持人要告知学生，注意要以创新主题的要求为主要参考，再以新颖性、实用性为准，筛选创新方案。

训练与活动 4：信息交合图训练

活动目标：学会信息交合法的画标线步骤和注标点步骤，为应用信息交合法进行创新实践活动打下基础。

活动时间：15 分钟。

活动步骤。

步骤一，主持人宣布活动主题：一种新的垃圾桶的设计方案。

步骤二，请同学们运用信息交合法确定中心画标线、注标点，并写下来。

步骤三，请同学在黑板上演示信息交合图汇报自己的成果。

步骤四，同学和主持人进行点评，个人根据大家的意见予以改进。

步骤五，评选出最佳成果 3 项，进行奖励。

活动提示。

画出信息交合图。信息交合图的坐标线和注标点看似容易，实际需要一定的基本素质。有的可能画出两根标线，有的画出两根以上标线，每根标线的信息标不一样，标注的信息点也不一样，这就需要主持人与学生一起分析，根据创新目标，看谁的成果最佳。若一次信息交合图的训练结果不满意，可以选取其他主题，继续训练，直至学生能画出比较满意的信息交合图为止。

训练与活动5：信息交合法实训

活动目标：学会信息交合法，应用信息交合法进行创新实践活动。

活动时间：25分钟。

活动步骤。

步骤一，主持人宣布活动主题：用信息交合法，提出一种新的垃圾桶的设计方案。

步骤二，请同学们按照信息交合法的实施步骤：确定中心。确定一个中心，即垃圾桶。画标线。标线3～5条。注标点。在信息标一上注明有关信息点8～10个。并写下来。

步骤三，请同学汇报自己的结果。评选出最佳成果 3～5 项，进行奖励。并将信息交合图画在黑板上。

步骤四，每人选取一最佳信息交合图，进行信息交合法的第四步"相交合"。然后请选出最佳垃圾桶设计方案1～3项。准备参与评选。

步骤五，汇报自己的垃圾桶创新方案。主持人组织全班同学评选"最佳垃圾桶设计方案"2～3 项。每人从中选取自己最喜欢的一项，进行改进后书写"新式垃圾桶创新方案"。

活动提示。

信息交合法的步骤四是相交合，考验学生的细心和耐心。主持人可以适当延长学生练习时间，以便取得显著效果。

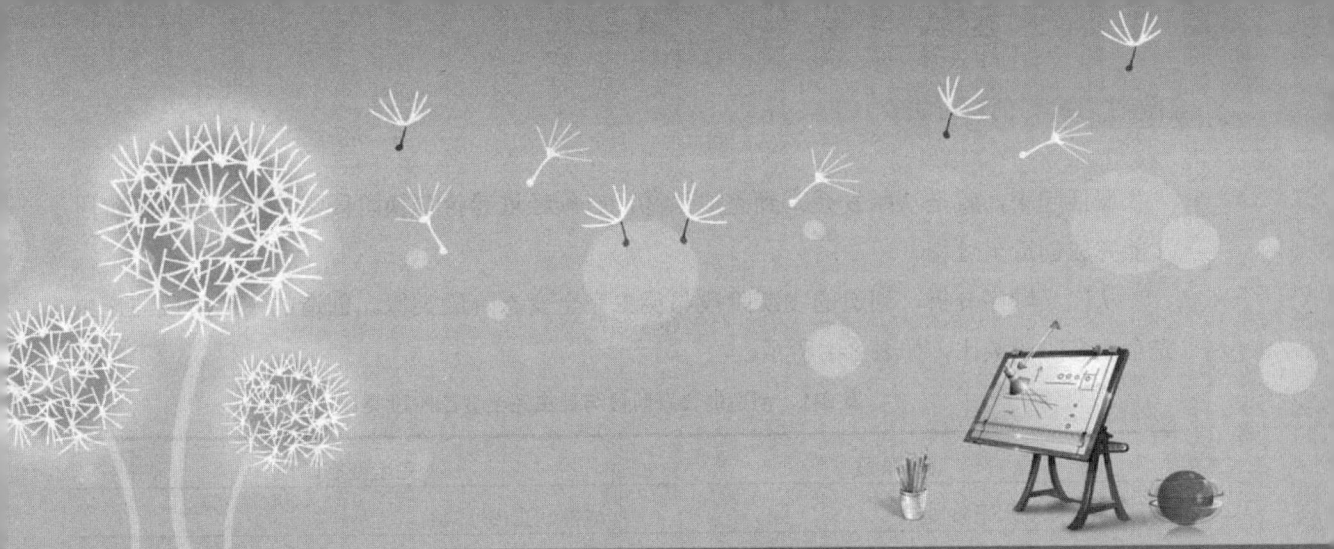

第八章　系统分析型创新方法

【学习目标】

● 了解各种系统分析型创新方法的起源、含义和特点。

● 掌握等价交换法的基本原理和实施流程，并能够运用等价交换法创造和开发新事物。

● 掌握物场分析法的基本原理和操作步骤，并能够运用物场分析法构建模型，开发新的技术体系。

● 掌握价值分析的基本原理和实施步骤，能够运用价值分析优化产品设计方案。

第一节　等价交换法

一、市川教授与等价交换法

1955 年，日本的市川龟久弥教授对蚕的变化发生了浓厚兴趣，在观察和思考蚕的进化过程中，逐渐悟出一种"等价变换原理"，后经日本创造学家的不断完善，逐渐发展成一种较为系统的创造技法。

市川选择昆虫个体的发育过程为模型，其特点非常突出。此过程是从不完全变态的昆虫慢慢进化到最后变成完全变态的昆虫。共分三个阶段：①幼虫阶段(从卵变化到能在外界生活的最初阶段，经摄食、蜕皮，从量上提高到虫体阶段)，又称"始发系"。②蛹阶段(停止摄食，外形休眠状态，里面已具备虫体全部构造，是促进从幼虫向成虫发展的质的变革阶段)，称为"变换再构成系"。③成虫阶段(由形成第一阶段没有的生殖机能、长翅等开始，形成与幼虫完全不同的成虫形态)，又称"完成系"。

概括起来，就是从始发系①到完成系③，必须经过等价变换阶段②，即质的飞跃阶段才能完成创造全过程。

从广义顺序分析，创造的飞跃阶段与昆虫完全变态阶段类似。创造的飞跃阶段与昆虫完全变态阶段类比，如表 8-1 所示。

表 8-1　创造的飞跃阶段与昆虫完全变态阶段类比

飞跃阶段	完全变态阶段
历史性前提低水平阶段	成熟幼虫(最终龄)
应抛弃的低阶段形态	应抛弃的幼虫要素
抽取的本质	幼虫、成虫的共同器官
促进飞跃的过程	蛹阶段
新的联系和秩序具有的特殊要素	可成为成虫的各种要素(器官等)
达到高水平的新秩序阶段	羽化为成虫阶段：蝶

二、等价交换法的基本原理

任何事物都不是从天而降的，都是从原事物中发展演变来的；它不是对原有事物的彻底否定，而是舍弃过时的、消极的东西，保留积极的、合理的内容，并将保留的内容赋予新的关系、新的秩序和新的形式。也就是说，新旧事物之间总是存在某种等价性(即相似性和共性)，如果寻找到这种等价的共性，并按照新的要求进行变化，便可实现创新。比如，从古代的动物油灯到煤油灯的发展可以看到，灯的形态、灯芯的形式、隔热装置的类型等都有所不同；低级的不断被抛弃，高级的不断增添，但它们却保留着共同特征——相同的道理，都有燃料油，都有以毛细作用为原理的灯芯和盛油装置。

等价交换法又称等值变换法，其理论基础是等值变换原理，它认为事物之间的等价性不仅表现在形状的相似、类别和属性的相同，而且存在着更广泛的原理等价。等值变换法是通过相互模拟、借鉴、产生联想来改变原来的对象而进行创造的方法。等值变换法同类比发明法一样，都是从已有的事物中，通过类比创造发明出新的产品。类比发明是通过异中求同、同中求异来产生新的设想。而等值变换法则是通过模拟、借鉴、产生联想来进行创造的一种方法。市川龟久弥把自然界的各种等值变换形式，归结为 3 种类型：

第一，自我成长型等值变换，即类似于蚕从幼虫变化为成虫的变换过程。如宇宙的演化过程、生物进化过程等；

第二，被加工型等值变换，即类似于从桑叶到蚕丝这一变换过程；

第三，综合型等值变换，即综合以上两种特点的一种等值变换。

综上所述，等值变换法的基本假设认为新旧事物之间存在着密切的关联性，新创造的事物与已有事物之间存在某种等价关系。等值变换法的关键在于寻找这种等价关系，通过等价变换抛弃原有事物的落后性或不适应新需要的部分，演变出先进的、更适应需要的新事物。其本质是在继承基础上的进化，在量变基础上的质变。等价变换法的技术路线如图 8-1 所示。

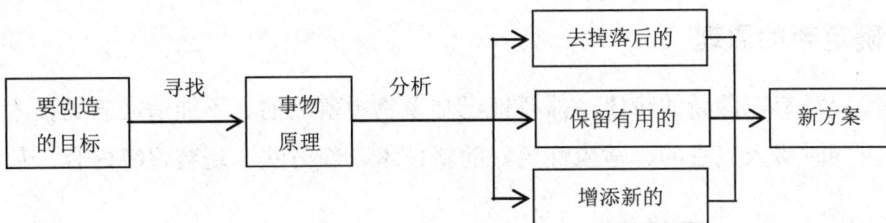

图 8-1 等价变换法的技术路线

三、等价交换法的操作步骤

(一)问题的提出

这是等价交换法的起始步骤，主要任务是将模糊的创意转化为明确的创造任务。可以借鉴其他创新技法来提出明确问题。

(二)设定技术要求

该步骤的主要任务是将抽象的创造任务具体化，对于同一任务可以提出有关功能或性能的多项技术要求，但需要最主要的技术要求作为等价变换中的给定目标。

(三)抽取等价因素

该步骤需要对所要解决的复杂事物进行简化，抽取出事物变化背后的本质规律，找出变化中的不变因素。通常，将事物所具有的功能或者职能作为等价因素进行比较，是实践中常见的做法。

(四)寻找等价事物集

可以利用发散思维，针对事物抽取的等价因素去寻找具有这种功能的所有技术手段与方法。本书前面所讲的许多创新技法均可以用来寻找等价事物集。

(五)选出已知事物原型

在第四步的基础上，再利用收敛思维，从等价事物集中筛选出已知的事物，要保证所选的事物具有新颖性、先进性和实用性。

(六)确定约束条件

我们所说的创新不是无约束地随意创造，必须坚持客观性和可行性。因此，等价交换法中确定约束条件便是保证可行性的重要手段。通常，确定这些约束条件就是要求人们进行定向思维，一般情况下，人们可以从技术、经济、环境等方面确定现实约束条件。

(七)确定新的原理

这个阶段是弃旧图新的阶段，需要把已知事物中落后的、不能适应新的技术要求的部分抛弃掉，同时引入先进的、适应性更好的新技术、新方法、新装置等内容，从而确定新的原理。

(八)技术方案设计

经过第七步，已经具备了新的原理和设想，只不过这个原理还是抽象的，需要通过一系列的设计工作，例如设计计算、结构设计、实验等，将抽象的原理和设想具体化，使创新活动更加具有现实操作性。

(九)检验方案

针对提出的设计方案，还需要以一定的评价标准进行衡量和考评。评价的具体方法可以有专家评议法和实验评议法。评议后的可行性方案便是等价交换法的最终成果；而不可行的方案也不一定完全舍弃，可以反馈到第四步或者第二步再进行新一轮的等价变换思考。

四、等价交换法的应用

(一)滚筒式打稻机的发明

在 1914 年以前，农村普遍使用的是梳子式打稻机，其效率很低。如何提高效率呢？当时，许多人都在思考这个问题。一天雨后，一位名叫岩田继清的日本人在田间小路上行走，无意中将伞尖碰到稻穗上，弹掉了一些稻粒，岩田受此启发想到了滚筒式打稻机的方案。

用等价变换法解释这一过程就是：雨伞尖是原型，"旋转打掉"是伞打掉稻粒的本质或原理，也就是等价因素；由此将伞把、伞布等无关事物抛弃，引进表面布满金属的滚筒及相应的脚踏旋转机构，便逐步形成滚筒打稻的方案。

(二)田熊常吉发明的田熊式锅炉

田熊式锅炉，是根据"血液循环"中动、静脉的分工以及心脏内防止血液逆流的瓣膜功能进行等值变换而发明的。他先画出一个锅炉模型，再画出一个人体血液循环的模型，将两者重叠起来，假设为新锅炉。

在整个发明过程中，田熊常吉只是将"血液循环"的动脉与静脉的分工以及心脏内防止血液逆流的瓣膜功能，联想到"水流与蒸气循环"。

他提出了一个新的设计方案：在 45 度倾斜的水管群上部设置汽包，下部安置水包，这样当水管群加热产生大量蒸汽时，蒸汽上升进入汽包，就能增加汽包的压力。随后，又设计了一个烟筒状的集水器，利用气压差将水吸入，通过降水管再进入水包。使锅炉的热效率提高了 10%。心脏相等于汽包，瓣膜相等于集水器，毛细血管相等于水包，动脉相等于降水管，静脉相等于水管群。这就是等值变换发明法。

(三)煤炭地下汽化研究

早在 1888 年，俄国著名的化学家门捷列夫就撰文写道："随着时间的推移，这样的时代可能要实现，即煤不必从地下开采出来，而是在地下把煤变成可燃气体，再用管子把它们输送分配到遥远的地方去。"我们无比敬佩门捷列夫的大胆想象，同时也深感这位科学家在产生这一想象时，是那样高超地进行着等价变换思考。

目前，各国科技工作者都在进行煤炭地下汽化研究。煤能提供热能，这是众所周知的本质因素，至于通过什么形式获取热能，则是可变的因素。直接烧煤供热，是落后的原始办法；经汽化加工成管道煤气，自然进化了一步。然而，这比起煤炭地下汽化的设想来说，又显得"封建"。煤炭地下汽化，将建井、采煤、汽化三大工艺合而为一，将物理的采煤方法转变为化学采煤方法，抛弃庞大、笨重的采煤设备与地面汽化设备，将建井规模大幅度减小，可以使其具有安全性良好、投资少、效率高、成本低、见效快、污染少等优点。

同时，煤炭地下技术被公认为是对千米以下深部煤层和常规方法不能开采的煤层最有效的开采方法之一。地下汽化的产品不仅可以直接作为工业和民用燃料，而且还可以用来发电，做化工原料。

正是由于煤炭地下汽化的种种优点，这项技术现在越来越受到世界各国的重视。煤炭地下汽化是人类的一个伟大梦想。

第二节　物场分析法

一、物场分析法的基本原理

物场分析法是苏联学者 P. C. 阿利赫舒列尔(Altshuller)首创的一种创造技法，是指通过分析技术系统内部构成要素间相互关系、相互作用而导致技术创造的一种方法。阿奇舒勒分析研究了近百万件专利，于 1979 年发表了名为《创造是一门精密的科学》的专著，论述了物场分析法原理。物场分析法是使用符号表达技术系统变换的建模技术，以解决问题中的各种矛盾为中心，通过建立系统内问题的模型，正确描述系统内的问题。

该方法的优点在于：传统设计方法中是用文字对问题进行描述，由于人的知识背景不同，对文字有不同的理解。实验证明很少有两个人对同一段文字有相同的认识。由于文字不能清楚地表达需要描述的问题，因此不能正确地分析和理解问题。实验发现，用图形描述问题引起的歧义相对少一些。物场分析法中的物场语言就是一种用图形表达问题的符号语言，它可以清楚地描述问题。

(一)物场的基本概念和类型

"物场"是这种技法的基本概念。"物场"虽然是"物质"与"场"两个词的新组合，但并不是狭义的"物质场所"的意思。"物场"一词，在物场分析法中具有特定的含义。所谓物场，是指物质与物质之间相互作用与互相影响的一种联系。物质是指某种物品或实体，与结构、功能、形状、材料等各种复杂性质无关的物体，可以表达从简单的物体到复杂的技术系统，大到卫星，小到螺丝钉，视问题的需要都可以认为是一个物质。所谓场是物体之间相互作用、控制所必需的能量类型。它不仅包括物理学所定义的场(如电场、引力场等物质形式的场)，而且还包括泛指一个空间的场(技术场)，如温度场、机械场、声场，等等。所谓相互联系是指物质和场之间的相互作用，即系统实现的功能。

比如，电铃的响声给了人一种信号，其中"电铃"，"人"属于"物质"的概念，那么"场"又是指什么呢？只要分析一下电铃的响声为什么会传到人的耳里，就会知道"空气的振动"是其中的原因，如果是在真空中，人是听不到电铃的声音的。即是说，在"电"与"人"之间存在着一个"声场"。事实上，世界上的物体本身是不能实现某种作用的，只有同某种"场"发生联系后才会产生对另一物体的作用或承受相应的反作用。

任何物场都可以分为三种类型。

1. 完全物场体系

即满足物场三要素要求的物场体系，它是一种能实现物质之间相互作用和影响的完整技术体系。

2. 不完全物场体系

即不能满足物场三要素的要求，或只知两物，或知一物一场，这是有待补建的技术体系。

3. 非物场体系

如果只给出一种物质或者场、则属非物场体系。显然，它不存在具体的相互作用与影响，不发生任何技术功能作用。

(二)物场分析法中的基本模型

物场分析法的基本内容就是在判别物场类型的前提下进行创造性思考，或对非物场体系或不完全物场体系进行补建，或对完全物场体系中的要素进行变换以发展物场。无论补建还是变换，其最终目的都是使物场三要素之间的相互作用更为有效，功能更加完整和可靠。

物场分析法旨在用符号语言清楚地描述系统(子系统)的功能，它能正确地描述系统的构成要素以及构成要素之间的相互联系。

(1) 所有的功能都可分解为三个基本元素(即两个物质、一个场)；

(2) 只有三个基本元素以合适的方式组合，才能完成一个动作，实现一种功能。

物场的基本模型如图 8-2 所示。

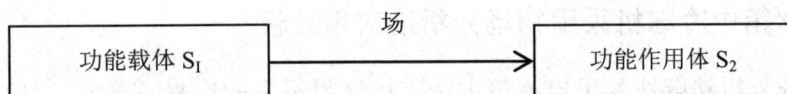

图 8-2　物场的基本模型

功能作用体又称被动物体，是希望发生变化的物体。功能载体又称主动物体，是对功能作用体施与动作的物体，它使功能作用体发生希望改变的作用。而场是能使这种作用发生的关键因素。由于场的作用才能使功能载体按照预定的形式改变功能作用体。

二、物场分析的操作步骤

(一)课题分析

分析创造课题的出发点与期望达到的目的。例如，搞清课题属何技术领域，已知什么，未知什么，限制条件有哪些，等等。

(二)分析物场类型

按照物场的三要素要求，判断创造课题已知条件能构成哪种类型的物场体系。

(三)进行物场改造思考

对非物场体系或不完全物场体系，应补建成完全物场体系；补建成完全的物场体系，其措施是引进作为完全物场体系所不可缺少的元素，而这种引进的元素应当是发生相互作用的，而不是无关的元素。有时，会有这样的情况，当已知条件给定了两种物质，需要引进一个场。这时虽然符合构成物场三要素的要求，但无法实现它们的相互作用。这时，还应引进使它们发生相互作用的物质，而这物质应当是与给定的两个物质之一相混合，而且又"不想"与之分离，则可以以复合体来代替。

对完全物场体系进行要素置换。物场功效的大小与要素的性质相关。对于已成完全物场的技术体系，可以考虑用更有效的场(如电磁场)来取代另一类场(如机械场)，或用更有效的物质来置换效能较差的场。

(四)形成新的技术体系形态

对确定的新物场体系进行技术性构思，使之成为具有技术形态的新技术体系。

三、物场分析法的应用

(一)电冰箱中冷冻机采用物场分析法应用分析

运用物场分析法解决家用电冰箱中冷冻机密封不良的检测问题时，可以按以下方法进行。

1. 课题分析

家用电冰箱的冷冻机中装有氟利昂和润滑油，如果密封不良，氟利昂和润滑油都会外漏。因此，检测密封不良的问题实际上就是判断是否有工作介质或润滑油外漏。

2. 物场分析

根据物场形式进行分析，此课题中哪些东西可以视为物与场。了解传统的检漏方式是人工观察，在这种技术体系中，"润滑油""氟利昂"是物质，但相互作用的物质与场没有构成完整的物场，因此传统检漏方式是一种原始的非物场体系。

因此，本课题运用物场分析法，主要是将非物场体系补建成非人工检测泄漏的完全物场体系。

3. 完全物场体系的建立

根据物场三要素的条件，思考方向应集中在寻找与润滑油泄漏有作用关系的物质及其联系作用的技术场。经搜集有关机械故障检测方向的信息，决定建立起图 8-3 所示的完全物场体系。

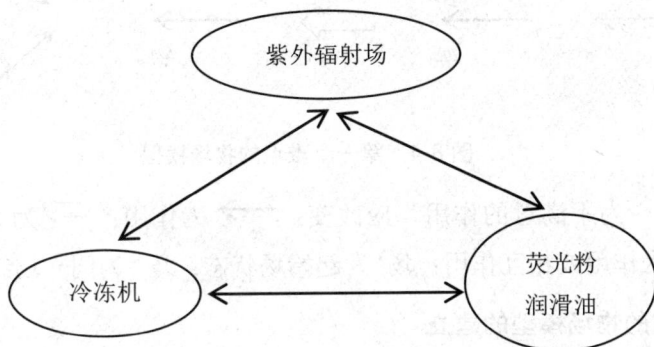

图 8-3　冷冻机检漏物场体系

在图 8-3 的物场体系中，引进了荧光粉这一物质和紫外辐射这一物理场。其技术体系的工作原理是：将掺有荧光粉的润滑油注入冷冻机，在暗室里用紫外光照射冷冻机，根据通过密封不严处渗漏出的润滑油中荧光粉发出的光，来确定渗漏部位。

根据上述原理可以开发设计冷冻机渗漏自动检测装置。

(二)物场分析法在平面构成创新设计中的应用

在平面构成创新设计的大量实践中，设计师经常面临两个难点：一是从基本元素或给定的原图和需要的效果图，寻找合适的变换；二是根据现有的变换，设计新的特殊变化，获得新的特殊效果。同时在研究物场分析法时发现，物场分析法的最大特征是能够确定功能要求与作用原理及物理载体的内在联系，以及不同作用原理或物理载体的可替代关系。使设计师可根据功能要求找到适当的作用原理及物理载体。针对出现的这两个问题，根据物场分析法的特点，分别给这两个难点建立相应的物场模型，分析各自物场模型存在的问题，这样可以凸显其主要矛盾，最终实现创新设计的目的。

1. 第一个难点的物场模型的建立

(1) 问题的分析。此难点具有如下特征：组成物场的最小技术体系中只存在两个物理载体，即给定的原图(物①)和需要的效果图(物②)，而缺少它们间相互作用、联系和影响的元素(场)。该物场体系属于非物场体系(或不完全物场体系)。

(2) 解决方案。根据物场的基本原理，如果组成物场的最小技术体系的三要素没有同时存在，系统不能正常工作。为了使系统正常工作，通常采用的方案为：分析系统物场模型所缺少的元素，构造完整的物场模型。注意：补充的元素必须能使完整的物场体系相互作用。

(3) 物场模型。

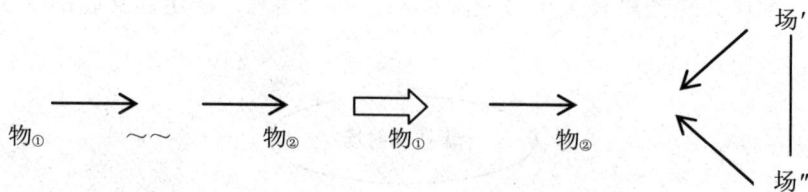

图 8-4　第一个难点的物场模型

语言说明：～～为不满意的作用，应改变；$\longrightarrow$ 为作用；$\Longrightarrow$ 为表示从"给定"到"得到"；$\underline{\qquad}$为作用或相互作用；场′为起始场状态；场″为同一场终端处状态。

2. 第二个难点的物场模型的建立

(1) 问题的分析。此难点具有如下特征：此类型可以建立一个完整的物场体系，但是尽管组成该物场最小技术体系的三要素同时存在，却存在着组成物场体系的两个物理载体相互不作用的现象(或作用很差以及这种作用原理是不希望得到的)。因而，必须改善整个物场模型，从而按照预定的形式实现系统的功能。该物场体系属于待发展的完全物场体系。

(2) 解决方案。物场模型的改善可以从两个方面出发。第一，改善物理载体。其包括：改善物理载体的结构(点、线、面和体等各种形式之间的相互转化)；由多个物理载体组合在一起完成作用(基本形的构成方式的变化)；用其他物质代替物理载体。第二，改善作用原理。其包括：引入场来改善作用原理；在两个物理载体之间加入新物质，来改善作用；改变作用的方向，物场作用于被动物理载体(物②)会比作用于主动物理载体(物①)更有效。

(3) 物场模型。

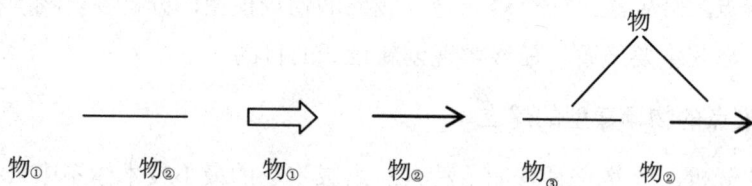

图 8-5　第二个难点的物场模型

3. 设计程序

为了帮助设计师在创新设计时有规律可循并按一定的程序工作，获得正确的答案，避免走弯路。经过整理、分析，总结出利用物场分析法进行平面构成创新设计的一份程序模块清单，共4个模块。

模块一：建立创新设计课题的初期物场模型。主要任务：a.分析课题的水平层次，确定矛盾元素；b.以矛盾元素为立足点，确定物理载体(物$_①$、物$_②$)，模块一指定场；c.建立物场初期模型。

模块二：物场模型的分析。主要任务：a.对物场初期模型进行归类；b.针对分类后物场模型的各自特点，确定初步的解决方案；c.在模型中，选出易改变、替代的元素以及确定相互作用；d.写出最终理想结果的标准模型。

模块三：矛盾的消除。主要任务：a.对选出的元素做变换，即将矛盾的性质在存在方式上分开。对此可以采用两种措施将其分开：一是利用矛盾交替存在的边缘状态加以分开(主要是指引入场来改善相互作用)；二是利用结构改造而分开(主要指通过对物理载体和作用的改善，来达到解决矛盾的途径)；b.利用消除技术矛盾的基本措施求解；c.最后给出解决方法和效果图。

模块四：评估结果。主要任务：a.评估所得的结果是否能够实现最终理想，能否达到主要要求；b.由于创新设计的结果可能有很多个，还要对达到要求的结果进行优选；c.总结所得创新构思在技术研究上可能有哪些突破和再生课题，从而为下次创新进行经验积累。

第三节　价值分析法

一、价值分析法的基本原理

价值分析法 20 世纪 40 年代起源于美国，麦尔斯(L. D. Miles)是价值分析法的创始人。1961 年美国价值工程协会成立时，他当选为该协会第一任会长。在二战之后，由于原材料供应短缺，采购工作常常碰到难题。经过实际工作中孜孜不倦的探索，麦尔斯发现有一些相对不太短缺的材料可以很好地替代短缺材料的功能。后来，麦尔斯逐渐总结出一套解决采购问题的行之有效的方法，并且把这种方法的思想及应用推广到其他领域，例如，将技术与经济价值结合起来研究生产和管理的其他问题，这就是早期的价值工程。1955 年这一方法传入日本后与全面质量管理相结合，得到进一步发扬光大，成为一套更加成熟的价值分析方法。麦尔斯发表的专著《价值分析的方法》使价值工程很快在世界范围内产生了巨大影响。

价值分析法是建立在价值分析或价值工程技术上的一种创新技法。它以降低成本为主要目的，通过定量化研究的技术和方法，系统地分析研究人力、财力和资源的合理运用，以提供物美价廉、能够满足用户要求的产品。进行一项价值分析，首先需要选定价值工程的对象。一般说来，价值工程的对象必须考虑社会生产经营的需要以及对象价值本身有被提高的潜力。例如，选择占成本比例大的原材料部分，如果能够通过价值分析降低费用，提高价值，那么这次价值分析对降低产品总成本的影响也会很大。当我们面临一个紧迫的问题，例如生产经营中的产品功能、原材料成本都需要改进时，研究者一般会采取经验分析法、ABC 分析法以及百分比分析法。选定分析对象后需要收集对象的相关情报，包括用户需求、销售市场、科技技术进步状况、经济分析以及本企业的实际能力等。价值分析中能够确定的方案的多少以及实施成果的大小与情报的准确程度、及时程度、全面程度紧密相关。有了较为全面的情报之后就可以进入价值工程的核心阶段——功能分析。在这一阶段要进行功能的定义、分类、整理、评价等步骤。经过分析和评价，分析人员可以提出多种方案，从中筛选出最优方案加以实施。在决定实施方案后应该制订具体的实施计划、提出工作的内容、进度、质量、标准、责任等方面的内容，确保方案的实施质量。为了掌握价值工程实施的成果，还要组织成果评价。成果的鉴定一般以实施的经济效益、社会效益为主。作为一项技术经济的分析方法，价值分析法做到了将技术与经济紧密结合，此外，价值分析法的独到之处还在于它注重提高产品的价值、注重研制阶段开展工作，并且将功能分析作为自己独特的分析方法。

开展价值分析的总目标是提高产品的价值，也就是提高产品的功能与成本比值。可以用下面的公式来表示：

$$价值(V)=功能(F)/总成本(C)$$

(1) $F/C{\downarrow}=V{\uparrow}$：在保持产品功能不变的前提下，着眼于降低成本；

(2) $F{\uparrow}/C=V{\uparrow}$：在不增加成本的前提下，提高产品的功能质量；

(3) $F{\downarrow}/C{\downarrow}{\downarrow}=V{\uparrow}$：去掉多余功能或者使功能稍有降低，而使成本大幅度降低，仍能满足需要；

(4) $F{\uparrow}{\uparrow}/C{\uparrow}=V{\uparrow}$：使成本略有提高，但功能大幅度提高；

(5) $F{\uparrow}/C{\downarrow}=V{\uparrow}$：产品的功能增加，而成本下降，这种情形是价值分析追求的最高目标。

价值分析虽然起源于材料和代用品的研究，但这一原理很快就扩散到各个领域，有广泛的应用范围，大体可应用在两大方面。

(1) 在工程建设和生产发展方面。大到可应用到对一项工程建设，或者一项成套技术项目的分析，小到可以应用于企业生产的每一件产品，每一部件或每一台设备，在原材料采购方面也可应用此法进行分析。具体做法有：工程价值分析、产品价值分析、技术价值分析、设备价值分析、原材料价值分析、工艺价值分析、零件价值分析和工序价值分析等。

(2) 在组织经营管理方面。价值分析不仅是一种提高工程和产品价值的技术方法，而且是一项指导决策，有效管理的科学方法，体现了现代经营的思想。在工程施工和产品生产中的经营管理也可采用这种科学管理方法。例如：对经营品种价值分析、施工方案的价值分析、质量价值分析、产品价值分析、管理方法价值分析、作业组织价值分析等。

在实践过程中，当我们将价值工程的概念应用于人力资源领域时，人自然而然地成为价值研究的对象。我们可以将人的功能加以分析，然后与具体工作岗位的要求相对应，应用价值系数评价来确定人员价值和群体价值，然后确定实施方案或者对实际方案进行改进，从而达到提高组织人员绩效的目的。

二、价值分析的实施步骤

(一)价值分析对象的选择

如前所述，价值分析的目的是提高产品的设计价值，因此，价值分析的对象就是待开发的新产品的设计方案，即新产品的价值分析就是对各种初步拟订的设计方案进行技术经济优化。

一般情况下，对于一个较为复杂的产品来说，都有多个零部件，将每个零部件都作为价值分析的具体对象，是没有现实意义的，在操作中也是难以实现的。为了减轻工作量以提高设计效率，需要确定重点分析改进的零部件对象范围。通常，选择的原则如下：

(1) 造价高的零部件；

(2) 结构复杂的零部件；

(3) 体积重量大的零部件。

具体方法则有成本比重法(ABC 分析法)、强制确定法等。

(1) 成本比重法(ABC 分析法)。在运用 ABC 分析法时，首先将产品的零件成本组成进行逐个分析，将每个零部件占总成本百分比从高到低排出一个顺序；其次，进行分类，少数零部件占多数成本比重的为 A 类，零部件成本比重占 20%左右的为 B 类，多数零部件占少数成本比重的为 C 类。其中，A 类零部件为分析的重点。一般情况下，ABC 类零部件的划分方法如表 8-2 所示。

表 8-2　零部件 ABC 分类标准

零部件类别	零部件数量比率	成本比率
A	10%～20%	70%～80%
B	20%左右	20%左右
C	70%～80%	10%～20%

一个产品中，如果零件非常多，凭借一般观察难以把 A、B、C 三类零件区分清楚。因此，常常需要列出零件成本分析计算表。例如，一个产品有 7 个零件，用 ABC 分析法进行分析，可按下面步骤进行。

第一步，按各零部件估算成本的高低从大到小排序，并列表(如表 8-3 所示)；

第二步，由表 8-3，自上而下地选择数量累计比率在 10%～20%，而成本比率在 70%～80%的划分为 A 类零件；

第三步，同理，自下而上地选择数量累计比率在 70%～80%，而成本比率在 10%～20%的划分为 C 类零件；

第四步，把处于 A 类和 C 类之间的零件化为 B 类。

表 8-3　零部件成本分析计算

零件代号	件数	累计件数	数量比率/%	零件成本/元	累计成本/元	成本比率/元
a	1	1	14.3	540	540	55.8
b	1	2	14.3	325	865	33.6
c	1	3	14.3	30	895	3.1
d	1	4	14.3	27	922	2.8
e	1	5	14.3	25	947	2.7
f	1	6	14.3	15	962	1.6
g	1	7	14.3	5	967	0.5

由零部件分析计算表可以得到如表 8-4 所示的 ABC 分类表，从而可以确定价值分析的重点。

表 8-4　零件 ABC 分类表

零件类别	零件名称	零部件数量比率	成本比率
A	a	14.3%	55.8%
B	b	14.3%	33.6%
C	c、d、e、f、g	71.4%	10.6%
合计		100%	100%

(2) 强制确定法。强制确定法就是将产品的零部件列表排列起来，逐个相互比较，相对重要的零件得 1 分，相对次要的零件得 0 分，并计算每个零件的累计得分，然后计算功能评价系数(即每个零件的累计得分/全部零件的总得分)，以表示每个零件的重要程度，如表 8-5 所示。

表 8-5　功能评价表

零件	A	B	C	D	E	F	零件累计得分	功能评价系数/%
A	—	0	1	0	1	1	3	20
B	1	—	1	0	1	1	4	26.7
C	0	0	—	0	1	1	2	13.3
D	1	1	1	—	1	1	5	33.3
E	0	0	0	0	—	1	1	6.7
F	0	0	0	0	0	—	0	0
合计							15	100

根据估算的每个零件成本，计算出成本系数(即单件成本/总成本)，最后求出价值系数(即功能评价系数/成本系数)，如表 8-6 所示。

表 8-6　价值系数表

零件	功能评价系数/%	估算成本/元	成本系数/%	价值系数/%
A	20	342	16.6	1.20
B	26.7	825	40	0.67
C	13.3	612	29.7	0.45
D	33.3	165	8	4.16
E	6.7	103	5	1.34
F	0	13	0.6	0
合计	100	2060	100	

价值系数计算结果无外乎三种可能：

(1) 价值系数等于 1：说明零件的重要程度与成本是相适应的，其结构设计、材料选择、加工方法是合理的，这是追求的目标；

(2) 价值系数大于 1：说明零件的成本比重偏低，可以考虑适当提高成本，使实际功能有所提高，从而提高产品质量；

(3) 价值系数小于 1：说明零件的成本比重偏高，应设法降低成本，它是价值分析的重点。

(二)功能分析

功能分析是价值分析的核心内容，是对价值分析研究对象的功能进行系统分析，科学地评价其重要性，通过功能与成本匹配关系定量计算对象价值大小，确定改进对象的过程。

通常，功能分析的作用可以表现在以下五个方面：

(1) 经过功能分析，常常可以发现完全可以省掉的不必要的零部件，例如，对某些电气用品和无线电、仪器等产品的零部件进行功能分析时，有时发现有 110～220V 的转换装置。这些产品如果不外销，则这些装置在国内已无功能可用，因为我国早已没有用 110V 输电的地区了。

(2) 经过功能分析，常常可以找到可替代的更便宜的材料制造某些零部件，甚至整个产品，如以塑代钢，生产塑料机械零件，既便宜又耐酸、防锈。用别的材料代替，必须经过功能分析，不然就不知道能否代替得了。

(3) 经过功能分析，常常可以改造原有的设计。例如矿工用的矿灯，当了解到它的功能是下矿井时随身带着去照明工作面的时候，就会想到光亮度要高、重量要轻，这样就能指导设计，提高灯的亮度并使其向轻型、小型发展。

(4) 经过功能分析，常常可以启发工艺的改造思路。例如，当了解到某一部件可不计较外观的时候，有些地方就不必要求加工得很精细，表面粗糙度值可大一些，这样就可以省掉几道加工工序。

(5) 经过功能分析，还常常可以发现某些零部件的制造公差要求太高。例如，某一机件的功能是为玩具配套用的，它的制造公差当然就可以低一些。

1. 功能定义

确定每个零部件的各种功能，使设计者从具体的技术形态中解脱出来，集中精力思考满足功能要求的其他更好办法，为方案的改进提供依据。

2. 功能整理

鉴别功能的必要性和有无功能过剩或不足的现象，为排除重复功能或过剩功能打基础。

3. 功能评价

用一定的技术方法定量表示功能的重要程度，对实现功能要求的成本进行核算，确定价值分析的重点对象、降低成本的期望值。

功能评价的一般步骤如下。

(1) 估算零件的现实成本。

(2) 把零件的现实成本分摊到它的各项功能上去。

(3) 找出完成功能的必要费用，指出当时社会上实现该功能应支付的最高费用。

(4) 计算功能价值，即将各个功能的必要费用除以现实成本，通常现实成本总高于必要费用，二者之差就是该功能的成本降低幅度，也就是期望值。

4. 技术方面的考虑

(1) 这个零件有什么作用？

(2) 各个功能是否必要，有无过剩功能？

(3) 是否有更简便的方法来实现该功能？

(4) 能否采用标准化零件？

5. 经济方面的分析

(1) 各个零件的价值是否同它的成本成相应的比例？

(2) 能否用成本更低的材料来代替？

(3) 能否采用新的工艺方法？

(三)方法的改进与评价

功能分析只提出了改进产品设计的方向和可能性，并没有给出具体的改进办法。为了提高产品价值，就应提出比原来方案更好的新方案并予以实施。实施时应围绕以下三个问题进行。

(1) 有无其他办法实现此功能？以进一步开阔思路。

(2) 它的成本如何？需要进行经济性评价，即实现经济优化。

(3) 新的改进方案确实能满足规定的功能要求吗？需要进行技术评价，即实现技术优化。

经过方案改进后，必须对新的方案进行比较和评价。同时对两个方案进行比较，如果两个方案功能相同，应比较各方案的成本；如果成本相同，应比较各方案的功能；如果功能和成本都不同，用定量评价方法进行评估。

三、价值分析法的应用：价值工程在优化设计方案中的应用

(一)价值分析对象的选择

长期以来，我国忽略工程建设项目前期阶段的造价控制，而是把重点放在施工阶段。有资料显示，在前期设计阶段可节约工程造价的 30%左右。而施工阶段节约投资为15%。价值分析作为一种新的思想、方法，在工程建设领域中控制投资支出，有效使用建设资金，使资金与使用功能达到优化合理的组合，显示出巨大作用。

(二)功能分析

1. 功能定义

工程建设项目作为一种特殊产品，同样适用价值分析法。以沿海某粮食泊位工程为例

进行分析。

该工程的功能定义为散粮泊位运输。结合散货船的大型化发展趋势及货主的急迫要求，确定以 5 万吨级散粮货船为设计船型。因此，其功能是 5 万吨级散粮泊位。

2. 功能分析

根据泊位的组成从功能入手，泊位的组成与作用如下：

疏浚及挖泥工程 A：航道疏浚、泊位挖泥。提供船舶行船的空间，保证乘潮顺利通行；

主体工程 B：方块预制安装、胸墙现浇，堆场面层，符合设计规范，达到设计使用要求；

大型土石方工程 C：场地回填，提供装卸、库场布置场地，便于生产与生活设施布置；

护岸工程 D：护岸抛石，倒滤层；

其他设施 E：包括服务、供水电、机修、环保等生产生活辅助设施，提供正常生产的辅助设施。

3. 功能整理与分析

把各个功能之间的相互关系加以系统化，并按照一定逻辑排列组成一个体系。经过功能分析，该工程分为基本功能和辅助功能。

基本功能：

(1) 保证年吞吐量 90 万吨；

(2) 保证 5 万吨级船安全正常作业。

辅助功能：

(1) 通信、排水、采暖通风、供热、环保等系统适当；

(2) 结合规划，预留发展空间。

4. 功能评价

该工程各功能参数如表 8-7 所示。

表 8-7　工程价值分析表

序号	功能项目	功能分析 A_i	功能评价系数 $V_i=A_i/\sum A_i$	目标成本 C_i	成本系数 $C''_i=C_i/\sum C_i$	价值系数 $F_i=V_i/\sum C_i$	目标成本分析后 $C''_i=V_i\times4687$	成本降低 $C_i-C''_i$
1	A	30	0.25	1200	0.243	1.03	1172	28
2	B	50	0.42	2652	0.539	0.779	1969	683
3	C	10	0.08	210	0.043	1.86	375	−165

续表

序号	功能项目	功能分析 A_i	功能评价系数 $V_i=A_i/\sum A_i$	目标成本 C_i	成本系数 $C''_i=C_i/\sum C_i$	价值系数 $F_i=V_i/\sum C_i$	目标成本分析后 $C''_i=V_i\times4687$	成本降低 $C_i-C''_i$
4	D	5	0.04	34	0.007	5.87	187	−153
5	E	25	0.21	826	0.168	1.25	984	−158
合计		120	1.00	4922	1.00		4687	235

以工程材料为对象开展价值分析活动。根据建设、设计及施工单位人员对各功能的关注程度不同，并考虑不同的权重系数，采用加权评分法。得出功能评分及评价系数。根据估计，主体建筑工程目标成本可控制在 4687 万元，根据各工程的目标成本应用价值工程分析成本可能降低的幅度。

(三)应用价值分析优化设计方案

按照安全第一，技术先进，顾及发展，并结合当地的整体规划布局原则，设计提出了两个方案进行比选，并对优选的重力式方块方案的两个总平面布置又进行了优选。

1. 从以下三个方面进行优化分析

(1) 运用价值分析既提高了各设施的功能，又降低了项目投资。根据该工程的使用要求、建材、施工条件等，泊位的结构形式选用重力式结构，并提出方案Ⅰ：方块重力式结构；方案Ⅱ：钢筋混凝土沉箱结构。经过经济技术比较，选择能充分利用当地建材，施工工艺方便简单，且投资明显少的方案Ⅰ，即重力式方块方案。

(2) 运用价值分析在主要功能不变，次要功能略有下降的情况下，使项目投资降低。对初步设计进行修改时，总平面布置 2 在平面布置 1 的基础上，再护岸减少 158 米，装卸机械核减门机一台，为建设单位节省投资 90 余万元，取得了良好的经济效益。

(3) 运用价值分析在项目投资略有上升的情况下，使功能大幅度提高。该工程初步设计时，总平面布置 1：沿原码头通用泊位前沿线逆时针旋转 80 度为该泊位的规划岸线方向；平面布置 2：前沿线向海侧偏移 5 度，陆域面积稍大，工程回填量增加，疏浚量减少，总体增加投资仅 16 万元，但可使港区布局具有较好的整体性。另考虑该港一体化建设，为后期铁路进港创造了条件，同时结合该区现况及将来发展空间，在落实该市相关规划的条件下，选择平面布置 2 作为推荐方案。该方案在评审时，得到专家的广泛认可。

2. 经济评价

当一个项目的多个方案组合技术条件相似，功能基本相同等满足可比性的条件下，应通过财务评价指标(税后)进行项目评估。

表 8-8　方案的经济评价

序　号	项　目	单　位	平面布置 1	平面布置 2(推荐方案)
1	工程投资概算	万元	132576	13197.1
2	总成本费用	万元	18298.7	18037.4
3	财务净现值	万元	3982.3	4192.41
4	内部收益率	%	12.29	15.3

复习思考题

1. 形态分析法有何特点？其操作流程是怎样的？

2. 等价交换法的基本原理是什么？怎样运用等价交换法开发新的技术方案？

3. 何为物场，常见的物场有哪几种类型？

4. 怎样运用物场分析法开发新的技术体系？

5. 在运用价值分析法时，分析对象通常如何选择和确定？

6. 价值分析法的操作步骤是怎样的？如何运用价值分析法优化产品设计方案？

案 例 讨 论

运用形态分析法探索解决交通拥堵问题的方案

某城市为解决交通拥堵问题，尝试运用形态分析法进行方案设计，以下是操作步骤和分析。

1. 因素分析

造成交通拥堵的原因有很多，有城市交通基础设施建设不完善；城市规划和土地利用不合理；路网规划不完善；城市公共客运发展滞后；小汽车增长速度过快；停车场容量不足等。

2. 形态分析

对应分功能因素的形态，是实现这些功能的各种技术手段或方法。针对上述原因有不同的解决方案，形态学矩阵如表 8-9 所示。

表 8-9　解决交通拥堵问题形态学矩阵

因素	形态(功能解)				
(分功能)	1	2	3	4	5
A 交通道路规划	A1 旧道路拓宽或改造	A2 发展 BRT	A3 发展地铁	A4 建立交桥、人行天桥	A5 设置潮汐车道

因素	形态(功能解)				
(分功能)	1	2	3	4	5
B 控制车总量	B1 拥堵路段禁骑电动车、摩托车	B2 小车限购	B3 小车牌号为单、双号的车辆隔天分别出行	B4 增加公交车数量	
C 控制措施	C1 信号灯合理分配时间	C2 交警维护交通，严惩加塞	C3 加快停车场建设		

3. 方案综合

利用形态学矩阵，理论上可组合出 N=5×4×3=60 种方案。在实际生活中，这些方案往往要综合使用、相辅相成，同时根据现有条件各方案也要有所侧重。

4. 方案评选

方案 1：A1-B1-C1

是最原始的方案，基本上每个城市都在实施，理由为：成本低、见效快，实施容易。

方案 2：A1-B1-C2

方案做得还不够，很多时候交通堵塞是由于太多人加塞了，应该对加塞车辆加大处罚力度，使车辆有序运行，这样才能更好地避免交通拥堵。

方案 3：A1-B1-C3

方案要跟城市化建设配套，有些地段太拥挤，无法建大型停车场，可考虑建地下停车场或立体停车场。

其他方案不一一列举。总体来看，A5-B2-C3 方案是目前做得还不够的地方，有些城市根本没有潮汐车道，导致上下班拥挤严重；A1-B1-C1 方案是最原始，也是最根本的方案，希望广大交通参与者严格遵守交规，为解决交通拥堵问题尽一分力；其他方案在条件允许情况下也应量力而行。

交通拥堵已经成为城市交通的一大顽疾，制约着城市的发展。由于交通拥堵所带来的经济、环境和健康等方面的危害和损失已渐渐引起了社会的广泛关注，运用形态分析法探索解决交通拥堵问题的途径，最终得出最根本的解决方案是进行旧道路扩宽或改造、拥堵路段禁骑电动车和摩托车、信号灯合理分配时间，但其他方案也应尽力而为，多渠道解决交通拥堵问题。

(资料来源：许晓琴. 形态分析法在解决交通拥堵问题中的应用[J]. 机电技术，2015(4).)

讨论题：

该案例中运用形态分析法解决城市交通拥堵问题，可以给我们运用形态分析法分析解决问题提供哪些有益启示？

训练与活动

采用等价变换法设计简易晾衣架

构思步骤：

(1) 提出问题，确定技术目标(Ui)，即简易晾衣架。

(2) 提出实现该目标的具体功能指标，即确定共性内容(t)。诸如"网状展开""减轻重量""能折叠"等。

(3) 寻找与功能指标即共性内容(t)有关的原型(A0)。例如，"提灯""三脚架""手风琴""伞"等。

(4) 选择原型(A0)。假如选择了伞作为等价转换原型(A0)。

(5) 抽象出等价性构成要素(c)的一般结构。例如，扬弃伞的特有条件，如伞布、伞把等。再引进各种限制性条件，就得出简易晾衣架的一般结构(e)。

(6) 引进形成等价转换构成物所必需的诸条件(b)。例如把夹子、钩子等晾衣架特有的构成要素引入简易晾衣架的一般结构(e)中，进行新的设计。

等价变换法把发明创造归结为一种不断扬弃较低技术阶段的特征，吸收实现功能进步所需要的各种特殊条件，在某种等价关系前提下，实现技术形态、功能的进化。

第九章　矛盾分析型创新方法

【学习目标】

● 了解 TRIZ 的含义与理论核心。

● 了解 TRIZ 核心思想。

● 掌握 40 个创新原理及 39 个通用工程参数。

● 会使用 TRIZ 工具分析与解决问题。

运用 TRIZ 创新理论能够帮助我们系统地分析问题，快速发现问题的本质或矛盾，从而最终获得理想的解。它可以大大加快人们创造发明的进程，而且能够得到高质量的创新产品。应用 TRIZ 创新理论解决问题有多种方式，最明显的例证是应用该理论中的物质场原理解决津田驹浆纱机织轴盘卡头磨损问题。

第一节　TRIZ 理论概述

一、TRIZ 的含义

TRIZ 的含义是发明问题解决理论，其拼写是由"发明问题的解决理论"(Theory of Inventive Problem Solving)俄语含义的单词 TRIZ 是俄文 теории решения изобретательских задач 的英文音译 Teoriya Resheniya Izobreatatelskikh Zadatch 的缩写，其英文全称是 Theory of the Solution of Inventive Problems(发明问题解决理论)。在欧美国家也可缩写为 TIPS。

TRIZ 理论是由苏联发明家阿利赫舒列尔(G.S.Altshuller)在 1946 年创立的，Altshuller 也被尊称为 TRIZ 之父。1946 年，Altshuller 开始了发明问题解决理论的研究工作。当时

Altshuller 在苏联里海海军专利局工作，在处理世界各国著名的发明专利过程中，他总是考虑这样一个问题：当人们进行发明创造、解决技术难题时，是否有可遵循的科学方法和法则，从而能迅速地实现新的发明创造或解决技术难题呢？答案是肯定的！Altshuller 发现任何领域的产品改进、技术的变革、创新和生物系统一样，都存在产生、生长、成熟、衰老、灭亡的过程，是有规律可循的。人们如果掌握了这些规律，就能能动地进行产品设计并能预测产品的未来趋势。以后数十年中，Altshuller 穷其毕生的精力致力于 TRIZ 理论的研究和完善。在他的领导下，苏联的研究机构、大学、企业组成了 TRIZ 的研究团体，分析了世界近 250 万份高水平的发明专利，总结出各种技术发展进化遵循的规律模式，以及解决各种技术矛盾和物理矛盾的创新原理和法则，建立一个由解决技术问题，实现创新开发的各种方法、算法组成的综合理论体系，并综合多学科领域的原理和法则，建立起 TRIZ 理论体系。

阿利赫舒列尔和他的 TRIZ 研究机构 50 多年来提出了 TRIZ 系列的多种工具，如冲突矩阵、76 标准解答、ARIZ、AFD、物质—场分析、ISQ、DE、8 种演化类型、科学效应等，常用的有基于宏观的矛盾矩阵法(冲突矩阵法)和基于微观的物场变换法。事实上 TRIZ 针对输入输出的关系(效应)、冲突和技术进化都有比较完善的理论。

矛盾(冲突)普遍存在于各种产品的设计之中。按传统设计中的折中法，冲突并没有彻底解决，而是在冲突双方取得折中方案，或称降低冲突的程度。TRIZ 理论认为，产品创新的标志是解决或移动设计中的冲突，而产生新的有竞争力的解。设计人员在设计过程中不断地发现并解决冲突是推动产品进化的动力。

技术冲突是指一个作用同时导致有用及有害两种结果，也可指有用作用的引入或有害效应的消除导致一个或几个系统或子系统变坏。技术冲突常表现为一个系统中两个子系统之间的冲突。

现实中的冲突是千差万别的，如果不加以归纳则无法建立稳定的解决途径。TRIZ 理论归纳出 39 个通用工程参数描述冲突(目前最新的理论，已经将工程参数扩充到 48 个，并且提出了商用参数共 31 个)。实际应用中，首先要把组成冲突的双方内部性能用该 39 个工程参数中的至少 2 个来表示，然后在冲突矩阵中找出解决冲突的发明原理。

TRIZ 中的发明原理是由专门研究人员对不同领域的已有创新成果进行分析、总结，得到的具有普遍意义的经验，这些经验对指导各领域的创新都有重要参考价值。目前常用的发明原理有 40 条，实践证明这些原理对于指导设计人员的发明创造具有重要的作用。当找到确定的发明原理以后，就可以根据这些发明原理来考虑具体的解决方案。应当注意尽可能将找到的原理都用到问题的解决中去，不要拒绝采用任何推荐的原理。假如所有可能的原理都不满足要求，则应该对冲突重新定义并再次求解。

通过下面一个金鱼法的简单应用，让我们来了解一下 TRIZ 理论中创造性问题分析方法在现实问题解决中的应用。

埃及神话故事中会飞的魔毯曾经引起我们无限遐想，那么现在我们不妨一步步分析一下这个会飞的魔毯。

现实生活中虽然有毯子，但毯子都不会飞，是由于地球引力，毯子具有重量，而毯子比空气重。那么在什么条件下毯子可以飞翔？我们可以施加向上的力，或者让毯子的重量小于空气的重量，或者希望来自地球的重力不存在。如果分析一下毯子及其周围的环境，会发现这样一些可以利用的资源，如空气中的中微子流、空气流、地球磁场、地球重力场、阳光等，而毯子本身也包括其纤维材料，形状、质量等。那么利用这些资源可以找到一些让毯子飞起来的办法，比如毯子的纤维与中微子相互作用可使毯子飞翔，在毯子上安装提供反向作用力的发动机，毯子在没有来自地球重力的宇宙空间，毯子由于下面的压力增加而悬在空中(气垫毯)，利用磁悬浮原理，或者毯子比空气轻。这些办法有的比较现实，但有的仍然看似不可能，比如毯子即使很轻，但也比空气重，对这一点还可以继续分析。比如毯子之所以重是因为其材料比空气重，解决的办法就是采用比空气轻的材料制作毯子，或者毯子像空中的尘埃微粒一样大小，等等。

通过上面一个简单分析过程，我们会发现，神话传说中会飞的毯子逐渐走向现实，从中或许可以得到很多有趣甚至十分有用的创意。这个简单的应用展示了金鱼法的创造性问题分析原理：即它首先从幻想式构想中分离出现实部分，对于不现实部分，通过引入其他资源，使一些想法由不现实变为现实，然后继续对不现实部分进行分析，直到全部变为现实。因此通过这种反复迭代的办法，常常会给看似不可能的问题带来一种现实的解决方案。

20 世纪 80 年代中期前，该理论对其他国家保密，80 年代中期，随一批科学家移居美国等西方国家，逐渐把该理论介绍给世界产品开发领域，对该领域已产生了重要的影响。

二、理论核心

它的理论核心包括基本理论和原理，具体有下述六点。

(1) 总论(基本规则、矛盾分析理论、发明的等级)。

(2) 技术进化论。

(3) 解决技术问题的 39 个通用工程参数及 40 个发明方法。

(4) 物场分析与转换原理及 76 个标准解法。

(5) 发明问题的解题程序(算子)。

(6) 物理效应库。

总之，TRIZ 是一个包括由解决技术问题，实现创新开发的各种方法到算法组成的综合理论体系。在 TRIZ 理论中，在迈向解决问题的流程上，须先抛开各式各样客观的限制因素，通过理想化来定义问题的最终理想解，以明确理想解所存在的方向和位置，以求在设计解决问题的过程中沿着此目标前进并获得最终理想解，从而避免传统创新设计方法中以 Brain stroming 或 Try & Error 方式缺乏目标的弊端，提升创新设计的效率。

三、核心思想

TRIZ 理论的核心思想包括三个方面：第一，无论是一个简单的产品还是复杂的技术系统，其核心技术都是遵循客观规律发展演变的，即具有客观的进化规律和模式；第二，各种技术难题、冲突和矛盾的不断解决是推动这种进化过程的动力；第三，技术系统发展的理想状态是用最少的资源实现最大数目的功能。

相对于传统的创新方法，TRIZ 理论具有鲜明的特点和优势。它成功地揭示了创造发明的内在规律和原理，快速确认和解决系统中存在的矛盾，而且它是在技术的发展进化规律及整个产品发展过程的基础上运行的。因此，运用 TRIZ 理论可大大加快发明创造的进程，提高产品创新速度。具体来说它可以帮助我们对问题情境进行系统的分析；快速发现问题本质；准确定义创新性问题和矛盾；对创新性问题或者矛盾提供更合理的解决方案和更好的创意；打破思维定式，激发创新思维，从更广阔的视角看待问题；基于技术系统进化规律准确确定探索方向，预测未来发展趋势，开发新产品；打破知识领域界限，实现技术突破。TRIZ 理论将所面临的不同问题根据所要创新的级别加以分类，然后从 TRIZ 理论中找出适合的工具和模型来系统化地解决问题。用一整套的方法来处理创新问题也是 TRIZ 的精髓所在。

四、基本概念

在 TRIZ 理论中，很多专业概念与平常有所不同，所以在学习 TRIZ 理论之前有必要对概念先有个初步的了解，以便更好地理解和应用 TRIZ。

1. 技术系统

所有运行某个功能的事物统可称为技术系统。任何技术系统均包括一个或多个子系统，每个子系统执行自身功能，它又可分为更小的子系统。TRIZ 中最简单的技术系统由两个元素以及两个元素间传递的能量组成。例如，技术系统"汽车"由"引擎""换向装置"和"刹车"等子系统组成，而"刹车"又由"踏板""液压油"等子系统组成。所有的子系统均在更高层系统中相互连接，任何子系统的改变将会影响到更高层系统的性能，当解决技术问题时，常常要考虑与其子系统和更高层系统之间的相互作用。

2. 技术系统进化论

技术系统进化论属于 TRIZ 的基础理论，其主要观点是：科技产品的进化并不是随意的，也同样遵循着一定的客观规律和模式。所有技术的创造与升级都是向最强大的功能发展的。阿奇舒勒通过对大量的发明专利进行分析，发现所有产品向最先进的功能进化时，都有一条"小路"引领着它前进。这条"小路"就是进化过程中的规律，用图例表示出来就是一条 S 形的"小路"，即所谓的 S 曲线。任何一种产品、工艺或技术都在随着时间的演进向着更高级的方向发展和进化，并且它们的进化过程都会经历相同的几个阶段。试想，我们平日里用的手机，如果没有引入"红外""蓝牙""MP3"等新技术，而是一直停留在只有"通话"功能的水平上，那就必然不会带动产品的进化与升级，也就不会有高利润的效益。

3. 矛盾

TRIZ 理论认为，创造性问题是指包含至少一个矛盾的问题。当技术系统某个特性或参数得到改善时，常常会引起另外的特性或参数发生变化，该矛盾称为"技术矛盾"。解决技术矛盾问题的传统方法是在多个要求间寻求"折中"，也就是"优化设计"，但每个参数都不能达到最佳值。而 TRIZ 则是努力寻求突破性方法消除冲突，即"无折中设计"。TRIZ 的另一类矛盾是"物理矛盾"：系统同时具有矛盾或相反要求的状态。例如，软件容易使用，但同时需要许多复杂功能和选项。

在 TRIZ 中，工程中所出现的种种矛盾可以归结为 3 类：一类是物理矛盾，一类是技术矛盾，一类是管理矛盾。通俗来讲，物理矛盾就是指系统(系统指的是机器、设备、材料、仪器等的统称)中的问题是由 1 个参数导致的。其中的矛盾是，系统一方面要求该参数正向发展，另一方面要求该参数负向发展；技术矛盾就是指系统中的问题是由 2 个参数导致的，2 个参数相互促进、相互制约；管理矛盾是指子系统之间产生的相互影响。

物理矛盾：TRIZ 理论中，当系统要求一个参数向相反方向变化时，就构成了物理矛盾，例如，系统要求温度既要升高，也要降低；质量既要增大，也要减小；缝隙既要窄，也要宽等。这种矛盾的说法看起来也许会觉得荒唐，但事实上在多数工作中都存在这样的矛盾。如现在手机制造要求整体体积设计得越小越好，便于携带，同时又要求显示屏和键盘设计得越大越好，便于观看和操作，所以对手机的体积设计具有大、小两个方面的要求，这就是手机设计的物理矛盾。物理矛盾一般来说有两种表现：一是系统中有害性能降低的同时导致该子系统中有用性能的降低。二是系统中有用性能增强的同时导致该子系统中有害性能的增强。

技术矛盾：所谓的技术矛盾就是由系统中 2 个因素导致的矛盾，这 2 个参数相互促进、相互制约。TRIZ 将导致技术矛盾的因素总结成通用参数。TRIZ 的发明者阿奇舒勒通过对大量发明专利的研究，总结出工程领域内常用的表述系统性能的 39 个通用参数，通用参数一般是物理、几何和技术性能的参数。

管理矛盾：所谓管理矛盾是指，在一个系统中，各个子系统已经处于良好的运行状态，但是子系统之间产生不利的相互作用、相互影响，使整个系统产生问题。比如：一个部门与另一个部门的矛盾，一种工艺与另一种工艺的矛盾，一种机器与另一种机器的矛盾，虽然各个部门、各种工艺、各种机器等都达到了自身系统的良好状态，但对其他系统产生了副作用。

4. 分离原理

分离原理是 TRIZ 针对物理矛盾的解决而提出的，主要内容就是将矛盾双方分离，分别构成不同的技术系统，以系统与系统之间的联系代替内部联系，将内部矛盾外部化(后面将详细解释分离原理的具体应用)。以解决上面的例子为例，应用分离原理可以这样解决物理矛盾。根据手机整体设计趋向最小化的要求，可以在整体体积固定的情况下，将手机的显示屏和键盘分离，使其重叠，令表面上显示屏最大化，键盘做成隐藏式的，使用键盘时可以从显示屏后将键盘抽出，如此这般就解决了手机设计存在的物理矛盾。

5. 主要内容

创新从最通俗的意义上讲就是创造性地发现问题和创造性地解决问题的过程，TRIZ 理论的强大作用正在于它为人们创造性地发现问题和解决问题提供了系统的理论和方法。

现代 TRIZ 理论体系主要包括以下几个方面的内容。

(1) 创新思维方法与问题分析方法。TRIZ 理论提供了如何系统分析问题的科学方法，如多屏幕法等；而对于复杂问题的分析，则包含了科学的问题分析建模方法——物—场分析法，它可以帮助人快速确认核心问题，发现根本矛盾所在。

(2) 技术系统进化法则。针对技术系统进化演变规律，在大量专利分析的基础上 TRIZ 理论总结提炼出八个基本进化法则。利用这些进化法则，可以分析确认当前产品的技术状态，并预测未来发展趋势，开发富有竞争力的新产品。

(3) 技术矛盾解决原理。不同的发明创造往往遵循共同的规律。TRIZ 理论将这些共同的规律归纳成 40 个创新原理，针对具体的技术矛盾，可以基于这些创新原理、结合工程实际寻求具体的解决方案。

(4) 创新问题标准解法。针对具体问题的物—场模型的不同特征，分别对应有标准的模型处理方法，包括模型的修整、转换、物质与场的添加等。

(5) 发明问题解决算法 ARIZ。主要针对问题情境复杂，矛盾及其相关部件不明确的技术系统。它是一个对初始问题进行一系列变形及再定义等非计算性的逻辑过程，实现对问题的逐步深入分析，问题转化，直至问题的解决。

(6) 基于物理、化学、几何学等工程学原理而构建的知识库。基于物理、化学、几何学等领域的数百万项发明专利的分析结果而构建的知识库可以为技术创新提供丰富的方案来源。

6. 40 个创新原理

TRIZ 理论成功地揭示了创造发明的内在规律和原理，着力于澄清和强调系统中存在的矛盾，其目标是完全解决矛盾，获得最终的理想解。它不是采取折中或者妥协的做法，而且它是基于技术的发展演化规律研究整个设计与开发过程，而不再是随机的行为。实践证明，运用 TRIZ 理论，可大大加快人们创造发明的进程而且能得到高质量的创新产品。1946 年阿奇舒勒进入苏联海军专利局工作，有机会接触了来自不同国家、不同工程领域内的大量专利。在分析这些专利的过程中，他发现，这些专利虽然来自不同国家、不同领域，而且解决的也是不同的问题，实现的是对不同系统的改进，但是，这些专利是利用了某些相同的方法。也就是说，很多的原理和方法在发明的过程中是重复使用的。于是，他就想从大量的专利中找出那些基本的常用的方法。基于这样一种理念，他对于世界上不同领域的专利和方法进行了归纳和总结，提取出在专利中最常用的方法和原理，共总结出40 种，他称为 40 个发明原理，见表 9-1 所示。

表 9-1 40 个发明原理

1.分割	11.事先防范	21.减少有害作用的时间	31.多孔材料
2.抽取	12.等势性	22.变害为利	32.颜色改变
3.局部质量	13.反向作用	23.反馈	33.均质性
4.增加不对称性	14.曲面化	24.借助中介物	34.抛弃或再生
5.组合	15.动态特性	25.自服务	35.物理或化学参数改变
6.多用性	16.未达到或过度的作用	26.复制	36.相变
7.嵌套	17.空间维数变化	27.廉价替代品	37.热膨胀
8.重量补偿	18.机械振动	28.机械系统替代	38.强氧化剂
9.预先反作用	19.周期性作用	29.气压和液压结构	39.惰性环境
10.预先作用	20.有效作用的连续性	30.柔性壳体或薄膜	40.复合材料

下面是对这 40 个创新原理的具体介绍，大部分创新原理包括几种具体的应用方法。

原理 1.分割

A. 把一个物体分成相互独立的部分为不同材料(如玻璃、纸、铁罐等)的再回收设置不同的回收箱。

B. 将物体分成容易组装和拆卸的部分组合家具。

C. 提高物体的可分性活动百叶窗替代整体窗帘。

原理 2.抽取

A. 从物体中抽出产生负面影响的部分或属性，或者仅抽出物体中必要的部分或属性空气压缩机工作，将其产生噪音的部分即压缩机移到室外用光纤或光波导分离主光源，以增加照明点。

原理 3.局部质量

A. 将物体、环境或外部作用的均匀结构变为不均匀结构，将系统的温度、密度、压力由恒定值改为按一定的斜率增长。

B. 让物体的不同部分各具不同功能，如瑞士军刀(带多种常用工具，如螺丝刀、起瓶器、小刀、剪刀等)。

C. 让物体的各部分处于完成各自功能的最佳状态，如在餐盒中设置间隔，在不同的间隔内放置不同的食物，避免串味。

原理 4.增加不对称性

A. 将物体的对称外形变为不对称，再引入一个几何特性来防止元件不正确地使用(如电插头的接地棒)，为改善密封性，将 O 形密封圈的截面由圆形改为椭圆形。

B. 增加不对称物体的不对称程度，为增强防水保温性，建筑上采用多重坡屋顶。

原理 5.组合

A. 在空间上将相同物体或相关操作加以组合集成电路板上的多个电子芯片并行，如计算机的多个 CPU。

B. 在时间上将相同或相关操作进行合并，如冷热水混水器。

原理 6.多用性

A. 使一个物体具备多项功能，消除该功能在其他物体内存在的必要性(进而裁减其他物体)。

原理 7.嵌套

A. 把一个物体嵌入另一个物体，然后将这两个物体再嵌入第三个物体。

B. 让某物体穿过另一物体的空腔伸缩式天线。

原理 8.重量补偿

A. 将某一物体与另一能提供升力的物体组合，以补偿其重量，如用氢气球悬挂广告牌。

B. 通过与环境(利用空气动力、流体动力或其他力等)的相互作用实现物体的重量补偿，如直升机的螺旋桨(利用空气动力学)；轮船应用阿基米德定律产生可承重千吨的浮力；赛车安装阻流板用来增加车身与地面的摩擦力则使用了空气动力学的原理。

原理 9.预先反作用

A. 事先施加机械应力，以抵消工作状态下不期望的过大应力，如酸碱缓冲溶液。

B. 如果问题定义中需要某种相互作用，那么事先施加反作用在灌注混凝土之前，对钢筋预加应力。

原理 10.预先作用

A. 预先对物体(全部或至少部分)施加必要的改变，如不干胶粘贴(只需揭掉透明纸，即可用来粘)；手术前将手术器具按所用顺序排列整齐。

B. 预先安置物体，使其在最方便的位置开始发挥作用而不浪费运送时间，如在停车场安置的预付费系统；在建筑内通道里安置的灭火器。

原理 11.事先防范

A. 采用事先准备好的应急措施，补偿物体相对较低的可靠性，如显影剂可依据胶卷底片上的磁性条来弥补曝光不足；降落伞的备用伞包；航天飞机的备用输氧装置。

原理 12.等势性

A. 改变操作条件，以减少物体提升或下降的需要，如工厂中与操作台同高的传送带；巴拿马运河的水闸。

原理 13.反向作用

A. 用相反的动作代替问题定义中所规定的动作，如将两个套紧的物体分离，将内层物体冷却(传统的方法是将外层物体升温)。

B. 让物体或环境可动部分不动，不动部分可动，如加工中心变工具旋转为工件旋转；健身器材中的跑步机。

C. 将物体上下或内外颠倒，如通过把杯子倒置从下边喷入水来进行清洗。

原理 14.曲面化

A. 将物体的直线、平面部分用曲线或球面代替，变平行六面体或立方体结构为球形结构，两表面间引入圆倒角，减少应力集中。

B. 使用滚筒、球、螺旋结构，如千斤顶中螺旋机构可产生很大的升举力；圆珠笔和钢笔的球形笔尖，使书写流畅。

C. 改直线运动为旋转运动，如应用离心力洗衣机中的离心甩干机。

原理 15.动态特性

A. 调整物体或环境的性能，使其在工作的各阶段达到最优状态，如飞机中的自动导航系统。

B. 分割物体，使其各部分可以改变相对位置，如装卸货物的铲车，通过铰链连接两个半圆形铲斗，可以自由开闭，装卸货物时张开，铲车移动时铲斗闭合；折叠椅/笔记本电脑。

C. 如果一个物体整体是静止的，使之移动或可动可弯曲的饮用麦管在医疗检查中，使用挠性肠镜。

原理 16.未达到或过度的作用

A. 如果所期望的效果难以百分之百实现，稍微超过或稍微小于期望效果，会使问题大大简化，如印刷时，喷过多的油墨，然后再去掉多余的，使字迹更清晰；在孔中填充过多的石膏，然后打磨平滑。

原理 17.空间维数变化

A. 将物体变为二维(如，平面)运动，以克服一维直线运动或定位的困难；或过渡到三维空间运动以消除物体在二维平面运动或定位的问题，如螺旋梯可以减少占地面积。

B. 单层排列的物体变为多层排列，如立交桥；印刷电路板的双层芯片。

C. 将物体倾斜或侧向放置，如自动垃圾卸载车。

D. 利用给定表面的反面，如双面的地毯；两面穿的衣服。

E. 利用照射到邻近表面或物体背面的光线，如苹果树下的反射镜。

原理 18.机械振动

A. 使物体处于振动状态，如电动振动剃须刀。

B. 如果已处于振动状态，提高振动频率(直至超声振动)，如超声波清洗。

C. 利用共振频率，如超声波碎石机击碎胆结石。

D. 用压电振动代替机械振动，如高精度时钟使用石英振动机芯。

E. 超声波振动和电磁场耦合超声波振动和电磁场共用，在电熔炉中混合金属，使混合均匀。

原理 19.周期性作用

A. 用周期性动作或脉冲动作代替连续动作，如警车所用警笛改为周期性鸣叫，避免产生刺耳的声音。

B. 如果周期性动作正在进行，改变其运动频率用频率调音代替摩尔电码使用 AM(调幅)，FM(调频)，PWM(脉宽调制)来传输信息。

C. 在脉冲周期中利用暂停来执行另一有用动作，如医用的呼吸机系统为每五次胸廓运动，进行一次心肺呼吸。

原理 20.有效作用的连续性

A. 物体的各个部分同时满载持续工作，以提供持续可靠的性能，如汽车在路口停车时，飞轮储存能量，以便汽车随时启动。

B. 消除空闲和间歇性动作后台打印，不耽误前台工作。

原理 21.减少有害作用的时间

A. 将危险或有害的流程或步骤在高速下进行，如照相用闪光灯。

原理 22.变害为利

A. 利用有害的因素(特别是环境中的有害效应)，得到有益的结果，如废热发电回收废物二次利用；如再生纸。

B. 将两个有害的因素相结合进而消除它们的有害性，如潜水中用氮氧混合气体，以避免单用造成昏迷或中毒。

C. 增大有害因素的幅度直至有害性消失，如森林灭火时用逆火灭火(在森林灭火时，为熄灭或控制即将到来的野火蔓延，燃起另一堆火将即将到来的野火的通道区域烧光。)"以毒攻毒"。

原理 23.反馈

A. 在系统中引入反馈，如声控喷泉自动导航系统。

B. 如果已引入反馈，改变其大小或作用在 5 公里航程范围内，改变导航系数的敏感区域，如自动调温器的负反馈装置。

原理 24.借助中介物

A. 使用中介物实现所需动作，如用拨子弹月琴。

B. 把一物体与另一容易去除的物体暂时结合，如饭店上菜的托盘。

原理 25.自服务

A. 物体通过执行辅助或维护功能为自身服务，如自清洗烤箱/自补充饮水机。

B. 利用废弃的能量与物质。

原理 26.复制

A. 用简单、廉价的复制品代替复杂、昂贵、不方便、易损、不易获得的物体，虚拟现实系统，如虚拟训练飞行员系统看电视直播，而不到现场。

B. 用光学复制品(图像)代替实物或实物系统，可以按一定比例放大或缩小图像，如用卫星相片代替实地考察由图片测量实物尺寸。

C. 如果已使用了可见光复制品，用红外光或紫外光复制品代替，如利用紫外光诱杀蚊蝇。

原理 27.廉价替代品

A. 用若干便宜的物体代替昂贵的物体，同时降低某些质量要求(例如，工作寿命)用一次性的物品，如一次性的餐具，清洁卫生。

原理 28.机械系统替代

A. 用视觉系统、听觉系统、味觉系统或嗅觉系统代替机械系统，如用声音栅栏代替实物栅栏(如光电传感器控制小动物进出房间)；在煤气中掺入难闻气体，警告使用者气体泄漏(替代机械或电子传感器)。

B. 使用与物体相互作用的电场、磁场、电磁场为混合两种粉末，用电磁场代替机械震动使粉末混合均匀。

C. 用运动场代替静止场，时变场代替恒定场，结构化场代替非结构化场，如早期的通信系统用全方位检测，现在用特定发射方式的天线。

D. 利用带铁磁粒子场作用不同的磁场加热含磁粒子的物质，当温度达到一定热度时，物质变成顺磁，不再吸收热量，来达到恒温的目的。

原理 29.气压和液压结构

A. 将物体的固体部分用气体或流体代替，如充气结构、充液结构、气垫、液体静力结构和流体动力结构等气垫运动鞋，减少运动对足底的冲击，再如汽车减速时液压系统储存能量，在汽车加速时再释放能量；运输易损物品时，经常使用发泡材料保护。

原理 30.柔性壳体或薄膜

A. 使用柔性壳体或薄膜代替标准结构，如在网球场地上采用充气薄膜结构作为冬季保护措施；农业上使用塑料大棚种菜。

B. 使用柔性壳体或薄膜，将物体与环境隔离，如用薄膜将水和油分别储藏。

原理 31.多孔材料

A. 使物体变为多孔或加入多孔物体(如多孔嵌入物或覆盖物)，如为减轻物体重量，在物体上钻孔，或使用多孔性材料。

B. 如果物体是多孔结构，在小孔中事先引入某种物质，如用海绵储存液态氮。

原理 32.颜色改变

A. 改变物体或环境的颜色，如在暗室中使用安全灯，做警戒色。

B. 改变物体或环境的透明度，如感光玻璃，随光线改变其透明度。

原理 33.均质性

A. 存在相互作用的物体用相同材料或特性相近的材料制成，如方便面的料包、外包装用可食性材料制造；用金刚石切割钻石，切割产生的粉末可以回收。

原理 34.抛弃或再生

A. 采用溶解、蒸发等手段抛弃已完成功能的零部件，或在系统运行过程中直接修改它们，如可溶性的药物胶囊火箭助推器在完成其作用后立即分离。

B. 在工作过程中迅速补充系统或物体中消耗的部分，如草坪剪草机的自锐系统；自动铅笔。

原理 35.物理或化学参数改变

A. 改变聚集态(物态)，如酒心巧克力，先将酒心冷冻，然后将其在热巧克力中蘸一下。

用液态石油气运输，不用气态运输以减少体积和成本。

B. 改变浓度或密度，如用液态的肥皂水代替固体肥皂，可以定量控制使用，减少浪费。

C. 改变柔度，如硫化橡胶改变了橡胶的柔性和耐用性。

D. 改变温度，如提高烹饪食品的温度(改变食品的色、香、味)；降低医用标本保存温度，以备后期解剖。

原理36.相变

A. 利用物质改变时产生的某种效应。如体积改变，吸热或放热水在固态时体积膨胀，可利用这一特性进行定向无声爆破。

原理37.热膨胀

A. 使用热膨胀或热收缩材料装配钢双环时，可使内环冷却收缩，外环升温膨胀，再将两环装配，待恢复常温后，内外环就紧紧装配在一起了。

B. 组合使用不同热膨胀系数的几种材热敏开关(两条粘在一起的金属片，由于两片金属的热膨胀系数不同，对温度的敏感程度也不一样，可实现温度控制)。

原理38.强氧化剂

A. 用富氧空气代替普通空气为持久在水下呼吸，水中呼吸器中储存浓缩空气。

B. 用纯氧代替空气用乙炔—氧代替乙炔—空气切割金属用高压纯氧杀灭伤口厌氧细菌。

C. 将空气或氧气进行电离辐射；

D. 使用离子化氧气；

E. 用臭氧代替含臭氧氧气或离子化氧气。

原理39.惰性环境

A. 用惰性环境代替通常环境用氩气等惰性气体填充灯泡，做成霓虹灯。

B. 使用真空环境真空包装食品，延长储存期。

原理40.复合材料

A. 用复合材料代替均质材料，如飞机外壳材料用复合材料代替；用玻璃纤维制成的冲浪板，更加易于控制运动方向，更加易于制成各种形状。

7. TRIZ 理论的特点和优势

相对于传统的创新方法，比如试错法、头脑风暴法等，TRIZ 理论具有鲜明的特点和优势。它成功地揭示了创造发明的内在规律和原理，着力于澄清和强调系统中存在的矛盾，而不是逃避矛盾，其目标是完全解决矛盾，获得最终的理想解，而不是采取折中或者妥协的做法，而且它是基于技术的发展演化规律研究整个设计与开发过程，而不再是随机的行为。实践证明，运用 TRIZ 理论，可大大加快人们创造发明的进程而且能得到高质量的创新产品。它能够帮助我们系统地分析问题情境，快速发现问题本质或者矛盾，它能够准确确定问题探索方向，不会错过各种可能，而且它能够帮助我们突破思维障碍，打破思维定式，以新的视角分析问题，进行逻辑性和非逻辑性的系统思维，还能根据技术进化规律预测未来发展趋势，帮助我们开发富有竞争力的新产品。

8. TRIZ 理论的实践意义

TRIZ 理论以其良好的可操作性、系统性和实用性在全球的创新和创造学研究领域占据着独特的地位。在经历了理论创建与理论体系的内部集成后，TRIZ 理论正处于其自身的进一步完善与发展，以及与其他先进创新理论方法的集成阶段，尤其是已成为最有效的计算机辅助创新技术和创新问题求解的理论与方法基础。

经过半个多世纪的发展，TRIZ 理论已经发展成为一套解决新产品开发实际问题的成熟的理论和方法体系，它实用性强，并经过实践检验，应用领域也从工程技术领域拓展到管理、社会等方面。现在 TRIZ 理论在西方工业国家受到极大重视，TRIZ 的研究与实践得以迅速普及和发展。如今它已为众多知名企业取得了重大的效益。

第二节　TRIZ 理论的分析工具

TRIZ 理论是一种拥有不同工具的以实证为基础的理论，把创新提升到方法学的高度，为产品创新设计提供不同的适用工具，从而极大地缩短了发明创造的进程，这些工具可以被划分为五大领域。

当前状态(Current State)：运用功能、对象分析、矛盾思考、可持续领域分析和演化分析 5 种工具能够有效分析当前处于什么状态。第一，结构和功能的规格定义了系统在空间和过程中的边界，即一个更高的或者附属的系统。功能分析和对象分析都是利用曲线图来表示该系统。在功能分析中，曲线图的节点代表着系统功能的好与坏。节点是由弧线连接而成的，这些弧线表明了节点之间的功能。而在对象分析中，曲线图的节点代表着一个系统的组件和产品以及一些无关的元素。第二，矛盾思考对于 TRIZ 而言是独特存在的，它可以帮助发明者将一个问题极端化。下列 3 种情况下矛盾是存在的，即：在系统中有功能的需求；有一种传统的途径去认识这些功能；不利的因素反对这种认识。第三，选择性的矛盾思考和上述提到的两种变量的系统分析一样，是可持续领域分析。发明者在使用这种工具的时候，比较关注一个问题的关键点和可持续领域识别系统的关系。第四，发明者可以评估分析系统之前的发展情况，也可以通过考虑技术系统演变的规律和趋势来评估该系统之前的发明。

资源(Resource)：资源的考虑补充了对当前状态的预先描述分析，通过资源分析设计的选择才有可能呈现出来。所以，问题解决者应让自己意识到当前所使用的可利用的资源，并将这些资源精确地罗列出来，着重分析物质、领域、空间、时间、情报和功能这 6 种类型的资源，最后将考虑到的资源从列表中挑选出来。

目标(Goals)：应用"想象思维"和"符合度"这两种工具来选择确切的目标。想象思维基于一种理想机器，"理想的机器"的建造意味着不使用系统任何实质部分提供系统理想的功能需求。换句话说，理想机器是一台机器，而又不是一台机器。类似的目标都是理想物质和理想领域，二者一起为问题的方法描述理想的结果。除了理想的思维，发明者必须将经济的、科技的和社会的限制因素考虑在内，如顾客需求和法律需求。符合度旨在通过一项发明来调整限制因素，类似于为了让包装更合适，会在包装中增添建筑元素。

预期状态(Intended State)：预期状态被认为是一种强大的解决方案。这种强大的解决方案源于理想机器和符合度之间的冲突领域，这将使得本身尽可能地接近理想的机器，同时也能达到很高的符合限制的程度。

转换(Transformation)：确定哪些转换方式可以将当前状态转化成预期状态？在转变领域中可以用到以下几种工具：第一，科学应用的效果和现象。发明通常是科学应用的影响和现象的直接结果。然而，一个独立发明者通常只精通单一的学科而其他学科的知识和经验是有限的，所以他需要一个全面的关于不同学科的效果目录和现象目录，包括它们的解释。第二，40 条发明原理。40 条发明原理可以独立地使用或者和 39 个工程参数和矛盾矩阵一起使用。第三，空间、时间、结构和状态的分离原理。分离原理可以认为是一种普通的发明规则，有 4 种较为经典的分离类型：空间、时间、结构和状态上的分离。第四，可持续领域的调整。基于可持续领域分析的结果，可持续领域的调整是适用的。在 76 个标准操作者的帮助下，发明者可以修改不同可持续领域系统的类型，直到找到一个可实行的方案。第五，演化的预测。演化预测是对演化分析的补充，发明者通过支持技术系统的演化规律和趋势使得技术系统的概念得到进一步的发展，包括前景问题、技术系统以及系统新发明的前景。第六，资源的变量。资源的变化可以被定义为有意识地考虑资源的使用，如物质、领域、空间、时间、信息和功能资源。这些资源可能被最小化、合理化和最大化。

一、创新思维方法与问题分析方法

物—场分析法：TRIZ 理论中对于复杂问题的分析，提供了科学的问题分析建模方法——物—场分析法，它可以帮助分析者快速确认核心问题，发现根本矛盾所在。

最终理想解：在解决问题之初，首先抛开各种客观限制条件，通过理想化来定义问题的最终理想解(IFR)，以明确理想解所在的方向和位置，保证在问题解决过程中沿着此目标前进并获得最终理想解，从而避免传统创新方法中缺乏目标的弊端，提升创新设计的效率。

二、技术系统进化法则

针对技术系统进化演变规律，在大量专利分析的基础上 TRIZ 理论总结提炼出八个基本进化法则。利用这些进化法则，可以分析当前产品的技术状态，并预测未来发展趋势，开发富有竞争力的新产品。

三、科学效应和现象

基于科学效应和现象(物理、化学、几何学知识)等领域的数百万项发明专利的分析结果而构建的知识库，可以为技术创新提供丰富的方案来源。

四、TRIZ 理论常用分析工具及应用实例

TRIZ 理论中可以与日常生活紧密结合的分析工具主要有三部分：冲突矩阵，即 40 条发明原理和 39 个通用工程参数；物—场模型；效应原理[2~4]。

1. 冲突矩阵(即矛盾矩阵)

技术冲突和物理冲突创造性问题来源于冲突，而在实践中，冲突可以分为技术冲突和物理冲突，技术冲突主要涉及两个基本参数 A 与 B，当 A 得到改善时，B 变得更差。物理冲突仅涉及系统中的一个子系统或部件，对该子系统或部件提出了相反的要求。这两类冲突反映在冲突矩阵上就是对角线元素均为物理冲突，而非对角线元素均为技术冲突。技术冲突的解决方法是参考 40 条发明原理及相关实例，从中寻找相似点，而物理冲突的解决方法就是参考分离原理。

应用实例与技术冲突解决实例。

问题描述：常用的比萨包装盒用来运输不够结实。

确定工程参数：欲改善的参数-14 强度，可能恶化的参数-2 重量、12 形状、13 结构的稳定性等。

冲突矩阵：

可选发明原理：10-预操作；17-维数改变；40-复合材料；根据这三个发明原理构思出三个拟方案：一个拟解决方案是预先加厚盒底，但这样会增加盒子的重量；第二个拟解决

方案是通过给盒子制作一个球形底面来增加盒子的强度。这样的盒子不仅能承载重量，在盒子与比萨空气层之间也能形成一个很好的保温层；第三个拟解决方案是改变盒子的材料，采用强度高的复合材料制作，但这样会增加盒子的制作成本。

解决方法：根据上面的描述，选用第二种方案——物理冲突解决原理。

问题描述：钓鱼竿，钓鱼的时候希望它越长越好，不钓鱼的时候又希望它越短越好。

确定工程参数：欲改善的参数-4 静止物体的长度，可能恶化的参数-4 静止物体的长度。

解决原理：分离原理。分离原理是针对物体冲突的解决而提出的，按照空间、时间、条件、系统级别可以概括为：空间分离、时间分离、基于条件的分离和系统级别的分离。本例中冲突"静止物体的长度"并不是在同一时间段发生的，所以可以选择时间分离原理。

解决的方法：将钓鱼竿做成伸缩式的，或者制作不同直径的短杆若干节，使用时将它们由细到粗一次连接，不使用时就拆开捆放在一起。

近年来，TRIZ专家对分离原理和40条发明原理进行研究，结果表明二者之间存在着一定的联系，这样，分离原理和40条发明原理就可以综合应用。例如上述钓鱼竿的解决方案其实是利用了"发明原理7：嵌套——让物体穿过另一个物体的空腔"。

2. 物—场模型

物—场模型分析是TRIZ理论中的另一种重要的问题描述和分析工具。用以建立与已存在的系统或新技术系统问题相联系的功能模型。

常见的物—场模型有四类：有效完整模型；不完整模型；效应不足的完整模型和有害效应的完整模型。重点关注的是后三种非正常模型。

应用实例。

问题描述：在大森林里有一个溶洞，这个洞又高又大，里面一个洞套着一个洞，村里的人发现了它，想测量一下这个溶洞中各个洞的高度。要求既不能影响溶洞的环境，又要不花费村民的大量经费，方法也要简单易行。

建立物—场模型：在该系统中，村民作为基本元素S2，溶洞作为基本元素S1，则可以描述为村民选用一种方法测量溶洞的高度，可以看出这是一个不完整模型，缺失了场F。

系统分析：对于不完整模型，只需要补齐所缺失的元素就可以。所以这里我们需要补充场，可选择的类型有五个。可以利用气球，吹起一只气球，下面带上无限长的细绳，气球到达溶洞顶部后就会停止，此时村民就可以收回气球，从而测量绳索的长度即可；还可以考虑利用一个简单的测声器，村民对着溶洞呼喊，测量声音的传播时间，从而计算溶洞的高度；还可以利用光的反射作用，用一束光照射溶洞顶部，利用反射的光计算高度。

综合考虑上述方法，选择合理解：溶洞里面一个洞套着一个洞，所以声音很可能会重复回旋，那么要想准确分辨哪个才是需要的回声光靠人耳是不可能的，需要有精密的仪器；同样对于光的反射，只要有岩壁就会反射光，一般的光还可能散射，最终只会造成五光十色，眼花缭乱。所以只要利用气球加上简单的长度测量工具就可以解决问题。

3. 效应原理

从跨入校门，每个人就开始接受数学、物理、化学、几何、生物等各种科学知识的学习，对如何应用这些学科的知识却比较茫然。实际上，科学原理，尤其是科学效应和现象的应用，对发明原理的解决具有超乎想象的、强有力的帮助。

科学效应和现象的应用可以遵循 5 个步骤：①根据要解决的问题，定义并确定解决此问题所需要实现的功能→②根据功能，确定与此功能相对应的代码→③查找此功能代码下 TRIZ 推荐的科学效应和现象→④筛选所推荐的每个科学效应和现象，优选适合解决本问题的科学效应和现象→⑤查找优选出来的效应的详细解释，用于问题的解决，形成解决方案。

应用实例：可测温儿童汤匙的设计文献[5]从工业设计的角度对儿童汤匙的设计进行了创新，本文则从 TRIZ 分析的角度对其进行分析和设计。

提出问题：一般成年人在给婴儿喂饭时，用勺子将食物盛起，吹一吹使食物冷却，然后用嘴尝尝，确认食物不烫以后，再喂给婴儿。实际上，成人的口中有很多细菌，这样不利于婴儿的成长，但如果不尝食物，一旦食物的温度过高就会烫伤婴儿。

分析问题，提出概念：通过分析，这个问题的关键是婴儿的喂养者，需要准确知道食物的温度而不能尝试食物。至此分别列出汤匙设计的主要问题和次要问题。

查找一种效应解：在该问题中主要需要实现的功能是测量温度(F1)，对应的效应有热膨胀(E75)、热双金属片(E76)、汤姆逊效应(E80)、热电现象(E71)、热电子发射(E72)、热辐射(E73)、电阻(E33)、热敏性物质(E74)、居里效应(E60)、巴克豪森效应(E3)、霍普金森效应(E55)等 12 个，详细研究每个效应的解释后选择：E74 热敏性物质受热时就会发生明显状态变化的物质。由于热敏性物质可在很小的温度范围内发生极速的变化，所以常用来显示温度。

功能解：在汤匙头部预置感温材料(热敏性物质)，汤匙末端安装小显示屏和发光管，既可以显示温度，在温度过高时又会发出高温提示。

第三节 技术矛盾解决原理

不同的发明创造往往遵循共同的规律。TRIZ 理论将这些共同的规律归纳成 40 个发明原理与 11 个分离原理，针对具体的矛盾，可以基于这些创新原理寻求具体解决方案。

发明问题解决理论的核心是技术进化原理。按这一原理，技术系统一直处于进化之中，解决冲突是其进化的推动力。进化速度随技术系统一般冲突的解决而降低，使其产生突变的唯一方法是解决阻碍其进化的深层次冲突。

G.S.Altshuller 依据世界上著名的发明，研究了消除冲突的方法，他提出了消除冲突的发明原理，建立了消除冲突的基于知识的逻辑方法，这些方法包括发明原理(Inventive Principles)、发明问题解决算法(ARIZ，Algorithm for Inventive Problem Solving)及标准解(TRIZ Standard Techniques)。

在利用 TRIZ 解决问题的过程中，设计者首先将待设计的产品表达为 TRIZ 问题，然后利用 TRIZ 中的工具，如发明原理、标准解等，求出该 TRIZ 问题的普适解或称模拟解(Analogous solution)；最后设计者再把该解转化为领域的解或特解。

一、TRIZ 理论的基本哲理

TRIZ 理论的基本哲理包括以下 6 条：

(1) 所有的工程系统服从相同的发展规则。这一规则可以用来研究创造发明问题的有效解，也可用来评价与预测如何求解一个工程系统(包括新产品与新服务系统)的解决方案。

(2) 像社会系统一样，工程系统可以通过解决冲突(Conflicts)而得到发展。

(3) 任何一个发明或创新的问题都可以表示为需求和不能(或不再能)满足这些需求的原型系统之间的冲突。所以，"求解发明问题"与"寻找发明问题的解决方案"就意味着在利用折中与调和不能被采纳时对冲突的求解。

(4) 为探索冲突问题的解决方案，有必要利用专业工程师尚不知道或不熟悉的物理或其他科学与工程的知识。技术功能和可能实现该功能的物理学、化学、生物学等效应对应的分类知识库可以成为探索冲突问题解的指针。

(5) 存在评价每项发明创造的可靠判据。这些判据如下。

① 该项发明创造是否是建立在大量专利信息基础上的？基于偶然发现的少数事例的发明项目不是严肃的研究成果。事实证明，一项重大或重要的发明项目通常建立在不少于 1 万到 2 万项专利(或知产权/版权)研究的基础之上。

② 发明人或研究者是否考虑过发明问题的级别？大量低水平的发明不如一项或少量高水平的发明。因为，低水平的发明只能在简单的情况下运用。

③ 该项发明是否是从大量高水平的试验中提炼出来的结论或建议？

(6) 在大多数情况下，理论的寿命与机器的发展规律是一致的。因而，"试凑"法很难产生两种或两种以上的系统解。

二、39 个工程参数的意义

39 个工程参数(表 9-2)中常用到运动物体(Moving objects)与静止物体(Stationary objects)两个术语。运动物体是指自身或借助于外力可在一定的空间内运动的物体；静止物体是指自身或借助于外力都不能使其在空间内运动的物体。

表 9-2　39 个通用工程参数

1.运动物体的重量	14.强度	27.可靠性
2.静止物体的重量	15.运动物体的作用时间	28.测量精度
3.运动物体的长度	16.静止物体的作用时间	29.制造精度
4.静止物体的长度	17.温度	30.作用于物体的有害因素
5.运动物体的面积	18.照度	31.物体产生的有害因素
6.静止物体的面积	19.运动物体的能量消耗	32.可制造性
7.运动物体的体积	20.静止物体的能量消耗	33.操作流程的方便性
8.静止物体的体积	21.功率	34.可维修性
9.速度	22.能量损失	35.适应性及通用性
10.力	23.物质损失	36.系统的复杂性
11.应力或压强	24.信息损失	37.控制和测量的复杂性
12.形状	25.时间损失	38.自动化程度
13.稳定性	26.物质的量	39.生产率

(1) 运动物体的重量。重力场中运动物体所受到的重力，如运动物体作用于其支撑或悬挂装置上的力。

(2) 静止物体的重量。重力场中静止物体所受到的重力，如静止物体作用于其支撑或悬挂装置上的力。

(3) 运动物体的长度。运动物体的任意线性尺寸，不一定是最长的长度。可以是一个系统的两个几何点或零件之间的距离，也可以是一条曲线的长度或封闭环的周长。

(4) 静止物体的长度。静止物体的任意线性尺寸，不一定是最长的长度。可以是一个系统的两个几何点或零件之间的距离，也可以是一条曲线的长度或封闭环的周长。

(5) 运动物体的面积。运动物体内部或外部所具有的表面或部分表面的面积。

(6)　静止物体的面积。静止物体内部或外部所具有的表面或部分表面的面积。

(7)　运动物体的体积。运动物体所占有的空间。

(8)　静止物体的体积。静止物体所占有的空间。

(9)　速度。物体的速度或者效率，或者过程或活动与时间之比。

(10)　力。力是两个系统之间的相互作用。对于牛顿力学，力等于质量与加速度之积，在 TRIZ 中，力是试图改变物体状态的任何作用。

(11)　应力或压强。单位面积上的作用力，也包括张力。例如，房屋作用于地面上的力，液体作用于容器壁上的力，气体作用于汽缸活塞上的力，压强也可理解为无压强（真空）。

(12)　形状。物体的轮廓或外观。

(13)　稳定性+。物体的组成和性质不随时间而变化的性质。系统的完整性及系统组成部分之间的关系。磨损、化学分解及拆卸都会降低稳定性。

(14)　强度+。强度是指物体在外力作用下抵制使之变化的能力。

(15)　运动物体作用时间-。运动物体完成规定动作的时间、服务期以及耐久力。两次故障之间的平均时间也是作用时间的一种度量。

(16)　静止物体作用时间-。静止物体完成规定动作的时间、服务期以及耐久力。两次故障之间的平均时间也是作用时间的一种度量。

(17)　温度。物体或系统所处的热状态，还包括其他热学参数，如影响改变温度变化速度的热容量。

(18)　照度。照射到某一表面上的光通量与该表面面积的比值，也可以理解为物体的光照特性，如亮度、反光性和色彩等光线质量。

(19)　运动物体的能量消耗-。运动物体执行给定功能所需的能量。在经典力学中，能量等于力与距离的乘积。包括消耗超系统提供的能量。

(20)　静止物体的能量消耗-。静止物体执行给定功能所需的能量。在经典力学中，能量等于力与距离的乘积。包括消耗超系统提供的能量。

(21)　功率-。单位时间内完成的工作量或消耗的能量。

(22)　能量损失-。做无用功消耗的能量。为了减少能量损失，需要不同的技术来改善能量的利用。

(23)　物质损失-。部分或全部、永久或临时的材料、部件或子系统等物质的损失。

(24)　信息损失-。部分或全部、永久或临时的数据损失。

(25)　时间损失-。时间是指一项活动所延续的时间间隔。改进时间的损失指减少一项活动所花费的时间。

(26)　物质的量-。材料、部件及子系统等的数量，它们可以部分或全部、临时或永久地被改变。

(27) 可靠性+。系统在规定的方法及状态下完成规定功能的能力。常常可以理解为无故障操作概率或无故障运行时间。

(28) 测试精度+。系统特征的实测值与实际值之间的误差。减少误差将提高测试精度。

(29) 制造精度+。系统或物体的实际性能与所需性能之间的误差，与图纸技术规范和标准所预定参数的一致性。

(30) 作用于物体的有害因素–。外部环境或系统的其他部分对物体的有害作用，使物体的功能退化。

(31) 物体产生的有害因素–。有害因素将降低物体或系统的效率或完成功能的质量。这些有害因素来自物体或作为其操作过程一部分的系统。

(32) 可制造性+。物体或系统制造过程中简单、方便的程度。

(33) 操作流程的方便性+(可操作性)。要完成的操作应需要较少的操作者、较少的步骤以及使用尽可能简单的工具。一个操作的产出要尽可能多。

(34) 可维修性+。对于系统可能出现失误所进行的维修要时间短、方便和简单。

(35) 适应性及通用性+。物体或系统响应外部变化的能力，或应用于不同条件下的能力。

(36) 系统的复杂性–。系统中元件数目及多样性。

(37) 控制和测量的复杂性–。如果一个系统复杂、成本高、需要较长的时间建造及使用，或部件与部件之间关系复杂，都使得系统的监控与测试困难。测试精度高，增加了测试的成本也是测试困难的一种标志。

(38) 自动化程度+。系统或物体在无人操作的情况下完成任务的能力。

最低级别：完全人工操作。

最高级别：机器能自动感知所需的操作、自动编程和对操作自动监控。

中等级别：需要人工编程、人工观察正在进行的操作、改变正在进行的操作及重新编程。

(39) 生产率+。是指单位时间内所完成的功能或操作数，或者完成一个功能或操作所需时间以及单位时间的输出，或单位输出的成本等。

负向参数(Negative parameters)指这些参数变大时，使系统或子系统的性能变差。如子系统为完成特定的功能所消耗的能量(No.19～20)越大，则设计越不合理。上面注有"–"号的。

正向参数(Positive parameters)指这些参数变大时，使系统或子系统的性能变好。如子系统可制造性(No.32)指标越高，子系统制造成本就越低。上面注有"+"号的。

三、物质—场分析标准解

Altshuller 对发明问题解决理论的贡献之一是提出了功能的物质—场(Substance-field)的描述方法与模型。其原理为所有的功能都可分解为两种物质及一种场，即一种功能由两种物质及一种场的三元件组成。产品是功能的一种实现，因此，可用物质—场分析产品的功能，这种分析方法是 TRIZ 的工具之一。

依据该模型，Altshuller 等提出了 76 种标准解，并分为如下 5 类：

(1) 不改变或仅少量改变已有系统：13 种标准解；

(2) 改变已有系统：23 种标准解；

(3) 系统传递：6 种标准解；

(4) 检查与测量：17 种标准解；

(5) 简化与改善策略：17 种标准解。

由已有系统的特定问题，将标准解变为特定解即为新概念。

四、技术冲突解决原理

技术冲突是指系统某一个方面得到改进时，另一方面就会出现不希望得到的结果。如增加飞机发动机的功率，发动机的重量就要相应增加，这是不希望得到的结果。在传统西方方法中一般采取折中的方法来解决技术矛盾冲突，而 TRIZ 采用创造性的方法完全消除冲突。不同的发明创造往往遵循共同的规律。TRIZ 理论将这些共同的规律归纳成 40 个创新原理，针对具体的技术冲突，可以基于这些创新原理、结合工程实际寻求具体的解决方案。

五、物理冲突解决原理

物理矛盾冲突是指系统同时表现出的两种相反状态，比如对于高空跳水，水必须是"硬"的来支撑跳水者，而同时水又要是"软"的，以减轻水对跳水者的伤害，要求水在同一时间既是"硬"又是"软"两种状态就是物理冲突。TRIZ 理论采用分离原理来解决物理冲突。

六、常规问题与发明问题标准解法

产品设计是要解决问题。如果产品的初始状态与理想状态之间存在距离，则称为问题，设计过程是解决问题的过程，是使产品由初始状态通过单步或多步变换实现或接近理想状态的过程。如果实现变换的所有步骤都已知，则称为"常规问题"(Routine Problem)，如果至少有一步未知，则称为"发明问题"(Inventive Problem)。解决常规问题的设计是常规设计，解决发明问题的设计是创新设计。

针对具体问题的物—场模型的不同特征，分别对应有标准的模型处理方法，包括模型的修整、转换、物质与场的添加等。Altshuller 提出了 76 个标准解，某类问题的物—场模型对应某类标准解的物—场模型。在分析一个问题时得到该问题的物—场模型，从而可以很快找到相应的标准解。

七、发明问题解决算法 ARIZ

主要针对问题情境复杂，冲突及其相关部件不明确的技术系统。它是一个对初始问题进行一系列变形及再定义等非计算性的逻辑过程，实现对问题的逐步深入分析，问题转化，直至问题的解决。

TRIZ 认为，一个问题解决的困难程度取决于对该问题的描述或程式化方法，描述得越清楚，问题的解就越容易找到。TRIZ 中，发明问题求解的过程是对问题不断描述、不断程式化的过程。经过这一过程，初始问题最根本的冲突被清楚地暴露出来，能否求解已很清楚，如果已有的知识能用于该问题则有解，如果已有的知识不能解决该问题则无解，需等待自然科学或技术的进一步发展。该过程是靠 ARIZ 算法实现的。

ARIZ(Algorithm for Inventive-Problem Solving)称为发明问题解决算法，是 TRIZ 的一种主要工具，是发明问题解决的完整算法，该算法采用一套逻辑过程逐步将初始问题程式化。该算法特别强调冲突与理想解的程式化，一方面技术系统向着理想解的方向进化，另一方面如果一个技术问题存在冲突需要克服，该问题就变成了一个创新问题。

ARIZ 中，冲突的消除有强大的效应知识库的支持。效应知识库包含物理、化学、几何等效应。作为一种规则，经过分析与效应的应用后问题仍无解，则认为初始问题定义有误，需对问题进行更一般化的定义。

应用 ARIZ 取得成功的关键在于没有理解问题的本质前，要不断地对问题进行细化，一直到确定了物理冲突。该过程及物理冲突的求解已有软件支持。

八、产品进化理论

TRIZ 中的产品进化理论将产品进化过程分为 4 个阶段：婴儿期、成长期、成熟期、退出期。处于前两个阶段的产品，企业应加大投入，尽快使其进入成熟期，以便企业获得最大效益；处于成熟期的产品，企业应对其替代技术进行研究，使产品取得新的替代技术，以应对未来的市场竞争；处于退出期的产品，企业利润急剧下降，应尽快淘汰。这些可以为企业产品规划提供具体的、科学的支持。

产品进化理论还研究产品进化模式、进化定律与进化路线。应用模式、定律与路线，设计者可较快地确定创新设计的原始构思，使设计取得突破。

九、TRIZ 理论的特点和优势

相对于传统的创新方法，比如试错法、头脑风暴法等，TRIZ 理论具有鲜明的特点和优势。它成功地揭示了创造发明的内在规律和原理，着力于澄清和强调系统中存在的矛盾，而不是逃避矛盾，其目标是完全解决矛盾，获得最终的理想解，而不是采取折中或者妥协的做法，而且它是基于技术的发展演化规律研究整个设计与开发过程，而不再是随机的行为。实践证明，运用 TRIZ 理论，可大大加快人们创造发明的进程而且能得到高质量的创新产品。它能够帮助我们系统地分析问题情境，快速发现问题本质或者矛盾，它能够准确确定问题探索方向，不会错过各种可能，而且它能够帮助我们突破思维障碍，打破思维定式，以新的视角分析问题，进行逻辑性和非逻辑性的系统思维，还能根据技术进化规律预测未来发展趋势，帮助我们开发富有竞争力的新产品。

第四节　TRIZ 理论应用案例

一、TRIZ 理论应用

(一)TRIZ 理论在中国

TRIZ 理论引入中国也只是近几年的事，但它已经逐渐得到国内诸多科研机构、公司和专家的重视，在以 TRIZ 理论为核心的创新方法与技术研究应用方面，走在前列的是我国的亿维讯科技有限公司。该公司是一家从事计算机辅助创新技术及技术咨询的高新技术企业，他们的创新技术研究水平目前已经处于世界前列。他们将创新技术研发中心设在世界创新技术理论和应用研究的发源地——白俄罗斯的明斯克，那里有数百名创新技术理论专家，是当今创新技术研究的领跑者；在中国则设有行业创新技术研发中心，着力于创新技术在以中国为中心的工程技术领域的应用和推广。他们提供的一套完整的计算机辅助创新解决方案，正在国内诸多科研院所和大型企业研究机构发挥作用，为快速提升我们创新技术水平提供技术上的支持。

(二)TRIZ 理论在外国

(1) 1997 年，韩国的三星电子正式引入 TRIZ，成立了专门的 TRIZ 协会对 TRIZ 理论进行学习和应用研究。在应用过程中产生了比较大的经济效益。1998—2002 年，三星电子共获得了美国工业设计协会颁发的 17 项工业设计奖，连续 5 年成为获奖最多的公司。2003 年，三星电子在 67 个研究开发项目中使用了 TRIZ，为公司节约经费 1.5 亿美元，并产生了 52 项专利技术。到 2005 年，三星电子的美国发明专利授权数量在全球排名第 5，领先于日本竞争对手索尼、日立等公司。每年三星公司可以通过对 TRIZ 理论的应用解决大量的实际技术问题，大量节省了研发资金的投入，仅三星集团先进技术研究院(SAIT)的 TRIZ 实施与应用就节省 9000 多万美元的研发费用。而且在专利申请、自主知识产权方面都取得了良好的进展，成为在中国申请专利最多的国外企业。更重要的一点，三星电子在它的产品利润方面几乎是占有大致相等营业额的索尼公司的 10 倍——也就是说它们的营业额比较接近，但是毛利有 10 倍之差。三星电子从技术引进到技术创新的成功之路给渴望在经济全球化竞争中占有一席之地的中国企业提供了极为有益的借鉴和启示。

(2) 2001 年，波音公司邀请 25 名俄罗斯 TRIZ 专家，对波音 450 名工程师进行了两星期培训加讨论，取得了 767 空中加油机研发的关键技术突破，最终波音战胜空客公司，赢得了 15 亿美元空中加油机订单。波音公司还利用 TRIZ 理论成功解决了波音 737 改进型飞机的发动机罩外形问题；波音 747 飞机也是波音公司的工程师通过 TRIZ 把公司喷气式发动机、航空材料、导航等方面的新技术成果集成起来，开发与之配套的制造技术和工艺后投入商业运行的。

(3) 美国福特汽车公司在解决一款车的方向盘颤抖问题时就很好地利用了 TRIZ 理论来解决问题。应用 TRIZ 理论后，公司每年创造的效益在 1 亿美元以上。

(4) 2001 年大众汽车(墨西哥)公司引进一套转向节铸造生产线，发现由于熔液中沙粒含量超标(使熔液流动性差)造成生产效率大幅提高的同时铸件废品率(主要为缩型)也大幅提高。应用 TRIZ 理论对问题进行分析，在对生产线稍加改造后，问题得以有效解决，产品不合格率由大于 10%降到低于 3%，同时不增加任何额外投入，在生产成本不变的情况下，简化了生产线，缩短了生产周期。

(5) 美国 F111 战斗机——为了突破"音障"，许多国家都在研制新型机翼。能否设计一种适应飞机的各种飞行速度，具有快慢兼顾特点的机翼，成为当时航空界面临的最大难题。应用 TRIZ 找到了满意的设计思路，设计成功这种在当时是新型的 F111 变后掠翼战斗/轰炸机。英国、德国、意大利三国联合成立的帕那维亚飞机公司的狂风超音速战斗机等都采用了这种新的设计思想。

(6) 德国宝马——在欧洲那些最初为行人和马车修建的城市里，虽然燃料费用已经颇高，然而交通仍然非常拥挤。为改善此种状况，市政府通过加税提高大型汽车在城市里的费用，以鼓励小型汽车的生产。迷你型汽车本身并没有使用特殊材料来吸收能量，仅仅做了结构上的创新，其抵抗外力变形的能力便可堪与一辆普通轿车相媲美。本实例遵循TRIZ理论的基本原则：没有增加新的材料而实现了其预定功能。

(7) 世界最大的汽车部件公司 Delphi Automotive，使用 TRIZ 减少了燃料供给装置需要部件的数量，设计出重量轻、体积小而且结构简单的部件，并通过改善实现 50%以上的成本节减。

(8) 生产世界最高性能的运动车汽车公司 Ferrari，通过 TRIZ 的使用，开发了径轴用汽车使用的发动机，并获得 Grand Prix 大会的优胜奖。

(9) 美国 NASA 的 Jet Propulsion Laboratory 研究员开发在超低温下工作的电池中，通过 TRIZ 的应用，短时间内查找可以进行实验的数十个解决方案思路，成功开发出具有新的性能的电池。

(10) 4Man-Year 作为吉列公司的研究开发项目，项目领导在发热剃须刀使用气泡香皂的开发过程中利用 TRIZ，短时间(仅 1 天)内找到核心思路，并获得成功。

(11) NEC 公司利用 TRIZ 解决晶体管的技术问题，确保了 5 倍以上的信赖性，并通过特许选定，确保年节约 800 万美元的技术使用费。

(12) 汽车制造商 Honda 利用 TRIZ 软件，缩短项目信息调查分析阶段的平均时间，使平均时间从 22000 小时减少到 1000 小时。

(13) 富士施乐公司组织了 TRIZ 学习小组并购买了很多套软件，在全公司范围内有规律地讨论 TRIZ 案例并报道内部咨询活动。每年至少都有 10 项工程，因为使用了 TRIZ 而得以解决。如测量复印机托盘里纸的厚度，提高纸托的防潮能力；解决稀有气体荧光灯的亮度暗的问题等。他们同时还把 TRIZ 应用于解决管理中的问题，设立了一个新的部门——信息咨询部。

(14) 理光公司 1997 年引入 TRIZ，并于 1999 年由 TRIZ 小组成立了质量控制办公室且开始有规律地进行 TRIZ 内部培训，成功地改善了回声包装部件的性能。

(15) JR 东日本公司的 TRIZ 由日本 SANNO 大学于 2001 年引入，利用 TRIZ 解决了其子弹头列车 Shinkansen 上厕所空间的设计。

(16) 松下通信系统设备有限公司于 2001 年引入 TRIZ，在两年的时间里，500 名工程师接受了 TRIZ 培训，其中很多人现在已经能够把 TRIZ 灵活运用于公司的各个部门的不同工作中。在一个工程项目中，为了把一个电子记录白板的包装尺寸减半，通过功能分解和矛盾矩阵，从问题的不同方面给出了很多概念解决方案，最终采取把主板用四个部件拼接而成使问题得到解决，通过应用 TRIZ，使新产品的包装体积减小了一半，制造成本减少了 10%，销量提高了 1.5 倍。

二、TRIZ 理论的应用案例

TRIZ 创新理论是苏联发明家阿奇舒勒(G.S.Altshuller)于 1946 年在分析研究了世界各国 250 万件专利的基础上，创立的发明问题解决理论。在利用 TRIZ 解决问题的过程中，设计者首先将待设计的产品表达成为 TRIZ 问题，然后利用 TRIZ 中的工具，如发明原理、标准解等，求出该 TRIZ 问题的普适解，最后设计者再把该解转化为该领域的解或特解。相对于传统的创新方法，比如试错法、头脑风暴法等，TRIZ 理论具有鲜明的特点和优势。它成功地揭示了创造发明的内在规律和原理，着力于澄清和强调系统中存在的矛盾，而不是逃避矛盾，其目标是完全解决矛盾，获得最终的理想解，而不是采取折中或者妥协的做法。实践证明，运用 TRIZ 理论，可大大加快人们创造发明的进程，而且能得到高质量的创新产品。它能够帮助我们系统地分析问题，快速发现问题的本质或者矛盾，它能够准确确定问题探索方向，不会错过各种可能。TRIZ 理论能够帮助我们突破思维障碍，打破思维定式，以新的视角分析问题，还能根据技术进化规律预测未来发展趋势，帮助我们开发富有竞争力的新产品。

应用 TRIZ 创新理论解决问题有多种方式，如冲突解决原理、物质场模型、76 个标准解、技术进化原理，产品技术成熟度预测等。

下面举一个实例，应用 TRIZ 创新理论中的物质场模型解决浆纱机织轴盘卡头磨损问题。

1. 确定系统的物质和场

浆纱机车头左侧拍合上的盘头为 A 部分，织轴盘上的盘头为 B 部分。日本津田驹浆纱机使用的盘头传动为：A 部分上有两个拨棍，上轴时插在 B 部分的两个孔内，实现同步卷绕。

物质：A 部分转动的拨棍，B 部分的孔，空气。

场：机械场。

2. 建立物质场模型

有用功能——传动转矩。

有害功能——产生磨损。

3. 选择物质场模型变换规则

(1) 物质场模型共有四个变换规则。

规则 1：为解决不完整物质—场，可在空缺处引入新元件，使物质—场更加完整。

规则 2：欲提高现有物质—场的功效，可延伸既有物质—场与其他独立的物质—场。

规则 3：对于检测或测量问题，可延伸产生两个场，一个作为输入，另一个作为输出。

规则 4：消除有害的、多余的、不需要的物质或场的最有效方法是引入第三种物质元件(S3)。

(2) 根据该系统的物质场模型存在的问题选择变换规则。

本模型存在有害作用，即 A 部分的拨棍与 B 部分的孔相互接触，产生磨损。消除有害功能可选择规则 4，增加另一个场(F2)，用来平衡产生有害作用的场。

4. 确定代表性的解

根据所选择物质场模型的变换规则，确定要引入第三种元件的主要性质。有害作用是由 A 部分的拨棍与 B 部分的孔相互接触，产生磨损引起的。因此，机械场(FMe)是产生有害作用的根源。引入的新物质(S3)应能消除 A 部分的拨棍与 B 部分的孔之间的机械场(FMe)。消除此机械场比较简易的方法是 S3 使 A 部分的拨棍与 B 部分的孔不接触，也就不会产生磨损。容易想到的 S3 可以是：电磁离合器，B 部分的孔用耐磨材料镶套——代表性的解。

5. 确定具体的解

在代表性的解中，根据具体问题的状况选择最适合的解作为具体解。代表性的解 S3 为：电磁离合器，B 部分的孔用耐磨材料镶套，即把 A 部分的拨棍与 B 部分的孔分开，使它们不接触，从而消除磨损。

(1) 电磁离合器。用电磁场替代机械场，使 A、B 两部分盘头连接，传动转矩，可完全消除磨损。但电磁离合器在安装上，要求主、从动两部分的同轴度很高，而且价格也较高，不采纳。

(2) B 部分的孔用耐磨材料镶套。把 B 部分的孔用耐磨材料镶套，避免了拨棍与孔的接触，从而消除磨损，效果可行。用耐磨材料镶套，可在很大程度上避免磨损，而且更换方便。因此使用耐磨材料镶套最有效。

(3) 最后选择的具体解。具体解 S3 为：用耐磨材料镶套。盘头 B 的外径为 190mm，孔的中心距为 140mm，可镶厚度为 3mm 的内套。

6. 结论

TRIZ 创新理论主张从多方面考虑问题，充分利用现有资源，用最少的投入解决问题。上面的例子还可以利用空间资源，在盘头 B 上对称地打四对孔，交替使用，可延长盘头 B 的使用寿命。还可以将盘头 A 上的拨棍制作成圆锥形，盘头 B 也加工成对应的锥形孔，在运转过程中，随着拨棍和孔的磨损自动补偿，可缓解因磨损造成的不利影响。大家可以根据实际情况选择最适合自己的解决方案。

复习思考题

1. 什么是 TRIZ? 其核心思想是什么?
2. 简述阿奇舒勒的 40 个创新原理。
3. 简述 TRIZ 理论的基本哲理。
4. 简述 39 个工程参数的意义。
5. 简述 TRIZ 理论的特点和优势。

案 例 讨 论

飞利浦灯泡的改进

背景介绍:

绿色家电产品的研制和开发是当今家电产业发展的重要趋势之一。绿色家电是指在生产和销售过程中,尽量降低对生态环境的破坏和对资源的浪费的家用电器产品。人们日常所用的白炽灯泡,由于耗电量大、耐久性差、使用寿命短,造成了对资源的浪费,已经不符合当前家电产业的发展要求。

针对这一问题,飞利浦公司着手研制了小型荧光灯,由于其具有节电、使用寿命长和环保等优点,已成为普通白炽灯的良好代替品。

调查显示,飞利浦小型荧光灯的寿命,比普通白炽灯要长 10 倍;一只 18 瓦的飞利浦小型荧光灯,其发光亮度相当于一只 75 瓦的普通白炽灯,但却节省了 75% 的电能。由于其节电、环保的优点,此类荧光灯具有很高的经济价值和社会效益。

问题分析:

首先,通过荧光灯的发电原理来寻找普通灯泡耗电量大、寿命短等问题。荧光灯里充满水银蒸汽,灯管内壁涂有荧光剂,当水银蒸汽受到高压电的激发后,水银原子中的电子脱离出来,一部分电子撞击荧光剂后,发出白光。由于玻璃管会吸收部分水银蒸汽,使灯管中的水银蒸汽不断减少;因而,经过长期的使用,荧光灯的亮度会逐渐变弱,寿命逐步缩短。

因此,如果灯管中的水银蒸汽含量过少,就会导致灯泡的工作寿命缩短;但填充过量的水银,则会造成水银资源的浪费。而且,一旦灯泡破损,大量的水银蒸汽会释放出来,对人体和环境造成危害。因此,为了保证灯泡的亮度,就要增加其能量,以激发更多的电子。

由此可见，主要问题在于，为了使荧光灯有足够的亮度和较长的使用寿命，就需要增加水银蒸汽含量；但增加水银蒸汽含量，却不利于环保。反之，考虑到环保的需求，必须减少水银蒸汽的含量；而减少水银蒸汽含量，又会降低荧光灯的工作可靠性，同时也增加了能量消耗。

通过上述分析，我们发现其矛盾所在，列出了其中存在的各种不确定因素，然后，找出其对应的具体通用工程参数，进而通过 TRIZ 理论的矛盾矩阵和创新原理来解决这个问题。

具体操作如下，系统中存在的不确定因素包括：

水银蒸汽量对应：[26]物质的量；

工作的可靠性对应：[27]可靠性；

荧光灯使用的能量对应：[20]静止物体的能量消耗；

环境保护对应：[31]对象产生的有害因素。

耗费更多的电能对应：[22]能量损失。

由此，得到使系统性能够提高的参数是：物质的量；对象产生的有害因素。使系统性能降低的参数是可靠性；能量损失；静止物体能量消耗。

经过分析，可以得到 3 对技术矛盾：

①减少水银蒸汽的量(物质的量)，但荧光灯工作的可靠性降低(可靠性)；②减少水银蒸汽量(物质的量)，但需要消耗更多的电能(能量的浪费)；③有利于环境保护(对象产生的有害因素)，但荧光灯使用的能量增加(静止物体使用的能量)。

解决方案：

针对这 3 对技术矛盾，运用矛盾矩阵，得到 3 个创新原理提示：

技术矛盾 1 查找矛盾矩阵"物质的量/可靠性"，得到创新原理 28：机械系统代替原理；

技术矛盾 2 查找矛盾矩阵"物质的量/能量损失"，得到创新原理 7：嵌套原理；

技术矛盾 3 查找矛盾矩阵"对象产生的有害因素/静止物体使用的能量"，得到创新原理 37：热膨胀原理。

因此，应该运用创新原理 28、创新原理 7 和创新原理 37 来寻求解决方案：

①应用创新原理 28，得到解决方案：用高频的电磁场，来打破这个玻璃管；②应用创新原理 7，得到解决方案：在真空管内，嵌入一个玻璃管；③应用创新原理 37，得到解决方案：利用金属线和玻璃管的热膨胀系数差异，释放水银蒸汽。

最终，得到对普通荧光灯泡的改进方案：在玻璃管中，密封一定量经过精确计算的、满足性能要求的、最小剂量的水银。在玻璃管内壁上，嵌着金属线圈。该玻璃管被内嵌在真空管一端。之后，通过一个高频电磁场来加热荧光灯内的玻璃管，由于玻璃管和金属线圈的热膨胀系数不同，使得金属线圈能够切断玻璃管，释放出水银蒸汽。从而，提高了灯泡的使用寿命，减少了环境污染，又节省了能源。

(案例来源：http://max.book118.com/html/2015/0912/25175747.shtm。)

训练与活动

1. 如何开发适用于室内使用的多功能座椅？

多年来，人们使用的室内座椅在使用功能上没有多大的变化，对座椅的开发大多集中在外观造型和舒适程度上。因此，需要从功能多样化的角度，设计开发新型室内座椅。

请利用 TRIZ 理论，对传统座椅的结构和功能进行创新，在分析其设计原理和设计方法的基础上，开发适用于室内使用的多功能座椅。

2. 如何降低汽车有害气体的排放污染？

随着我国汽车保有量的不断增加，车辆排放尾气对大气造成的污染也开始逐步引起全社会的重视。这就需要在车辆上安装一种能够降低污染排放的装置，但安装这种装置又必然会增加汽车的生产成本。

请利用 TRIZ 理论，分析如何降低汽车尾气排放污染的同时，保持汽车的生产成本不变。

3. 如何对使用过的轮胎橡胶进行粉碎？

在制作橡胶产品时，往往会利用使用过的废旧轮胎橡胶作为加工原料，但橡胶本身具有较好的弹性，使用机械球磨机等设备对其进行粉碎会有很大的困难。

请利用 TRIZ 理论，分析其中的主要矛盾，并解决粉碎废旧轮胎橡胶的难题，使其可以用于橡胶产品生产。

4. 如何消除非接触印刷中的墨粉分散问题？

在全新的非接触法印刷工艺中，人们通常使用具有正负电位的高电压脉冲。这些脉冲将负电荷墨粉颗粒从显影辊移动到有机光导鼓，然后，部分颗粒返回。其中，一些颗粒错误地带上正电荷，这些颗粒被称为"错误带电的墨粉"。在印刷过程中，墨粉会在有机光导鼓、显影辊和机壳之间的封闭空间内发生分散。由于这一现象，一小部分墨粉颗粒会通过机壳之间的缝隙散落到纸张上，影响印刷质量。

请利用 TRIZ 理论，分析如何对印刷机粉盒进行最小的改动，既能保持粉盒原有的运作原理，又能防止墨粉颗粒散落到纸张上，进而提高印刷工艺的质量。

第十章　创新方法运用与实践

【学习目标】

● 了解创新方法的运用技巧。

● 掌握创新方法的实践类型。

● 认识创新方法的作用。

第一节　创新方法的运用

学习创新方法是开发培养创造力的重要方面。在还未有意识地掌握创新、创造方法之前，往往是不自觉地或不知不觉地应用了若干创新、创造方法。相比之下，有目的地、自觉地、熟练地、准确地应用各种创新方法，无疑会加大发明创造、创新的可能性，提高发明、创造、创新的效率。

一、创新方法的作用

创新方法是创新经验及创新技巧的总称。创新方法最直接的作用就是帮助创造者提出问题、发现问题、思考问题、分析问题、提出设想、提出方案。同时，创新方法还有如下两个方面的重要作用。

(一)驾驭知识

掌握和了解创新方法，可以帮助我们更好地运用所学的知识。例如，美国科学家维纳是控制论的奠基人。在第二次世界大战期间，维纳从事火炮自动控制系统研究，创造性地将火炮的运作机制与人的有目的性的行为进行模拟，发现在生物、机器、社会等表面上极不相同的领域，存在着功能和行为的相似性，从而抓住了一切通信和控制系统的共同特征，创立了控制论的基本思想，为控制论这门新学科奠定了坚实的基础。这正是维纳运用模拟法来运用知识而产生的创造能力。从中可以看出，掌握了创新方法可以更好地运用已有知识。

(二)促进才能发挥

以前人们总认为只有像牛顿、爱因斯坦那样的天才人物，才可以充分发挥出聪明才智。自创造学认识到人人都有创造能力以后，人们才逐渐理解创造方法的运用对才能的发挥也有促进作用。尤其是近些年来，全国推广普及创造学，推广应用创新技术，事实证明，学不学创新方法对才能的发挥有着明显的影响。学习运用创新方法可以促进科技人员更好地发挥创造才能，灵活自如地运用才能。

二、创新方法运用技巧

(一)巧妙组合、综合运用

每一种创新方法只提供了一个大概的框架结构或模型，因而在具体应用中几乎不存在一个万宝书式的典范，关键是要具体问题具体对待。在实际运用中，一个有效的方法是将各类创新方法看成一个系统，在解决问题时将系统内各个方法综合考虑、综合运用、择优组合，实现创新资源的最佳配置。一种方法不够，可用两种方法；两种还不够，还可将多种方法穿插、搭配使用。关键在于巧妙组合，在于系统综合。

(二)联系实际、灵活运用

各类创新方法往往各有其适用条件，因此应注意根据创新、创造对象选择方法，根据不同的对象选用不同的方法，海纳百川，不必师从一家。创新方法不能靠死记硬背、生搬硬套。实践告诉我们，人们的行动总是面向未来的，而经验却只属于过去，随着知识倍增周期的缩短，知识老化的速度也大大加快，认识事物和改造事物的方法也在不断地发生变化，因此，不能将已有的创新、创造方法视为创造的"不二法门"。其实，若缺乏对于事物本质的洞察力，缺乏对创造对象内核的穿透力，再好的方法也只能事倍功半，甚至无济于事。因此，创造方法的应用必须联系实际，灵活运用。还要特别注意，创新、创造的方法同样要创造性地运用。

(三)用心领会、善于思考

创新方法的运用在某种程度上要靠悟性。悟性是创新、创造、发明之源。悟性的高低是创新创造中的大学问，但又是书本中绝对学不到的学问。悟性是一种高智慧的理解力，又是一种智能型的穿透力。我们在创新方法的运用中，应当培养独立思考的能力，要有自己的情感体验，要从"知"上升到"悟"，才能视人之未觉，想人之未思，创人之未有。用同样的方法解决同一个问题，不同的人，结果可能大相径庭，这里关键是一个人的悟性。用心领会善于思考的人，悟性自然会高，反之则低。只有领悟了，方法运用起来才能得心应手，达到"心有灵犀一点通"的境界。

(四)正确对待、学以致用

创新方法的核心，就是要冲破传统方法的束缚，冲破形式逻辑的思维框架，调动直觉，驰骋想象，捕捉灵感，在自由自在中创造。它不是提供一种或一些机械的方法，而是提供一种无数方法和观点可以自由发展的思路；不是追求创造方法的多少，而是追求创造境界的实现。创新方法再多也是有限的，而创造的潜能却是无穷的。因此要明确，"创新有法无定法""万法自在我心中"。特别不能把创新方法当作一成不变、包能创造的"信条"，这种"信条"对于创造是没有任何积极作用的。正像钱学森所说的："如果创造方法真成了一门死学问，一门严格的科学，一门先生讲学生听的学问，那么大科学家也可以成批培养，诺贝尔奖也就不稀罕了。"

三、创新方法的创新

自然界在不断进化，社会在不停地向前发展，人类的认知也在逐步深化。新的现象，新的规律，新的事物也就在这进化、发展、深化的过程中不断涌现出来。因此，已有的创新方法可能无法适应新形势的需要，这就需要创新。另一方面，根据创造学的基本原理，多次运用同一种方法，会使人形成思维惯性，从而成为创造的障碍。因此，也需要对创新方法进行创新。

对创新、创造方法的创新包括两种方式，一是将已有的创新方法运用于新的专业领域和新的创造问题；二是根据创造问题的需要，创造新的创新方法。

总之，我们在创造过程中要有高度的灵活性，不拘泥于任何程序、习惯和经验，因为过分强调程序、方法，就有使思维陷入呆板、僵化的危险。在创造活动中，当陷入困境，不得其解时，应不受既定思维和方法的束缚，进行立体的、全方位的思考，拿出新的招数来应付新的情况，以变化的方法对付变化的情况，才能确保立于不败之地。

创新、创造、发明的方法十分重要、十分可贵，它是人们用以开启智慧之门的钥匙，它是人们借以跨越天堑峡谷的桥梁。正确运用它，我们就能铲除层层障碍，打开这座宝库，在不断地实现自我和超越自我的同时，不断地改造客观并超越客观。一方面提升人生的价值；另一方面夺取丰硕的创新、创造成果。

第二节　创新方法的实践

火药，在人类历史上是一项伟大发明。请想一想，人们使用火药做了些什么？有人使用火药做成了炸药，炸塌了一座又一座大小领主的城堡，结束了封建割据时代，迎来了近代民族国家的曙光；有人使用火药做成鞭炮和焰火，庆祝皇帝的登基和寿辰，或者迎送各类神祇的降临和离任；有人使用火药做成长枪大炮，攻城略地，屠杀无辜，使许多原始部落惨遭灭种之灾；有人使用火药移山修路、开矿挖煤等。

同样的一项发明成果，只是由于运用的目的和方法不同、使用的地点和范围不同，便会产生如此反差巨大的结果，或者造福千年，或者贻害无穷。

思想观念方面的创意同样如此。比如，尼采的"超人学说"，有些人运用这种传说鼓励自己奋发向上，有些人运用这种学说解释"上智下愚"；鲁迅和郭沫若运用这种学说，来唤醒中国知识分子的独立意识，而希特勒运用这种学说，来论证法西斯的种族灭绝政策。

总之，创新思维的关键不在理念，而在实践。

一、实物创新

实物创新就是创造出一个世界上原先并不存在的事物，往往是能够申请专利的发明，这种形式的创新在历史上最多，对于社会的发展具有十分重要的意义。让我们来看几个具体的案例。

【案例】

拉链的发明

当时的人显然还没想过拉链会给人类带来什么样的尴尬，也不知道此后会有多少人因拉链而受到难言的伤害，更没有想过美国将会出现一个差点因"拉链门"而下台的总统。

有人说，人类历史主要是由朝代演变、文化思想累积、重大历史事件和科技发明这四个方面组成的。下面要说到的就是拉链。

1. 没有人愿意试用拉链

在古罗马人发明纽扣之后的十几个世纪里，人们一直很耐心地系扣、解扣和缝扣，似乎也没有太多的抱怨。直到 1851 年，美国发明家伊莱思·豪(Elias Howe)才申请了一项名叫"可持续、自动式扣衣工具"的专利。虽然听起来很啰唆，但它却为今后的便利提供了创意。

44 年后，另一位美国发明家威特科姆伯·朱迪森(Whitcomb Judson)对豪当年的小发明进行了改良，并为之取名"钩子锁扣"(clasp locker)。与我们今天熟悉的拉链有所不同，"钩子锁扣"是由两排钩眼和一个齿带组成，略显笨拙。

带着这件发明，朱迪森满怀希望地参加了当年在芝加哥开幕的世界博览会。然而，在那次有 2100 万人光顾的展览会上，朱迪森仅仅售出了 20 条"钩子锁扣"。

朱迪森没有因此失去信心。次年，他与好友集资开办了世界上第一家拉链厂"宇宙扣件公司"。说来也怪，朱迪森当时最大的烦恼不是卖不出产品，而是连愿意试用这种新产品的人都找不到。起初，朱迪森希望它能取代女靴上的复杂扣带，但制靴商都不愿买他的账。究其原因，可能是因为这种扣件容易锈蚀，且经常卡齿。1896 年 4 月，朱迪森终于拉到了第一笔买卖：美国邮政部的几个官员订购了 20 个安装有"钩子扣锁"的邮袋，但由于首批拉链邮袋很快就因机械故障而被丢弃，邮政部的人再也没有来过。

1905 年，朱迪森又推出了一种新的分离式专利卡齿：C-curity。这一次，朱迪森明确地将目标市场定位于女装，还为此挖空心思地想出了一个极富历史感的系列广告语：

"1782 年，杜莴利兰剧院，辛顿斯夫人用带子系住她的演出服"；

"1850 年，城堡花园剧院，珍尼亚·林德系上钩眼束带后出台亮相"；

"1901 年，韦伯·菲雷德氏音乐厅，莉莉安·罗塞尔'啪'的一声摁上了她的摁扣"；

"而现在：你只要轻轻一拉，一切搞定——裙子再不会无意间松开。这就是 C-curity 牌女裙卡齿的奇妙之处"。

2. 拉链怎么用？请看说明书

除了这个使用了蒙太奇手法的广告外，朱迪森还在推销产品时使用了"手把手教你使用"的经营策略。在他看来，缺乏责任心的杂货店伙计根本不可能让顾客完全认识这种新产品能提供多大便利。于是，他为每一副"C-curity"卡齿都配备了一份详细的说明书。事实证明，卡齿说明书之于当时的消费者，相当于数码产品说明书之于今日的消费者。在二战结束之前，卡齿一直都配有包括以下注意事项的说明书：

"拉开卡齿时，请注意抻住裙边，以防扯破裙子"；

"用一只手拉合卡齿时，另一只手要抓住裙子下摆，然后一拉到底，不要停顿"；

"如果碰到拉不动的情况，先往回拉一下，感觉松弛时再拉，切勿用力过度"。

与第一代拉链相比，"C-curity"牌卡齿确实已经有了长足的进步，但它的缺点仍然显而易见：分离式设计导致牢固性欠佳。亨利·皮特罗斯基曾在专著《实用商品的演变》中写道，这种拉链经常会在人"最不方便的时候"忽然崩开或死死卡住，弄得使用者斯文扫地，要多尴尬有多尴尬。另外，这种卡齿造价奇高，没有哪家成衣商愿意接受这种令成本翻倍的花哨玩意儿。

然而，暗淡的市场前景并没有吓倒朱迪森。他将公司更名为"自动钩眼公司"后，雇用了一批推销员跨越重洋，前往欧洲开辟新市场。

3. "无"代表着先进的生产力

一开始，欧洲人对这个发明似乎也无太多兴趣。但就在朱迪森萌生退意之时，拉链的命运发生了重大转折——加拿大移民吉登·桑伯克(Gideon Sundback)加入了朱迪森的公司。桑伯克非常聪明，工作也十分勤奋，很快就升任公司的首席设计师，并于 1906 年为公司推出了新品牌卡齿"Plako"。

尽管"Plako"与"C-curity"同样存在缺陷，但桑伯克的冲劲还是感动了朱迪森。这位决意要把拉链推广至全球的"现代拉链之父"决定把公司托付给桑伯克。事实最终证明，朱迪森用对了人。1913 年，桑伯克又设计出了一种全新的"无齿扣件"(hookless fastener)。说到这个新产品的名称，还有一些典故。在那个年代，"无"即代表着先进的生产力，人们把汽车叫"无马厢车"，管广播叫"无线电"。从这点来说，"无齿扣件"在当时属于新潮产品的范畴。

尽管时髦，但"无齿扣件"在市场上还是一败涂地。不久，桑伯克又推出了一种更为灵活且涂有防锈剂的新产品，扣齿数量从每英寸 4 个增加到 10 个，咬合更紧密，质地也更为光滑。这种已具备现代拉链雏形的新产品最终被取名为"无齿扣件二号"。不久后，桑伯克干脆把公司也更名为"无齿扣件公司"。

1914 年，服装界对拉链产品的态度终于有所松动，少量制衣商表示愿意试用"无齿扣件二号"，一家运动服装公司还于 1916 年推出了一款前后各有一条"无齿扣件"的女裙。

4. 从军用向民用转型

然而，真正使拉链走进市场的其实是战争。一战期间，为了适应快速行军的需要，军用防蛀衣橱、睡袋都采用了无齿扣件。不久后，一家为飞行员设计服装的公司在航空服上也装上了这种扣件。可能是因为飞行员普遍喜欢与众不同的感觉，这家公司生产的拉链式飞行服一上市就大卖特卖。到了二战期间，拉链式飞行服摇身一变，成为产业标准，一直沿用至今。

使"无齿扣件公司"迈上了事业新台阶的人是罗伯特·J. 埃维格(Robert J. Ewig)。这个一心只想发大财的普通人向公司提交了一份成功的市场计划：为军用腰包设计无齿扣件。由于当时的军方正苦于没有易于封口的口袋，因而以埃维格名字命名的腰包在推出后迅速走俏，桑伯格的公司首次见识了"供不应求"的大好局面。到一战结束时，公司共售出 24000 个"埃维格"腰包，盈利 7.7 万美元。

经过军需品的实物宣传，朱迪森和桑伯克多年苦心改进的新式系扣方法终于打开了民用市场。雨衣、游泳衣、浴衣和网球拍套上逐步出现了无齿扣件"三号""四号"和"五号"。桑伯格不再为产品的出路而忧心，他接下来要应付的只是不同顾主提出的个性化方案。1919 年，"无齿扣件公司"极具商业眼光，与烟草商联手推出了"无齿扣件"，到了 20 世纪 20 年代中期，烟草袋扣件的产销已经占到公司全部业务的 70%。

1923 年，B.F.古德里奇鞋业公司准备向市场投放一种新式高统橡胶套鞋。为了最大限度地吸引顾客的眼球，公司老板古德里奇向桑伯格的公司订购了 15 万件扣件。古德里奇不愧是商战老手，他从扣件拉动的声音(z-z-z-i-p)中得到了灵感，发明了今人再熟悉不过的"拉链"(Zipper)一词。这个朗朗上口的名字不仅使"拉链套鞋"受到了消费者的好评，也为拉链找到了易于识别的符号。

5. 男士终于有了"裤门看守者"

拉链最终占领服装市场的时间是 20 世纪 30 年代。当时，服装界掀起了一场童装竞赛，最终脱颖而出的是带有拉链的童装，因为人们相信，拉链服装能提高儿童的自信心和自主能力。1935 年，时装设计大师埃莱莎·馨帕莉尔大胆推出以拉链设计为主打特色的系列时装。与此同时，美籍英国作家 A.D.赫胥黎(英国博物学家 T.H.赫胥黎之孙)则在其代表作《勇敢的新世界》中提到了用拉链做男士"裤门"的构想。

借助作家营造出的时尚，拉链在 1937 年终于又有了新的身份——男士的"裤门看守者"。对此，法国时装设计师一致推崇，理由倒不全是因为方便，而是因为"看起来很性感"！著名时尚杂志《绅士》评价拉链是"男士着装最新颖的设计思路""有了它，令人难堪的疏忽将一去不返"。由于接触拉链的时间还太短，当时的人显然还没想过拉链会给人带来什么样的尴尬，也不知道此后会有多少人因拉链而受到难言的伤害，更没有想过美国将会出现一个差点因"拉链门"而下台的总统。不过，无论如何，拉链的飘摇日子总算是告一段落了。

如今，各式各样、各种材质的拉链已随处可见。然而，回顾拉链的艰难发展史，不难发现，拉链实际上是时代发展的必然选择，而一路伴随它成长的则是人类逐渐演变的生活理念。最后，拉链的发展史也说明了"名正言顺"对于一项新发明是多么重要的事——zipper!

(资料来源：拉链的起源和发展历史，https://www.33iq.com/group/topic/40864/。)

【案例】

雨衣的发明

英伦三岛是欧洲最潮湿多雨的地方。因为常年云雾笼罩，伦敦便成了世界上有名的"雾都"。而比起"雾都"，苏格兰的天气就更糟了，这里常常一连数月阴雨连绵，不见天日。因此人们戏称，苏格兰是个"天漏"的地方。

在苏格兰，有着许多规模很大的橡胶园，在橡胶园里刮胶只能在露天劳作，这是一件十分辛苦的事。许多橡胶工人，因为家境贫困，买不起雨伞，便只能冒雨赶路上下班。天长日久，许多人都患了各种各样的疾病。

麦金托什是一位贫穷的橡胶工人，也因此得了严重的风湿症。妻子心疼极了。背着麦金托什节衣缩食，悄悄为他添置了一件新外衣，让丈夫在外工作可少受风寒之苦。这天，麦金托什穿着新外衣，兴冲冲地上班去了。想到妻子的一片爱心心里暖融融的。他觉得，自己要多挣些钱回去，给家里改善改善伙食。

一阵猛干，把麦金托什累得腰酸背疼。"喂，伙计，你在玩命哪？快歇一会儿吧？"一位同事看到麦金托什没命地干了整整一上午，不忍心地招呼说。"歇就歇一会儿吧，实在累坏我了。"麦金托什说着，把刮下的一大桶橡胶液提放到一旁，准备休息。可一不小心，一大滴橡胶液溅到他的新外衣上了。"唉，糟了，这下新衣服给弄脏了。"麦金托什连忙用手指去抹沾在衣服上的橡胶，可哪里抹得掉啊！橡胶是一种十分稠黏的液体，麦金托什几次揩抹，结果反而弄脏了一大片。麦金托什懊恼地想：新衣服第一次穿，就弄了这么大一块脏斑痕，真对不起妻子。下午干活的时候，他索性把外衣脱下，放在了一旁，怕再不小心碰上了橡胶液。

下班路上，下起雨来了。麦金托什加快了步伐。可雨点越下越大。麦金托什没有雨伞，冒着大雨在路上奔跑……"呀！看你淋得像只落汤鸡，快把湿衣服换下，别着了凉。"妻子忙着帮麦金托什脱下外衣。"哟，奇怪，其他地方都湿透了，你的后背上的内衣怎么没有受潮？"妻子惊奇地问，因为以往丈夫雨天回来，后背上总是最湿。麦金托什拿起外衣一看，奇怪，外衣后背的干处正好是被那滴橡胶液弄脏的地方。"难道说用橡胶液涂在衣服上可以防雨？"麦金托什不由自主地做起实验来——在一件旧外衣上全部涂了橡胶，当他在雨中一试，果然灵验。

橡胶确实可以用来防雨呢。世界上第一件雨衣，就这样在麦金托什手中诞生了。这个故事发生在 1823 年。后来，人们为了感谢麦金托什，便把这种雨衣叫作麦金托什。现在，英语中"雨衣"这个词，还叫麦金托什。

（资料来源：世界上第一件雨衣，https://www.lookmw.cn/gushi/ehopnni.html。）

二、心态创新

在进行创新思维的过程中，每个人都会处于一定的心态当中，当心态改变之后，人们看待世界的角度也会发生变化。也就是说，心态创新是思维创新的一个重要方面，在现代社会尤为明显。

(一)创新就是一种"破门而出"的心态

在通往出色人生的路上，每个人都是一座金矿，每个人都有无比巨大的潜能，而挖掘金矿者就是你，命运就掌握在你自己手里，人生出色与否由你自己决定。

如果你只是一味地循规蹈矩，如果你总是顺从于现状，如果你认为自己只能如此，那你也只能成为一个普通人。而如果你善于发掘自己的潜能，善于利用头脑风暴在每一个生活的细节中去挖掘与众不同的东西，善于在创新中寻找自我的价值，那么，你距离成功人士就不远了。创新心态，便是这样一种不满足现状、不循规蹈矩、始终都在追求新鲜事物的孜孜不倦的如饥似渴的心理状态。每个人都有一种创新的潜力，而成功与否在于，你是否运用了你的创新心态。

古代波斯有位国王，想在官员中挑选一位担任宰相。他把官员们领到一座谁也没有见过的大门前，说："众位爱卿，你们不是聪明渊博的学者，就是力大无穷的猛将。现在你们看到的是世界上最大最重的大门，三百年来一直没有被打开过。你们之中谁能打开这座大门，帮我解决这个无人破解的难题？"

官员们连连摇头，有几位走近大门看了看，又退了回去。正在大家纷纷议论时，一位年轻的官员走上前去，先仔细观察了一下，又四处摸索一番，最后轻轻一推，大门就豁然洞开了。

原来，这座看似非常坚固的大门其实并没有真正关上，任何人只要仔细查看一下，并亲自试一试，都可以打得开。因此，能否打开这扇大门，并不在于是否有足够的力量或聪明才智，而仅仅在于是否拥有"破门而出"的创新心态。

创新就是第一次出现或前所未有的东西，它表述的是一种永无止境的更新，当然包括观念、方法的不断改进。实现创新往往被归为发明家和专家的任务，因为它似乎无法向求解一个数学问题那样有规律可循。然而要得到更好更完美的解决方法，我们就只有创新，那种依循规律来解决问题的方法有时根本就不能真正解决问题。

人人都有创新能力，每个人都能创新。如果解决新问题能像求解数学题一样，那么那些取得了高学历、受到了"高素质"教育的人就一定能够实现创新。然而高智商的人并不一定就能取得创新成果，反而有些没读过多少书的人却在创新上取得了很好的成就。因为创新能力不同于观察力、记忆力、思维力、想象力等一般能力，它更多地表现为一种潜能，有着巨大的发展潜力。高智商的人在创新面前跟普通人一样，没有任何的优势，普通人的创新能力决不会差于高智商的人。

实现创新就是要解决前人没有解决的问题或者矛盾，就要积极参加创新实践，打破只有科学家才能创新的心理障碍，从身边点点滴滴的小事做起，从学习生活中的具体实事做起。然而创新行为和创新能力是建立在创新观念基础上的，没有创新观念，一个人不会去开发自己的创新潜能，更不会去进行创新探索。只有具备创新意识，才会对新事物特别感兴趣，才会敏感。

一个人如果没有一种创新的心态，不管他遇到多少宝贵的机遇，也不管他有多么高的智商、多么好的条件，他永远也不会在创新上有所建树。有些人读了一辈子的书，在理论上说起来头头是道，然而实际做起来就不是那么一回事了。他们的思想都被那些所谓的知识给困住了，他们解决问题时只会遵循着一条永远不变的路走下去，不会根据具体的情况来进行具体的分析。没有创新的心态，就永远也不会创新。

(二)克服消极心态

消极心态是开发潜能和创造力的大敌，它具体表现为以下几种类型：①愤世嫉俗。认为人性丑恶，时常与人为敌，因此缺乏人和；②没有目标，缺乏动力。生活态度浑浑噩噩，有如大海中没有帆或桨的扁舟；③心存侥幸，幻想发财。不愿付出，只求不劳而获；④固执己见，不能容人。没有信誉，社会关系简单而又松散；⑤缺乏恒心，不懂自律。懒散不振，时时替自己制造借口来逃避责任；⑥自卑懦弱，自我退缩。不敢相信自己的潜能，不肯运用自己的智慧；⑦自大虚荣，清高傲慢。喜欢操纵别人，嗜好权利游戏，不能与人分享；⑧虚伪奸诈，不守信用。以欺骗他人为能事，以蒙蔽别人为爱好。

千万别小看这几种消极心态的副作用，它会压抑人的潜能，将人的生活、事业搅得一塌糊涂。不仅如此，消极心态会使人看不到将来的希望，无法激励前进的动力，甚至会摧毁人的信心，熄灭人心中希望之火。消极心态就像一剂慢性毒药，吃下这副药的人会慢慢地变得意志消沉，失去战胜困难的勇气，而成功就会距离充满消极心态的人越来越远。

(三)变忧愁为高歌

在生活中总会遇到许多忧愁，忧愁使我们烦恼，忧愁使我们苍老，忧愁使我们痛苦。怎样才能把忧愁变为欢乐的高歌呢？这就需要我们有一种通达的胸怀。

我们都认识到宇宙的变化和事物的发展，许多人都误以为是客观事物使得我们忧愁。其实，这里还有一个因素被忽略了。客观事物并不能直接使我们忧愁，而是我们头脑中对于客观事物的理解和解释，使我们变得忧愁。

比如，今天我被上司批评一通，我感到忧愁难受。其实并不是上司的批评使我忧愁和烦恼，而是我心里认为，上司对我的批评是一件痛苦的事、一件可怕的事，当我这样来理解时，我的心里就变得很忧愁、悲伤。但是同样一些人，他们的思想观念不一样，他们没有把上司的批评当成一回事，结果，尽管他们同样也受到上司的批评，但他们也可以不忧伤、不烦恼，乐呵呵。

就是说，当我们面临大家公认的烦恼的时候，我们可以从别的角度来理解，使忧愁变为欢乐，或者至少能够减轻忧愁的程度。另一方面，任何忧愁都是暂时的，世界、社会、宇宙在一刻不停地变化。今天使人们忧愁的事物，在从前并没有让人们感到忧愁，或者换句话说，今天使我们感到忧愁的事情，过了若干年，也许就不再让人感到忧愁。

这就要求我们应该从整个时间角度来把握事物的发展，看到忧愁背后的欢乐。当我们把所有的忧愁都变成了欢乐时，我们的生活就将充满阳光，充满歌声，这是一个贤达的人所要具备的胸怀。

三、制度创新

制度创新是指引入新的企业制度来代替原来的企业制度，以适应企业面临的新情况或新特点。制度创新的核心是产权制度创新，它涉及为调动经营者和员工的积极性而设计的一整套利益机制。只有先进的企业制度，才能调动各类人员的积极性，推动技术创新和管理创新的发展。

制度创新往往与理念创新紧密相连。来看一看华为的具体案例。

【案例】

华为的理念创新

从创立之日到今天，关注的核心点是华为价值观的形成、实施、长期不懈的传播。华为"核心价值观"包含四句话，其中前三句话是一个闭环系统。

第一句话是"以客户为中心"，讲的是价值创造的目的。华为的一位顾问写过一篇文章《为客户服务是华为存在的理由》，任正非在题目上加了两个字，变成《为客户服务是华为存在的唯一理由》。就是说，除了客户以外，没有任何人、任何体系可以给公司持续地带来价值。28 年以来，华为持续进行组织变革，但变革只有一个聚焦点，围绕着以客户为中心这个方向进行变革。华为的任何一级管理者，包括任正非，到全世界出差，不能坐飞机的头等舱，如果坐头等舱，多出来的钱需要自费。这是任正非和华为各级管理者的道德自觉吗？当然不是，这是一种价值趋向，即整个组织的所有神经末梢、任何人，所有的劳动和奋斗，所有的组织成本都只能围绕客户这样一个方向。华为没有专为领导人使用的专车、司机，在国内任何地方，多数情形下，任正非出差不是自己开车就是打出租车，上飞机没有人送，下飞机没有人接。经常自己拉着一个行李箱去坐出租车。作为企业领袖或者创始人的任正非，必须通过严格的自我约束形成表率——公司支付的成本是要用于客户，而不是用于各级管理者。

第二句话是"长期坚持艰苦奋斗"，这是中华民族的传统精神。在非洲最艰苦地区奋斗的大多是 80 后、90 后员工。在非洲工作最大的体会是什么？他们说，最大的体会是，我们三十多个人，每个人都得过疟疾。有人五年内得了四次疟疾。有一个 85 后的员工，主动要求到一个由三个岩石小岛构成的小国工作。只有一个人长驻，每天只有一小时有电，没有水。这个小伙子去了以后就在门口挖了个坑，用坑来积雨水，用来每三四天洗一次澡。正是这个年轻人，在那坚守了三年。从总部临时派到南非区的管理者、技术支持的同事，都会遵守一个默契，任何人到那里出差都不住酒店，要跟在这里坚守的员工住在一起。类似这样艰苦奋斗的故事非常多。

那么华为依靠什么机制来驱动一代代的华为人，在 28 年里长期艰苦奋斗？相当重要的一点是，华为选择了"以奋斗者为本"的价值评价和价值分配的准则。过去一百多年来，西方经济学的主流思想在价值分配上更多地倾斜于资本方的利益。华为所选择的"以奋斗者为本"的价值评价和分配的理念，某种程度上，是重大的经济现象的创新。

华为之所以能发展到今天，"劳动者普遍持股制"的确产生了核能效应，不过这仅是华为成功的要素之一。华为成功的核心要素还是"以奋斗者为本"的价值理念。

华为的价值理念首先肯定的是劳动者，是面向客户需求的奋斗者、贡献者。华为的 28 年，是不断对劳动者进行识别的 28 年。如果仅仅是一个劳动者，也不是华为理想的员工角色，华为所谓的劳动者是有贡献的劳动者，是面向客户需求为公司创造价值的人。华为不断从劳动者中识别谁是"奋斗者"。

除了财富分配过程中的"劳动者分配优先"，还有物质激励，这里最核心的是权力的激励。28 年以来，华为始终坚守以责任结果为导向的考核机制，按照实际贡献选拔干部。任正非有很多形象化、军事化的语言，比如"上甘岭上选拔干部"。华为的干部不是培养出来的，是从"上甘岭"上打出来的。在干部晋升方面，是基于多种标准来选拔干部，还是基于简单的一元标准来选拔干部？华为坚守的是简单的一元标准：干部是打出来的，将军是从上甘岭上成长起来的。有一次，任正非在深圳总部主持一个会议。在会议中间，任正非不厌其烦地讲这样几句话：在座的哪一位没有在一线干过？机关里没有在一线干过的不要去主持变革，不要参与变革的方法论设计，这种设计是要误人、误事，会害了公司的。

简单地说，华为的财富、权力分享机制，都是基于一个核心——面向客户的显性和隐性需求为组织创造价值的人，才可以获得更多的奖金、提薪和配股，我们知道，一个好的理念随着时空条件的变化，也会发生扭曲和变形，乃至于变质。为什么 28 年来，华为能够始终坚持价值观不走样地落地和实施？很重要的一点是"长期坚持自我批判"。华为不倡导互相批判，更多强调自我批判，而且是不能夸大，不能为了过关给自己扣帽子，要实事求是并且有建设性。

华为已经成为全球通信企业的领导者，成长起来的华为很有可能走上很多大组织的老路——大而傲，大而封闭，大而惰怠。

从 2014 年开始，以华为财务和投资部门为先导发动的部门自我批判，在整个公司炮声隆隆。华为有个内部网站叫"心声社区"，是全球大公司里最开放的内部网站之一。在这个内部网站，可以看到对公司各级领导，甚至对任正非的尖锐批评，也能看到对公司重大决议的尖锐批评。随着财务和投资部门的自我批判，公司高级领导有五六个人发表了文章，也主动进行自我批判。华为所讲的自我批判，不是简单地否定，核心是纠偏，是建设性的自我纠偏。

华为的核心价值观，或者说观念的力量，文化的力量，精神的力量，是构成华为成为全球大公司以及 28 年发展史的最核心基础。

华为理念创新的第二个方面是，不在非战略机会点上消耗战略竞争力量。

28 年来，华为没有做过资本化的运营，既不是上市公司，也没有做过任何规模性的并购。过去近 20 年，围绕公司核心目标和方向，只做了针对核心技术的小规模并购，涉及十几家公司，其中只有一家公司人数超过 100 人。华为也没有做过多元化运营。

从创立至今，华为只在攻击大数据传送管道这个城墙口投入全部战略资源。华为每年用 500 亿元左右的研发投入，500 亿至 600 亿元的市场和服务的投入，聚焦于管道，饱和攻击，终于炸开了这个城墙，在大数据传送技术上达到世界领先。在华为的战略家眼中，随着大数据越来越扩张，管道会像太平洋一样粗。华为今天真正进入蓝海市场，在管道领域已经全面领先，但华为还要持续密集地在管道战略上加大投入。

战略资源长期、密集、高度的聚焦，"饱和轰炸一个城墙口"，今后还会持续地聚焦同一个目标，这也是任正非讲的"针尖战略"。但很清晰的一点是，"精神制胜"、观念制胜是基础。

华为的价值观，包括华为的自我批判、自我纠偏机制，更多的是向中国共产党学习的结果，中国共产党的理论思想体系影响了几代人，今天的商业组织能够从这个巨大的思想理论宝库中汲取很多商业管理经验。

华为理念创新的第三个方面是，把能力中心建立在战略资源聚集的地方，开放式创新，站在巨人的肩膀上发展。

华为今天在全球有 16 个研究所，主要分布在欧洲、日本、美国、加拿大、俄罗斯、印度等。为什么要做这样的研发布局？就是要充分运用不同区域资源要素的优势，这也是华为今天能够在技术上领先的根本原因。这里需要特别强调两点，华为创新是开放的创新，而不是关起门来的创新，华为从来不讲自主创新，而是站在巨人的肩膀上去发展。华为在欧洲的研发战略布局，使华为受益匪浅。华为手机终端业务为什么能在最近五年快速发展？这和华为欧洲研究所，特别是法国研究所的贡献有很大关系。同时，华为的日本研究所在材料研究方面，也给终端的发展提供了很重要的支撑。

　　从今年开始，华为将进一步加大在美国的基础研发布局。全球科技创新的资源主要还是集中在美国，尤其是基础创新的人才资源。由于华为的崛起和欧洲公司的发展，美国通信设备公司基本都衰落了。由于商业组织的衰落，美国的通信基础研发也衰落了。我们看到一个惊人的数据，从 2007 年至今，美国的大学没有贡献过一篇关于通信的基础研究论文。华为很敏锐地意识到这一点，所以华为要利用美国高校里通信研究的资源，加大和美国高校的合作，加大对他们的支持与投资。过去 20 年，华为与全球 200 多所大学合作研发，与个人或者研究所、研究室合作。今后华为会将相当大的比重投入到美国的大学，目的就是利用全球不同区域的战略资源进行开放式创新。

　　华为从过去的追随者，发展成为今天的领导者。做追随者是相对容易的，做领导者就要肩负起人类的责任，对未来做出判断和假定。爱立信总裁曾在某个场合很不客气地说，假如爱立信这盏灯塔熄灭了，华为将找不到未来的方向。任正非的回答是：我们一定不能让爱立信、诺基亚的灯塔熄灭；同时，我们也要在未知的彼岸竖起华为的灯塔。这句话背后的理念是：与竞争对手开展开放式的创新、联合进行创新，与竞争对手共同对未来的不确定性进行探索和假定。

　　华为的组织制度创新，初期全面向西方公司学习管理流程和管理体系，从 2009 年开始，华为的组织变革主要是基于一线作战、客户导向、结果导向的简化管理变革。

　　华为的公司治理结构是一个三权分立、三权制衡的治理结构。董事会、监事会、道德遵从委员会，三个权力体系在华为的发展中，各自承担不同的角色和职责。董事会的主要职能是公司经营管理的决策、战略决策、各体系高级干部的人事任免等。监事会是代表全体股东对董事和各级高管履行监督权，对经营管理层的财务经营状况履行检查权，对内外部合规履行监督权。由于华为是全球化公司，党委的另外一块牌子是道德遵从委员会，它是公司员工的政治核心，职能是引导全体员工热爱国家、拥护共产党，遵守各国道德规则，这是华为二十多年以来坚定不移的准则。华为的干部任命也是三权分立制，用人部门有推荐权，上级部门有决定权，党委还有一票否决权。全部过关了，还有十五天公示，这也是华为向共产党学习的。

　　华为的党委在发动群众、团队激励方面也发挥了巨大的、无形的作用，即员工的荣誉表彰权。

　　华为的非物质激励有两个方面。一个是华为的金牌奖，占员工总数的 5%，各级管理者根据各种量化指标从上到下来进行评比。华为要给火车头加油，让 5% 的人作为火车头，来引领 15 万人的巨型商业火车。很有意思的是，华为新近推出的"明日之星"评比，呈现了两个特征：一个是由群众民主投票选举，一个是比例高达 20%，理论上讲，每选四年就会有 80% 的人成为"明日之星"。有人认为这不符合激励的原则，组织激励的要素是小比例激励或者叫"活力 28 曲线"。毛泽东曾有诗句称"六亿神州尽舜尧"这句话背后的深刻哲理是，我们首先要承认大多数人是优秀的。华为也认为 15 万员工多数是优秀的人，尤其是华为的员工是层层考核、筛选出来的优秀人才，他们绝大多数都应该是华为的"明日之星"。

下面我们看一看华为研发体系的组织创新。华为在长达十五六年的时间里，在技术和产品的研发方面，走的是一条追随式创新的道路，为了活下来，走的是最近距离贴近客户的现实主义道路。发展到今天，作为全球通信行业的领导者，华为提出了"客户需求和先进技术"两个轮子驱动经营理念，选择了一条理想主义和现实主义相结合的研发路径。

研发体系的金字塔最顶部是华为的科技研究的群体，这是一群"科技外交家"。华为自己有 17 名这样的"外交家"，其中 9 个外籍，8 个中国籍，他们是在科学研究领域"仰望星空"的华为人。华为要求这个群体的人员每年必须拿出 1/3 或者更多的时间，到全球大学或者高端科学论坛，与全球顶级科学家喝咖啡，目的是对不确定的未来进行前瞻。然后，这些人要把全球的新技术、新思想带回来，再召开不同形式的战略务虚会。最后，在务虚会的层面上进行多路径的技术方向研究和探索。一杯咖啡吸收宇宙能量。

金字塔的第二层是科学家或工程商人，要把经过战略务虚之后的技术方向，通过数学、工程的路径，变成面向客户需求的前瞻性的引导。再与 5000 多名聆听客户声音的高级专家反映的客户需求进行 PK，形成开发目标。

华为的技术与产品创新始终有一个清晰的方向，就是客户，就是始终坚持客户需求导向。客户显性需求的满足更多是通过微创新或者跟随式创新，客户隐性需求就需要与科学家结合形成最终的开发目标。今天，华为在全球业界有一批架构式颠覆性的创新产品，比如在基站领域里的分布式基站、SingleRAN 基站，在微波领域里的 IP 微波技术等，都在全球具有绝对领先地位。

我们再来看看华为未来 8～10 年的组织创新。在组织建设层面，华为主要是向西方学习。从 1997 年开始，华为聘请 IBM 等欧美咨询公司，对华为的研发、供应链、财务、HR 等各个体系的管理变革提供咨询。18 年以来，华为在管理变革方面的投入占年销售收入的 1.5%～2.5%，累计投入管理变革成本 400 多亿元人民币，从而构筑了强大的管理流程和体系，这些主要是基于中央管控体系。15 万人始终在一个大平台上进行运作，这在全球其实也并不多见，在中国更是罕见。今天华为的全球化之所以能够成功，就是老老实实，削足适履，全面向西方公司学习管理流程和管理体系的结果。

但是，从来就没有完美，没有一成不变的优良。当华为形成了一个中央平台的管控体系，弊端也开始暴露出来了，大企业病也开始滋生。比如决策链条越来越长，对前方的响应速度越来越慢。从 2009 年开始，华为的管理变革主要是基于一线作战、客户导向、结果导向的简化管理变革。这次的变革更多的是向美国军队学习。1991 年海湾战争之后的美军组织变革，基于现代科技的发展，一年一个变化。"沙漠风暴"那场战争给全世界军队带来了震撼，同时给华为的组织变革也带来了重要启示。新技术革命在未来会对我们的商业组织带来什么样的冲击？对华为这个全球通信行业的领导者来说，它必须有前瞻性，必须面对未来的不可知，早一点进行组织变革。这个组织变革就是转移到让"听得见炮火的人来呼唤炮火"。

今天的华为是一个五级层叠的金字塔组织。未来将是前端面向客户的精干的作战部队，后台有一个大体系支持服务的精兵作战组织。最近距离和客户连接，发现市场机会，然后向后方呼唤炮火。前方是作战系统，后方是精干的资源、服务、支持系统。实行管理权与指挥权适当分离。后方对前方反馈的信息做评估，然后组成重装旅，包括技术专家、产品专家、财务专家、谈判专家、供应链专家等，帮助完成解决方案。其目的就是要在一个充满变化的不确定时代，形成整个组织对市场、对客户，即对前方的快速响应能力。大组织的综合实力与快速应变力的结合，将必然形成强大的战斗力。

（资料来源：华为正是清醒地意识到知识产权和法律遵从在全球化中的重要性，才获得了今天的成功，http://www.cnsymm.com/2016/0517/23820.html。）

四、营销创新

所谓营销创新就是根据营销环境的变化情况，并结合企业自身的资源条件和经营实力，寻求营销要素在某一方面或某一系列的突破或变革的过程。企业的营销主管和人员，为了把自己的产品推向市场，为了打垮对手，他们必须绞尽脑汁去想点子。让我们来分享以下两个被选为哈佛大学教学案例的故事。

【案例】

世界首席推销员

在日本，有一个人从 56 岁开始，才进入推销领域。在短短的几年内逐渐从外行变为内行，直至以他所创造的不凡的业绩，迅速跃升到"世界首席推销员"的宝座。这不能不说是一个奇迹。这位"世界首席推销员"名叫齐腾，1919 年毕业于庆兴大学经济学系，同年就职于三井物产公司，后任三井总公司参事，1950 年退休，当时 56 岁。

由于参加竞选议员，齐腾欠了一笔重债。1951 年夏天，51 岁的齐腾到当时的朝日生命保险公司去拜访他在庆兴时的同学行方先生，行方是朝日生命保险公司的总经理。齐腾此行的目的是为筹备一家贸易公司而向他借钱。行方在得知齐腾的来意后，以客气的语言、委婉的方式对他进行了一番解释和分析，意思是：不但不能借钱，而且劝说他改变初衷，加盟生命保险推销行业。结果，齐腾别无选择，勇敢地干起了生命保险推销这一行当。

在齐腾刚做推销员不久，他准备向五十铃汽车公司开展企业保险推销。企业保险是公司为其职工缴纳预备退休金及意外事故等的保险。可是，听说那家公司一直以不缴纳企业保险为原则，以致在当时，不论哪家保险公司的推销员发动攻势都不能奏效。齐腾决定集中攻击一个目标。于是，他选择了总务部长作为对象进行拜访。

谁知，总务部长不愿与他会面，他去了好几次，对方都以抽不开身为托词，根本不露面。齐腾毫不气馁，每天都登门造访。两个多月后，对方终于被齐腾的精神所感动，同意接见他。走进接待室后，齐腾竭力向总务部长说明加入生命保险的好处，紧接着拿出早已准备好的资料(销售方案)满腔热情地进行说明，可总务部长刚听了一半就打断他的话说："这种方案，不行！不行！"然后站起身就走了。齐腾回家后对这一方案进行了反复推敲，认真修改，第三天上午又去拜见总务部长。对方再次以冰冷的语调说："这样的方案，无论你制定多少带来也没用，因为公司有不缴纳保险的原则。"

在遭到多次失败的那一刹那，齐腾的心情非常冷静，他在回忆中说：我一时惊呆了。怎么说出如此轻侮人的话呢？昨天他说那个方案不行，我才熬了一夜重新制订方案，却又说什么无论拿出多少方案也白搭……我几乎被这莫大的污辱整垮了。但忽然间，我的脑海里闪出一个念头，那就是"等着瞧吧，看我如何成为日本首席推销员"的意志以及"我是代表公司来推销"的自豪感。现在与我谈话的对手，虽然是总务部长，但实际上这位总务部长也代表着这家公司。因此，实际上的谈判对手，是其公司整体。同样，我也代表着整个朝日生命保险公司，我是代表朝日公司的经理到这来搞推销的。我不由得这样想着，而且坚信：自己要推销的生命保险，肯定对这家公司有益无害。

于是，我心情逐渐平静下来，说声"那么，再见！"就告辞了。从此，齐腾开始了长期、艰苦的推销访问，前后大约跑了300趟，持续了2年之久。从齐腾的家到五十铃汽车公司来回一趟要6个小时。一天又一天，他抱着厚厚的资料，怀着"今天肯定会成功"的信念，不停地奔跑。他把每次的失败都当作接近目标的台阶。就这样过了3年，终于成功地完成了盼望已久的销售。

齐腾先生就是这样，屡屡受挫、失败，但每次都知难而上，专啃硬骨头。5年的努力使他终于戴上了朝日生命保险公司"首席推销员"的光环。齐腾并不满足于已取得的成绩，他情愿再去遭受更多的失败，这样对他的毅力将有更大的促进。他在心里发誓：现在已经成为朝日公司第一，还要继续努力争当全日本第一。在日本共计有20家生命保险公司，大约有85万名推销员。要在这些人当中成为人杰，已成为齐腾的奋斗目标，为此他更加努力地拼命工作。1959年7月，齐腾全力以赴，第一次实现了1.4亿元销售额。其后，11月又是生命保险关键月，在这个月里，他又创造了2.8亿元的新纪录。也就是在这一年，他已64岁时，终于登上了日本第一推销员的宝座。

成为日本第一以后，齐腾雄风继起，越干越有劲。他又为自己确定了更高的目标——要登上民办首席推销员的金交椅，要在生命保险事业的各个方面都取得世界第一的优秀成绩。

齐腾先生怀着必胜的信念，又开始了向这一向世界最高峰的攀登。他深知，世界上比他有能力的优秀推销员有的是，要与这些人竞争，而且要拔得头筹，不仅要有崇高的理想和钢铁般的意志，而且必须作拼命的打算。俗语云：天道酬勤。经过顽强拼搏，1965年，他完成了4988份合同的签订任务，这个纪录在目前绝无仅有。即使是在生命保险事业最发达的美国也从未有人能够达到这一数字，他终于成了世界首席推销员。这一年，他72岁高龄。

（资料来源：梁良良. 倒立看世界创新思维训练[M]. 长春：吉林文史出版社，2013.）

【案例】

汤姆森的营销妙计

莫斯科浓郁的俄罗斯情调是令人向往的，但漫长而寒冷的冬季似乎让游人们裹足不前。每到冬季，前往莫斯科度周末的人很少，汤姆森假日旅游经办人决定打破莫斯科的坚冰，他带了一批报界人士去莫斯科度了个示范性的周末，赢得了各大刊物连篇累牍的报道。以此为契机，他们在隆冬季节成功地发起了去莫斯科度一个开销不大的周末旅游项目。

负责汤姆森假期旅游项目的只有3个人，为首的是道格拉斯·古德曼。10年来他坚持不懈地运用公共关系战术，为公司成长为该行业首屈一指的大企业做出了卓越的贡献。经营旅游业成功的关键在于不断推出新的度假活动，对市场开发部门而言这就意味着今年的活动还在进行，下一年的详细工作计划就要准备妥当。

1983年他们推出的夏季旅游项目有："夏日阳光""湖光山色""亲密友好""马车""别墅和公寓"等。为了让尽可能多的人了解这些项目，公司决定在9月1日发放500万份关于5种不同的度假活动的便览。3个月前，他们就进行了周密的筹划和准备，安排好了各项活动的日期，包括：耗资100万英镑的广告活动，在伯明翰召开3天的推销大会，全体工作人员的培训，察看16个城市的游览路线，印刷和散发《旅游便览》。

整个8月的公关工作包括：选择10个记者招待会场所并预订宴席，准备邀请名单，检查发函清单，决定新闻和特写文章的要点，准备记者招待会用的稿件和10种不同的幻灯片，选写全国性和地方性的新闻稿，收集关于新旅游项目的材料，适当安排外语新闻稿，办理录像，彩排节目，用一辆大拖车和一队客车沿途查看16个城市的风光，为5000

家旅游代理商提供详细的录像介绍。

公共关系部在推出旅游活动几周后，要随车队去赢得当地公众。大多数度假者都很清楚自己出国休假的时间。因此经营旅游业务，尽早销售是非常重要的。越是在你的竞争对手推出他们的活动之前尽早落实你的活动越有利。汤姆森公司就习惯于抢先发售《旅游便览》，比如 1981 年 9 月，他们销售《旅游便览》刚一周，就订出了 6 万张票，一些代理处甚至排上了队。

当然，率先推出也有其弊，别的公司可以根据汤姆森的定价制订出竞争性价格，利用便宜的价格来抢夺顾客。对于这一问题，汤姆森公司暗藏了一条锦囊妙计。

9 月 1 日开始发行 1983 年的夏季《旅游便览》。第二天，5 家全国性的报纸、BBC 广播电台、省级报纸和电台，以及旅游出版物，都大张旗鼓地为汤姆森公司进行宣传，博得了度假者的注意。当 9 月下旬其他旅游公司开始推出他们的便览时，汤姆森公司的旅游价格已经出台了，比竞争对手低得出乎人们的意料。公司的应变计划生效了。

收取附加费可能会使消费者稍有不快，但多年来在包价旅游中已被人们接受。英镑疲软引起的海外项目成本上升，迫使旅游公司以最高 10% 的附加让旅客承担。为了加强竞争力，10 月时，一家主要的旅游公司在推出旅游项目时保证"不收附加费"。汤姆森公司在几小时内立即做出反应，也承诺不收附加费。

到了 11 月份，旅游业开始不安起来。9 月、10 月、11 月通常是订票稳定的时期，但当年形势不妙，营业额达到了上年同期的 70%，公司把希望寄托在圣诞节后的几周，往年这是订票的高峰时节，大约有半数的旅游预售票在此期间卖出。但秋季售票的不良成绩颇让旅游业吃不准圣诞后的售票是否能逃脱经济衰退的影响。报界在鼓励人们沉住气，等待最后的讨价还价。为了保证最后的成功，汤姆森公司决定主动采取行动，鼓励人们订票，重新争取价格的主动权。

汤姆森公司的主要应变计划是：在必要的情况下，重新印刷和发售《旅游便览》，提供更低的价格。这将使公司的假日旅游价格非常有竞争力，会让其他旅游公司措手不及。

在严格保密的情况下，设在意大利的印刷公司重印了 320 页的彩色便览，至少有 50 个假日旅游项目减价 10～50 英镑，几乎在便览的每一页上都有新的标价，封面也予以重印，添上了"不收附加费"的保证和减价的声明。便览悄悄地运到了伦敦的仓库，只有几个关键的职员了解情况。他们小心翼翼地守护着这个秘密，不让竞争对手有丝毫察觉。

让人们了解重新推出旅游项目的时机终于到了。他们计划在 12 月 6 日一鸣惊人，以全面覆盖式的新闻报道连续报道 3 天，然后才刊出广告。道格拉斯·古德曼在沙伏伊私下订了套间，以备 12 月 6 日的记者招待会之用。舰队街的主要选稿人在上个周五都接到了参加本周末上午 8 点 30 分的香槟早餐的邀请。旅游出版物的编辑们也应邀参加类似的活动。沙伏伊的招待会开得极其成功，受邀请的人无一缺席。

为了确保第二天全国性和地方性报刊上的报道，他们必须保证当晚的晚报、电台和电视的新闻节目刊登这一消息。为此，对投递稿件、打电话、发送新闻的时间顺序制订了严密的计划，以确保新闻界在视听上给人们造成最大限度的冲击。

公司的新任董事长约翰·麦克奈尔决定接受所有电台和电视台的采访。伦敦广播公司抢先播出了对麦克奈尔的采访，接着是 IRN 报业辛迪加的报道和地方电台对当地汤姆森公司发言人的采访。在隆重推出的时刻，国际电视网刊出了长篇新闻报道。至此，事情的发展的确是有声有色！BBC 电视台光临总部办公室，拍摄了供晚上 9 点新闻播放的采访。全国性的报纸想要更多的评论，不同的报纸需要不同角度的评论。《标准晚报》用通栏标题宣布了这次的隆重推出。

令公关部难以忘怀的是 12 月 7 日，星期二。这天，汤姆森公司取得了前所未有的报纸覆盖率。每家全国性的报纸都刊登了消息，有些甚至还在头版。报纸的质量更是令人惊喜，9 家全国性报纸提到汤姆森公司 72 次，若干种州级报纸在头版头条给予了报道。报纸和电台的报道持续了整整一周。《星期日时报》居然用了一整版来介绍这次旅游项目的重新推出。电台电视台在全国假日节目中也发布了消息。竞争对手面对汤姆森公司这手铺天盖地的"杀招"，毫无反击之力。一家主要的旅游公司在圣诞节前没有相应降价。电台采访了该公司的发言人，开门见山地就问他们是否被汤姆森公司这着棋弄得狼狈不堪。

报刊上连篇累牍的报道使汤姆森公司的名声大振，结果大大削减了在全国性报纸上的广告。在 12 月 11 日，也就是重新推出的那一周的周末，公关人员作了专门的调查，测试公司的知名度，发现人们首先想到的就是汤姆森的假日旅游，有强烈的参加该公司假日旅游的意向。旅游刊物用大量的篇幅介绍这次重新推出，旅游代理人热烈欢迎并予以很高的评价。

1 月创造了新的订票纪录，到 1 月底，旅游业务急剧回升。汤姆森公司推出了旅游活动，1983 年的夏季旅游呈现良好前景。

(资料来源：梁良良. 倒立看世界创新思维训练[M]. 长春：吉林文史出版社，2013.)

五、对策创新

解决问题需要对策，解决同一个问题往往可以用不同的对策，这里就有一个思维创新的问题。当我们开动脑筋之后，就会发现新对策源源不断，可使面前的问题解决得更好。

【案例】

化弊为利

美国联合碳化物公司的一幢新建的高达 52 层的大楼竣工了。公司总部要公关部提出一个好的策划方案，提高本公司和本大楼的知名度。公关部经理左思右想，想找个新奇的地方造成轰动效应。

一天，公司一名仓库保管员上楼到大楼房间去取东西。他打开门一看，哇！密密麻麻的一大群鸽子停在这间房里，到处是鸽子粪、羽毛。照理，保管员会气愤地把这些鸽子都轰出去。可是他觉得这很奇怪，也很有趣，于是向总经理汇报了这件少有的事。

总经理听后勃然大怒："这么小的一件事都来找我，你以为总经理是轰鸽子的？难道你就不能把他们都赶出去吗？"此时站在旁边的公关部经理连忙说："不能赶出去，不能赶出去！这是上天意外送给我们的大好机会，是一笔无价之财呢。"他如此这般一说，总经理立即答应照办。

公关部经理一下子看出了这件小事背后潜藏的巨大利润，完全可以开发。只要将此事变大就能扩大公司影响。于是他们立即打电话给动物保护委员会，请他们迅速派人前来协助处理这件有关保护动物的"大事"。

动物保护委员会也从未听说过如此稀奇的事，立即派人带上工具前往大楼捕捉鸽子。与此同时，公司又电告各大小电台、报纸等媒体，说在本公司总部大楼发生了一件以前从未发生过的有趣而又意义重大的捕捉鸽子"事件"。报社、电台等新闻机构纷纷派出记者现场采访和报道。

他们故意把这件事情表演了很长时间。他们把一只只鸽子网住，放进专门的鸽子笼里。在一间房里为什么会聚集这么多鸽子？难道这是动物界的神秘现象？这些疑问吸引了众多的市民，他们都想了解这一事件的进展情况。联合碳化物公司把这件事情演变成了人们茶余饭后的谈话资料。人们每天都收看收听有关的新闻报道，每天都议论。

从捕捉第一只鸽子起，到最后一只鸽子落网，花了三天时间，各新闻媒介也对捕捉鸽子的事件进行了连续报道。结果每次总少不了总经理在电视机前介绍这次行动，介绍本公司的宗旨、特点、性能等。这样，这家公司一下子就名声远扬了。到最后一天，他们还别出心裁地搞了一个盛大而隆重的"鸽子放生活动"，邀请了许多人参加。有些电台甚至以直播的形式报道了这一事件。影响之大可想而知。

实际上，公关部经理本来还想利用这件事情赚一笔现钱。他的点子是：立即通知一些其他公司，如果他们愿意与本公司共同进行这次动物保护活动的话，只要交上一定数目的钱就行。他说："绝对会有许多公司愿意利用这个事件，因为公众的注意力都集中在这上面，况且保护动物最易树立令人好感的形象。这可为公司赚到相当可观的意外现金。"总经理说，别这样，我们独家行动就可以了。

虽说这家公司是碳化公司，但公关部经理却想到了另外的高招。利用三天来公众对这次动物保护活动激发的兴趣和热情，进一步促进公司对野生动物的感情，他在本公司成立了一个动物保护协会分会，深化公司这次事件所获得的影响。他们还制造了纪念章，以纪念这次奇特事件。许多动物爱好者争相收藏。他们知道这种纪念章很有收藏价值，将来一定增值。这些都扩大了联合碳化物公司的影响。公关经理也预料到"保护动物"这一大众感情会流向社会各个领域，变成其他商品，如介绍动物的电视节目图书或动物悦耳的叫声的录音带，或动物笼子，动物肥料宠物交易等商品都会引起一阵热潮，许多商品制成动物形状，或与动物有关，或是贴上有动物的商标，商品名称就是动物的名字。这些都有潜在的利润，这些都是可以开发的点子。

后来他们在动物保护上做了许多工作，去拍摄电视节目，出版书籍，录音带，举办活动等。这在宣传保护动物的同时，再次提高了联合碳化物公司的知名度。

(资料来源：梁良良. 倒立看世界创新思维训练[M]. 长春：吉林文史出版社，2013.)

【案例】

依附式宣传

20 世纪 50 年代末，美国黑人化妆品市场被佛雷化妆品公司独占。这个公司的一名推销员乔治·约翰逊自立门户创建了只有 500 元资产、3 名职工的约翰逊黑人化妆品公司。他清楚地知道，他当时无力把佛雷公司打垮，就集中力量生产一种粉质化妆膏。

经过认真思考，他决定靠"衬托法"推销自己的产品。他在广告宣传中说："当你用过佛雷公司的产品化妆之后，再擦上一次约翰逊的粉质膏，将会收到意想不到的效果。"同事们对这"依附式"宣传不满，说他替佛雷公司做广告。约翰逊笑着说："就是因为他们名气大，我们才这样说。打个比方，现在几乎很少有人知道我约翰逊，可如果我能想办法出现在美国总统身边的话，我的名字马上便会家喻户晓，人人皆知了。推销化妆品的道理与此相同。在黑人社会中，佛雷化妆品享有盛名，如果我们的产品能和它的名字一同出现，明着捧佛雷公司，实际上却抬高了我们的身价。"

(资料来源：梁良良. 倒立看世界创新思维训练[M]. 长春：吉林文史出版社，2013.)

复习思考题

1. 创新方法的运用技巧有哪些？
2. 你还能举出那些创新实践的类型？

案 例 讨 论

小小神童洗衣机的研发

一般来说，每年的 6～8 月是洗衣机销售的淡季。每到这段时间，很多厂家把商场里的促销员撤回去了。海尔集团总裁张瑞敏挺纳闷：难道天气越热出汗越多老百姓越不洗衣服？调查发现，不是老百姓不洗衣服，而是夏天里 5 公斤的洗衣机不实用，既浪费水又浪费电。于是，海尔的科研人员很快设计出一种洗衣量只有 1.5 公斤的洗衣机：小小神童。1996 年 10 月，小小神童投产后先在上海试销，因为张瑞敏认为上海消费水平高又爱挑剔。结果，上海人马上认可了这种世界上最小的洗衣机。上海热销之后，很快风靡全国，并出口到日本和韩国。张瑞敏告诫员工说："只有淡季的思想，没有淡季的市场。"

(资料来源：曹莲霞. 创新思维与创新技法[M]. 北京：中国经济出版社，2010.)

讨论题：

1. 小小神童洗衣机的创新技法是什么？案例给了你怎样的启示？

2. 请从洗衣机的结构上考虑，提出你的创新建议。盯住"小东西"，提出一项发明设想(提示：生活中的日用品)。

训练与活动

玩具公司

(1) 训练概述：有没有设想过拥有自己设计的洋娃娃？有没有想过用自己设计的飞机模型参与比赛？本训练将带你重温这一童年梦。通过组织参与者组建玩具公司进行产品设计与经营策划，让参与者充分发挥想象力、培养创造性思维与解决问题的能力、培养综观全局、综合看问题的能力。

(2) 训练准备

参与人数：5～7 人为一组

时间：30 分钟

场地：室内

道具：纸，笔

(3) 训练步骤或提示

①每 5～7 人一组，告诉他们现在他们就是一家玩具公司，他们的任务就是设计出一个新的玩具，可以是任何类型、针对任何年龄段，唯一的一点要求就是要有新意；②给他

们 10 分钟时间，然后让每一个组选出一名组长，对他们设计的玩具进行一个详尽的介绍，名称、针对人群、卖点、广告、预算，等等；③在每个组都做完自己的介绍后，让大家评判出最好的组，即以最少的成本做出最好的创意；另外也可以颁发一些单项奖，例如：最炫的名字、最动人的广告创意，花钱最多的玩具等。

(4) 结果评价或点评

①什么样的创意会让你觉得眼前一亮？怎样才能想出这些好创意？②实践的限制对你们想出的好创意是否有影响？③一个好的提案是不是只要有好的创意就行了？如果不是，还需要什么东西？

参考文献

[1]　朱建亮. 汉语修辞与联想思维[J]. 广东外语外贸大学学报，2013，(01).

[2]　赵思林，吴立宝. 论影响直觉思维的因素[J]. 高等理科教育，2011，(02).

[3]　李红革. 立体思维的根据与规律[J]. 求索，2009，(04).

[4]　陈爱华. 论直觉思维的生成及其作用[J]. 徐州师范大学学报(哲学社会科学版)，2009，(03).

[5]　张路安，马晓丽. 逻辑思维与非逻辑思维的关系研究[J]. 教育探索，2007，(09).

[6]　杨宏郝. 论逻辑思维的创新功能[J]. 学术论坛，2001，(01).

[7]　苗东升. 论系统思维：从整体上认识和解决问题[J]. 系统辩证学学报，2004，(10).

[8]　昝延全. 系统思维[J]. 中国传媒大学学报，2015，(02).

[9]　刘国章. 系统思维与现代管理[J]. 系统科学学报，2010，(04).

[10]　易小明. 论系统思维方法的一般原则[J]. 齐鲁学刊，2015，(04).

[11]　陈尤文，朱佩明. 组合创新：否定与超越自我的思维范式[J]. 上海行政学院学报，2006，(02).

[12]　郑其绪，朱华. 创新的多维度解析[J]. 中国石油大学学报(社会科学版)，2006，(05).

[13]　张宏梁. 论不同艺术形式元素的组合创新[J]. 东南大学学报(哲学社会科学版)，2007，(01).

[14]　辽宁省普通高等学校创新创业教育指导委员会. 创造性思维与创新方法[M]. 北京：高等教育出版社，2013.

[15]　冯林. 创造性思维与方法[M]. 大连：大连理工大学出版社，2008.

[16]　胡飞雪. 创新思维训练与方法[M]. 北京：机械工业出版社，2009.

[17]　周耀烈. 思维创新与创造力开发[M]. 杭州：浙江大学出版社，2008.

[18]　杨武金. 逻辑思维能力与素养[M]. 北京：中国人民大学出版社，2013.

[19]　曹莲霞. 创新思维与创新技法新编[M]. 北京：中国经济出版社，2010.

[20] 吕丽，流海平. 创新思维原理技法训练[M]. 北京：北京理工大学出版社，2014.

[21] 温伯格. 系统化思维导论[M]. 王海鹏译. 北京：人民邮电出版社，2015.

[22] 袁劲松. 系统思维智慧[M]. 青岛：青岛出版社，2013.

[23] 张子睿. 创造创新创业理论与实践[M]. 哈尔滨：哈尔滨工程大学出版社，2013.

[24] 杜永平. 创新思维与创造技法[M]. 北京：北京交通大学出版社，2011.

[26] 赵新军，李晓青，钟莹. 创新思维与技法[M]. 北京：中国科学技术出版社，2014.

[27] 梁良良. 倒立看世界：创新思维训练[M]. 长春：吉林文史出版社，2014.